# 水文地质与水资源开发

寇亚飞 王 昆 李 蔚 主编

吉林科学技术出版社

图书在版编目（CIP）数据

水文地质与水资源开发 / 寇亚飞，王昆，李蔚主编
. -- 长春：吉林科学技术出版社，2020.8
ISBN 978-7-5578-7135-2

Ⅰ．①水… Ⅱ．①寇… ②王… ③李… Ⅲ．①水文地
质②水资源开发 Ⅳ．① P641 ② TV213

中国版本图书馆 CIP 数据核字（2020）第 074063 号

# 水文地质与水资源开发

| | |
|---|---|
| 主　　编 | 寇亚飞　王　昆　李　蔚 |
| 出 版 人 | 宛　霞 |
| 责任编辑 | 端金香 |
| 封面设计 | 李　宝 |
| 制　　版 | 宝莲洪图 |
| 幅面尺寸 | 185mm×260mm |
| 开　　本 | 16 |
| 字　　数 | 320 千字 |
| 印　　张 | 14.25 |
| 版　　次 | 2020 年 8 月第 1 版 |
| 印　　次 | 2020 年 8 月第 1 次印刷 |
| 出　　版 | 吉林科学技术出版社 |
| 发　　行 | 吉林科学技术出版社 |
| 地　　址 | 长春净月高新区福祉大路 5788 号出版大厦 A 座 |
| 邮　　编 | 130118 |

**发行部电话 / 传真**　0431—81629529　　　81629530　　　81629531
　　　　　　　　　　　　　81629532　　　81629533　　　81629534

**储运部电话**　0431—86059116

**编辑部电话**　0431—81629520

| | |
|---|---|
| 印　　刷 | 北京宝莲鸿图科技有限公司 |
| 书　　号 | ISBN 978-7-5578-7135-2 |
| 定　　价 | 60.00 元 |

# 前　言

　　水文地质，地质学分支学科，指自然界中地下水的各种变化和运动的现象。水文地质学是研究地下水的科学。它主要是研究地下水的分布和形成规律，地下水的物理性质和化学成分，地下水资源及其合理利用，地下水对工程建设和矿山开采的不利影响及其防治等。随着科学的发展和生产建设的需要，水文地质学又分为区域水文地质学、地下水动力学、水文地球化学、供水水文地质学、矿床水文地质学、土壤改良水文地质学等分支学科。近年来，水文地质学与地热、地震、环境地质等方面的研究相互渗透，又形成了若干新领域。

　　水资源合理开发利用是人类可持续发展概念在水资源问题上的体现。是指在兼顾社会经济需水要求和环境保护的同时，充分有效地开发利用水资源，并能使这种活动得以持续进行。

　　本书从十二章内容对水文地质与水资源开发进行相应的分析与阐述，希望能够帮助一些相关工作人员。

# 目　录

第一章　水文地质 ·················································· 1

第一节　水文地质学简史 ·········································· 1

第二节　水文地质学发展趋势 ······································ 3

第二章　地球的基础知识 ·········································· 6

第一节　地球的一般特征 ·········································· 6

第二节　地球的构造 ·············································· 7

第三节　地壳及地质作用 ·········································· 10

第三章　岩石的基础知识 ·········································· 12

第一节　造岩矿物 ················································ 12

第二节　岩浆岩 ·················································· 14

第三节　沉积岩 ·················································· 18

第四节　变质岩 ·················································· 21

第四章　地质构造 ················································ 26

第一节　地壳运动 ················································ 26

第二节　板块构造说简介 ·········································· 29

第三节　年代地层 ················································ 33

第四节　水平构造、倾斜构造 ······································ 36

第五节　褶皱构造和断裂构造 ······································ 37

第五章　自然地质作用 ············································ 44

第一节　风化作用 ················································ 44

第二节　河流地质作用 ············································ 46

第三节　喀斯特 ·················································· 47

第四节　泥石流 ·················································· 50

第五节　地震 ·············································································· 54

## 第六章　地下水基础知识 ································································· 60

第一节　地下水概述 ····································································· 60

第二节　地下水的物理性质和化学性质 ·········································· 70

## 第七章　地下水资源评价 ································································· 73

第一节　地下水资源概述 ······························································ 73

第二节　地下水资源开发管理 ························································ 79

第三节　地下水资源评价的原则 ····················································· 83

第四节　地下水水质评价 ······························································ 84

## 第八章　环境地质 ········································································· 90

第一节　中国环境地质研究进展 ····················································· 90

第二节　生态环境地质 ································································· 97

第三节　环境地质调查 ································································· 101

第四节　城市环境地质研究 ·························································· 115

第五节　环境地质中地下水资源开采 ·············································· 121

第六节　环境地质灾害现状与防治 ················································· 123

## 第九章　工程地质及水文地质勘察 ··················································· 127

第一节　工程地质勘察中的水文地质危害 ········································ 127

第二节　工程地质与水文地质勘查相关问题 ····································· 129

第三节　水文工程地质与环境地质的地质构造 ·································· 132

## 第十章　水资源系统 ····································································· 136

第一节　水资源的概念 ································································· 136

第二节　水资源系统 ····································································· 138

第三节　水资源现状及可持续发展 ················································· 147

第四节　中国水资源风险状况与防控 ·············································· 161

第五节　中国水资源需求管理 ························································ 166

## 第十一章　水循环与水资源开发利用状况 ·········································· 175

第一节　社会水循环 ····································································· 175

第二节　水循环系统设计与水质处理 ················· 177

第三节　水循环生态效应与区域生态需水类型 ········· 179

第四节　全球水资源 ····························· 187

第五节　中国水资源开发利用 ···················· 191

## 第十二章　节水理论与技术 ······················ 193

第一节　城市节水 ····························· 193

第二节　工业节水 ····························· 201

第三节　农业节水 ····························· 207

第四节　污水再生利用 ·························· 213

## 结　语 ····································· 220

# 第一章　水文地质

## 第一节　水文地质学简史

我国地域辽阔、东西长 5000 千米，南北长 5500 千米，西高东低，地质工作方面东部地区工程经验积累较多，对其地质性态也相对比较了解。相对理论也比较成熟，但是西南高活动区和海岸带及海区的工程地质特征尚掌握得较少。海洋工程地质学和大陆几乎完全不同。我国西南高活动区的环境，灾害特征和工程地质条件相对独特，可以作为一项相对独立和特例来研究，研究价值很高，那里能源、资源丰富，工程地质特别是水文地质是大有可为的。

### 一、萌芽时期水文地质发展历程

水文地质学这一词汇是 19 世纪已提出的，但到 20 世纪初科学家 Mead 才给出这个术语一个广泛的含义：水文地质学是研究地表以下水的发生与运动。研究水文地质学的发展历程，要从最远的阶段开始，才能更好地了解他的发展历程，首先从尼罗河、幼发拉底河、恒河及黄河这些古老文化发祥地的遗迹当中，可以看到已经开始了原始的水文观测，而且中国和埃及是最早开始水文观测的地方。早在中国大禹治水的时候，出现了"随山刊木"（立木于河中），观测河水涨落。此后，从战国李冰设"石人"于都江堰，隋代和宋代的水则碑等，都说明了中国水位观测技术和方法不断进步。随后的明代刘天和采用手制"乘沙量水器"测定河水中泥沙的数量。这些原始的水文观测和水文知识是肤浅零星的，但在当时治理洪涝灾害和洪涝灾害预防中起到了很大的作用，这些都是水文地质萌芽时的阶段，为以后水文地质发展留下了宝贵的资料。

### 二、奠基时期水文地质发展历程

公元 15 世纪到 20 世纪随着文艺复兴，科学技术得到了很大的进步，同时也为水文地质学奠定了基础。在这个阶段中，出现了比较科学的水文仪器，这个时代出现的翻斗式自记雨量计、蒸发器、旋桨式流速仪、旋杯式流速仪，使流量、流速、蒸发、降水的观测达到了相当的精度，同时伴随着水文仪器的出现，出现了正规的水文站。这些成就使水文现象的观测视野在深度和广度上空前扩大，为水文科学在理论上的发展创造了条件。这个时期当中佩罗提出了水量平衡的概念，伯努利父子发表水流能量方程，谢才发表明渠均匀流公式；道尔顿建立了研究水面蒸发的道尔顿公式；莫万尼提出了汇流和径流系数的概念，并发表了计算最大流量的著名推理公式。到了19世纪末，水文研究机构的成立，并出版的相关水文记录和相关看法和论文。为水文地质学奠定了稳定扎实的基础。

## 三、水文地质学兴起阶段的发展历程

公元20世纪初到20世纪中期，在第一次世界大战以后，防洪、灌溉、交通工程和农业、林业及城市建设中都使水文地质学出现了越来越多的新课题，从而使水文地质学由实践中积累的大量的经验，最终出现了比较理论化和系统化的水文地质学。从1914年到1924年把概率论、数理统计的理论和方法系统地引入了水文科学，为预估工程未来运行时期内可能出现的水文情势开辟了道路。接着，从1932年到1938年，水文地质在产流和汇流计算方面取得了开拓性的进展，为根据降雨推算洪水开辟了道路。在这段时间里，水文地质学越来越系统，概念越来越完善，技术越来越成熟，同时水文地质学中分支越来越清晰，农业水文学、森林水文学、都市水文学也相继兴起。《应用水文学原理》《水文学手册》等水文地质学的相继出现，标志着应用水文地质学的诞生并且兴起。

## 四、水文地质学现阶段的发展

20世纪50年代至今，随着新中国的成立，科学技术的不断发展，社会生产力的不断提高，使水文地质学在人们各项活动中的地位越来越高，同时因为我国东西跨度大，西高东低，西部严重缺水，现阶段水文地质学的特点是：①与现代科学的新理论新学科紧密结合，是水文地质学发展的重要措施；②与现代数学方法及数学模型的结合，解决了和多复杂的问题；③与自然环境相结合；④产生许多分支学科；⑤与新技术、新方法的结合，推动了水文地质学的发展。

## 五、水文地质学发展方向

水文地质学是地质学中的一个分支，主要是研究地下水的科学。随着水文地质科学的发展，结合现在科学的发展方向，确定其水文地质学发展的方面，我们认为有以下六点：

（1）继续探讨与研究地下水的形成与转化，从地下水起源与形成的基本知识中找到哪些地方容易出现地下水储量大，哪些地方地下水容易出现灾害，并研究与利用大气水、地表水、土壤水与地下水相互转化、交替的基本规律。

（2）根据地下水的类型与特征，制定相对应的治理措施和研究方向。

（3）根据饱水带及包气带中水分和溶质的运动规律，研究地下水流的基本微分方程，探讨包气带水与地下水溶质运移的基本方程。

（4）研究地下水动态的变化规律与不同条件下的水均衡方程。

（5）对地下水资源计算与水资源储量评价。

（6）对地下水资源进行系统有效的管理。

## 六、当代水文地质学的特点

地下水流系统理论的出现，意味着水文地质学发展进入了新的阶段。地下水流系统理论，从整体角度，综合考察地下水与环境相互作用的变化，为分析地下水各部分以及地下水与环境的相互作用提供了时空有序的理论框架。

当代水文地质学的研究领域，从以往的地下水资源向生态环境扩展，由地球浅部向地层深部圈层延伸。并且当代水文地质学，由以往的解决局部的现阶段的生产实际问题，转向长期性、全局性以及可持续发展的课题。其以地下水流系统理论为核心框架，以系统思想为指导，运用多学科方法及其理论，构建人和自然协调、良性循环的地下水流系统、水文系统、地质环境系统、工程地质系统和生态系统，这也成为当代水文地质学的最终目标。

随着人类对生态环境的破坏，相应的生态环境问题随之出现，人类开始意识到构建人与自然协调的、良性循环系统的重要性，从而进一步探索目标系统的作用或者形成过程与内在机理。当代水文地质学已经从传统的实用性学科，演变为兼具应用性与理论性的成熟学科。

# 第二节　水文地质学发展趋势

## 一、当代水文地质学发展趋势

### （一）核心课题的转变

在当代水文地质学建立初期，其主要研究课题围绕与水井周围含水层的开发及应用。随着人类取水规模的日益扩大，世界范围内可利用地下水量也在相应的减少，当代水文地质学的核心课题也在发生相应的转变，更加强调对于水资源的研究。20世纪40年代以来，人类活动程度加大，对于自然环境的改变程度也在相应的加大，由此也引发了一系列严重的环境问题。在此阶段中，当代水文地质学的研究课题正式迈入新阶段，着重于对于生态环境的研究与探索。生态环境体系是非常复杂的，其中地下水系统不仅是其中重要的组成部分，更是与人类活动具有非常密切的关联。以我国为例，当前我国的地下淡水可开采量为 3527.79 亿立方米 / 年，全国 600 多城市中，超过 400 个城市开发地下水，在促进社会经济发展的同时，也造成了地面沉降、地面塌陷等诸多地质问题。为了防止出现水资源枯竭的困境，当代水文地质学的研究中，加大了对于地下水的研究与管理。

### （二）研究目标的改变

当代水文地质学的根本目标，就是为人类防范并处理各种生产实际问题，由最初的局部性，逐渐拓展为全局性。一旦地球的资源枯竭、生态环境严重恶化，将会对人类的生活甚至生存造成严重的威胁，在此背景下，"可持续发展"的理念受到了越来越多的关注及重视。相应的，当代水文地质学的发展目标，也由解决局部问题逐渐扩展，转变为当前的可持续发展目标。以这个理念为基础，当代水文地质学加强对于人与自然之间关系的研究，希望通过协同人类与自然环境之间的关系，来使地下水系统、生态系统等保持可持续发展。在自然环境处于良好稳定运行状态下，当代水文地质学的研究目标使保持这一状态并对其加以改善，一旦自然系统遭到破坏，当代水文地质学的研究目标则转变为对其加以修护，最大限度的保障自然系统的功能。

### （三）研究内容的丰富

以当前世界范围内的水质来看，地下水污染、海水入侵等问题频发，严重污染了人类用水的质量。因此，当代水文地质学也不再仅仅局限于对地下水的规模进行研究，而是坚持水质与水量共同维护的原则开展研究。在对地下水进行研究的过程中，研究人员发现，地下水的质与量，均与包气带之间具有非常紧密的关联因此当代水文地质学的研究内容也从最初的狭义逐渐拓展为广义，也就是在对地下水的研究过程当中，加入了对于包气带、饱水带等因素的研究。在随后的研究发展过程中，研究人员又验证了地下水圈与地壳、地幔等地球深部层圈之间的关联，当代水文地质学的研究内容也在相应的拓宽与丰富，以当前当代水文地质学的研究体系来看，其研究内容已经包含各种地质流体。

## 二、当代水文地质学发展对策

### （一）完善相关理论体系

虽然当代水文地质学的发展历程不过 150 余年，但是其以往的概念、理念等内容，都已经无法在适应其当前的发展。如果不对当代水文地质学的理论体系进行更新完善，必然会对其发展造成严重的阻碍作用。作为当代水文地质学的基础，相关专家及学者迫切需要对当代水文地质学的理论体系加以完善，在又有的地下水保护开发理论体系的基础上，不仅要进行系统的更新与完善，还要对地下水系统、水文系统、地质系统等加以有效的划分整合，将系统分析、系统工程等创新型研究方法，充分的融入其中，加强对于人与自然和谐发展、可持续发展的研究。另外，还要发挥地理信息系统的优势，实现当代水文地质学理论体系的数字化、可视化，有助于当代水文地质学取得更加广泛的应用。

## （二）加大水文地质过程及机理的探索

整体来看，当前在当代水文地质学的过程及机理方面的研究，仍存在诸多不足。因此，在接下来的当代水文地质学研究中，应当加大对于水文地质系统演变规律的研究与分析。以往研究人员利用物理实验对水文地质过程加以模拟，不仅研究成本较大，需要投入大量的时间及精力，而且研究成果并不明显。相比之下，数学模拟方式具有简洁、明了的优势特点，将其运用于当代水文地质学机理的研究中，不仅模拟结果真实准确，而且其演变过程能够更加清晰明了的得以体现。另外，在水文地质过程研究中，学者应当加强对基础理论的重视，如以达西定律的观点来看，只有排除干扰因素，使观察对象保持最本质的状态，才能更加真实的发现水文地质的演变规律，因此研究人员未必要大费周章的去进行野外实验，通过严格控制实验条件，在实验室中也能够取得突破性的研究进展。

## （三）将水文地质研究与生产实践相结合

工程地质学通过长期的实践，实现了本学科的丰富与完善，并彰显出较大的活力，相比之下，当代水文地质学在实践中的应用程度相对较低，这是该学科迫切需要改进的问题。因此本研究认为当代水文地质学应当加快与其他学科之间融合，并积极运用到生产实践中，促进我国经济建设、生态建设的发展。如将当代水文地质学应用于农业生产中，可推动农业生态工程的发展，提高农地的利用效率，实现工程的改良，提高废弃土地的利用效率，而且还能够对当代水文地质学的理论体系加以扩充；除此之外，当代水文地质学还可以应用于土壤上的开发利用、咸水的改良、地下水库的管理中。

# 第二章　地球的基础知识

## 第一节　地球的一般特征

### 一、温度

地球表面的气温受到太阳辐射的影响，全球地表平均气温约 15℃ 左右。而在不见阳光的地下深处，温度则主要受地热的影响，随深度的增加而增加。在地球中心处的地核温度更高达 6000℃ 以上，比太阳光球表面温度（5778K，5500℃）更高。地球表面最热的地方出现在巴士拉，最高气温为 58.8℃。地球北半球的"冷极"在东西伯利亚山地的奥伊米亚康，1961 年 1 月的最低温度是 -71℃。世界的"冷极"在南极大陆，1967 年初，俄罗斯人在东方站曾经记录到 -89.2℃ 的最低温度。

### 二、电性

因为地球自西向东旋转，而地磁场外部是从磁北极指向磁南极（即南极指向北极），所成的环形电流与地球自转的方向相反，所以是带负电的。

### 三、形状

月食时，仔细观察就会发现投射在月球上的地球影子总是圆的；往南或往北作长途旅行时，则会发现同一个星星在天空中的高度是不一样的。一些聪明的古人从诸如此类的蛛丝马迹中就已经猜

测到地球可能是球形的。托勒玫的地心说也明确地描述了地球为球形的观点，但是直到 16 世纪葡萄牙航海家麦哲伦的船队完成人类历史上的第一次环球航行，才真正用实践无可辩驳地证明了地球是个球体。

科学家经过长期的精密测量，发现地球并不是一个规则球体，而是一个两极部位略扁

赤道稍鼓的不规则椭圆球体，夸张地说，有点像"梨子"，称之为"梨形体"。地球的赤道半径约长 6378.137km，这点差别与地球的平均半径相比，十分微小，从宇宙空间看地球，仍可将它视为一个规则球体。如果按照这个比例制作一个半径为 1 米的地球仪，那么赤道半径仅仅比极半径长了大约 3 毫米，凭着人的肉眼是难以察觉出来的，因此在制作地球仪时总是将它做成规则球体。

## 四、位置

地球在宇宙中的位置在最近的一个世纪里，这一认识发生了根本性的拓展。起初，地球被认为是宇宙的中心，而当时对宇宙的认识只包括那些肉眼可见的行星和天球上看似固定不变的恒星。17 世纪日心说被广泛接受，其后威廉·赫歇尔和其他天文学家通过观测发现太阳位于一个由恒星构成的盘状星系中。到了 20 世纪，对螺旋状星云的观测显示我们的银河系只是膨胀宇宙中的数十亿计的星系中的一个。到了 21 世纪，可观测宇宙的整体结构开始变得明朗——超星系团构成了包含大尺度纤维和空洞的巨大的网状结构。超星系团、大尺度纤维状结构和空洞可能是宇宙中存在的最大的相干结构。在更大的尺度上（十亿秒差距以上）宇宙是均匀的，也就是说其各个部分平均有着相同的密度、组分和结构。

宇宙是没有"中心"或者"边界"的，因此我们无法标出地球在整个宇宙中的绝对位置。地球位于可观测宇宙的中心，这是因为可观测性是由到地球的距离决定的。在各种尺度上，我们可以以特定的结构作为参照系来给出地球的相对位置。目前依然无法确定宇宙是否是无穷的。

# 第二节　地球的构造

## 一、大气圈

地球大气圈是地球外圈中最外部的气体圈层，它包围着海洋和陆地。大气圈没有确切的上界，在 2000—1.6 万公里高空仍有稀薄的气体和基本粒子。在地下，土壤和某些岩石中也会有少量空气，它们也可认为是大气圈的一个组成部分。地球大气的主要成分为氮、氧、氩、二氧化碳和不到 0.04% 比例的微量气体。地球大气圈气体的总质量约为 $5.136 \times 1021$ 克，相当于地球总质量的 0.86%。由于地心引力作用，几乎全部的气体集中在离地面 100 公里的高度范围内，其中 75% 的大气又集中在地面至 10 公里高度的对流层范围内。根据大气分布特征，在对流层之上还可分为平流层、中间层、热成层等。

## 二、水圈

水圈包括海洋、江河、湖泊、沼泽、冰川和地下水等，它是一个连续但不很规则的圈层。从离地球数万公里的高空看地球，可以看到地球大气圈中水汽形成的白云和覆盖地球大部分的蓝色海洋，它使地球成为一颗"蓝色的行星"。地球水圈总质量为 $1.66 \times 10^{24}g$，约为地球总质量的 $1\backslash3600$，其中海洋水质量约为陆地（包括河流、湖泊和表层岩石孔隙和土壤中）水的 35 倍。如果整个地球没有固体部分的起伏，那么全球将被深达 2600 米的水层所均匀覆盖。大气圈和水圈相结合，组成地表的流体系统。

## 三、生物圈

由于存在地球大气圈、地球水圈和地表的矿物，在地球上这个合适的温度条件下，形成了适合于生物生存的自然环境。人们通常所说的生物，是指有生命的物体，包括植物、动物和微生物。据估计，现有生存的植物约有 40 万种，动物约有 110 多万种，微生物至少有 10 多万种。据统计，在地质历史上曾生存过的生物约有 5—10 亿种之多，然而，在地球漫长的演化过程中，绝大部分都已经灭绝了。现存的生物生活在岩石圈的上层部分、大气圈的下层部分和水圈的全部，构成了地球上一个独特的圈层，称为生物圈。生物圈是太阳系所有行星中仅在地球上存在的一个独特圈层。

## 四、岩石圈

对于地球岩石圈，除表面形态外，是无法直接观测到的。它主要由地球的地壳和地幔圈中上地幔的顶部组成，从固体地球表面向下穿过地震波在近 33 公里处所显示的第一个不连续面（莫霍面），一直延伸到软流圈为止。岩石圈厚度不均一，平均厚度约为 100 公里。由于岩石圈及其表面形态与现代地球物理学、地球动力学有着密切的关系，因此，岩石圈是现代地球科学中研究得最多、最详细、最彻底的固体地球部分。由于洋底占据了地球表面总面积的 2/3 之多，而大洋盆地约占海底总面积的 45%，其平均水深为 4000—5000米，大量发育的海底火山就是分布在大洋盆地中，其周围延伸着广阔的海底丘陵。因此，整个固体地球的主要表面形态可认为是由大洋盆地与大陆台地组成，对它们的研究，构成了与岩石圈构造和地球动力学有直接联系的 " 全球构造学 " 理论。

## 五、软流圈

在距地球表面以下约 100 公里的上地幔中，有一个明显的地震波的低速层，这是由古登堡在 1926 年最早提出的，称之为软流圈，它位于上地幔的上部即 B 层。在洋底下面，它位于约 60 公里深度以下；在大陆地区，它位于约 120 公里深度以下，平均深度约位于60—250 公里处。现代观测和研究已经肯定了这个软流圈层的存在。也就是由于这个软流圈的存在，将地球外圈与地球内圈区别开来了。

## 六、地幔圈

地震波除了在地面以下约 33 公里处有一个显著的不连续面（称为莫霍面）之外，在软流圈之下，直至地球内部约 2900 公里深度的界面处，属于地幔圈。由于地球外核为液态，在地幔中的地震波 S 波不能穿过此界面在外核中传播。P 波曲线在此界面处的速度也急剧减低。这个界面是古登堡在 1914 年发现的，所以也称为古登堡面，它构成了地幔圈与外核流体圈的分界面。整个地幔圈由上地幔（33—410 公里）、下地幔的 D' 层（1000—2700 公里深度）和下地幔的 D″ 层（2700—2900 公里深度）组成。地球物理的研究表明，D'层存在强烈的横向不均匀性，其不均匀的程度甚至可以和岩石层相比拟，它不仅是地核热量传送到地幔的热边界层，而且极可能是与地幔有不同化学成分的化学分层。

## 七、外核液体圈

地幔圈之下就是所谓的外核液体圈，它位于地面以下约 2900—5120 公里深度。整个外核液体圈基本上可能是由动力学黏度很小的液体构成的，其中 2900 至 4980 公里深度称为 E 层，完全由液体构成。4980—5120 公里深度层称为 F 层，它是外核液体圈与固体内核圈之间一个很薄的过渡层。

## 八、固体内核圈

地球八个圈层中最靠近地心的就是所谓的固体内核圈了，它位于 5120—6371 公里地心处，又称为 G 层。根据对地震波速的探测与研究，证明 G 层为固体结构。地球内层不是均质的，平均地球密度为 5.515 g/cm³，而地球岩石圈的密度仅为 2.6—3.0 g/cm³。由此，地球内部的密度必定要大得多，并随深度的增加，密度也出现明显的变化。地球内部的温度随深度而上升。根据最近的估计，在 100 公里深度处温度为 1300℃，300 公里处为2000℃，在地幔圈与外核液态圈边界处，约为 4000℃，地心处温度则在 6000℃以上。

# 第三节　地壳及地质作用

## 一、地质结构

上层化学成分以氧、硅、铝为主，平均化学组成与花岗岩相似，称为花岗岩层，亦有人称之为"硅铝层"。此层在海洋底部很薄，尤其是在大洋盆底地区，太平洋中部甚至缺失，是不连续圈层。

下层富含硅和镁，平均化学组成与玄武岩相似，称为玄武岩层，所以有人称之为"硅镁层"（另一种说法，整个地壳都是硅铝层，因为地壳下层的铝含量仍超过镁；而地幔上部的岩石部分镁含量极高，所以称为硅镁层）；在大陆和海洋均有分布，是连续圈层。两层以康拉德不连续面隔开。

## 二、地壳厚度

地壳是地球固体地表构造的最外圈层，整个地壳平均厚度约17千米，其中大陆地壳厚度较大，平均约为39—41千米。高山、高原地区地壳更厚，最高可达70千米；平原、盆地地壳相对较薄。大洋地壳则远比大陆地壳薄，厚度只有几千米。

青藏高原是地球上地壳最厚的地方，厚达70千米以上；而靠近赤道的大西洋中部海底山谷中地壳只有1.6千米厚；太平洋马里亚纳群岛东部深海沟的地壳最薄，是地球上地壳最薄的地方。

## 三、地质作用

根据动力来源部位，地质作用常被划分为内力地质作用和外力地质作用两类。地质作用常常引起灾害，按地质灾害成因的不同，工程地质学把地质作用划分为物理地质作用和工程地质作用两种。其中，物理地质作用即自然物质作用，包括内力地质作用和外力地质作用；工程地质作用即人为地质作用。

### （一）物理地质作用

#### 1.内力地质作用

内力地质作用的动力来自地球本身，并主要发生在地球内部，按其作用方式可分为地壳运动、岩浆作用、变质作用和地震作用四种。

地壳运动是指由地球内动力所引起的地壳岩石发生变形、变位（如弯曲、错断等）的机械运动。地壳运动按其运动方向可以分为水平运动和垂直运动两种形式。水平方向的运动常使岩层受到挤压产生褶皱，或使岩层拉张而破裂。垂直方向的构造运动会使地壳发生上升或下降，青藏高原数百万年以来的隆升是垂直运动的表现。

变质作用是指地壳运动、岩浆作用等引起物理和化学条件发生变化，促使岩石在固体状态下改变其成分、结构和构造的作用，变质作用可形成不同的变质岩。

地震作用一般是由于地壳运动引起地球内部能量的长期积累，达到一定限度而突然释放时，地壳在一定范围内的快速颤动。按产生的原因，地震作用可分为构造地震、火山地震、陷落地震和激发地震等。

**2.外力地质作用**

外力地质作用主要由太阳热辐射引起，主要发生在地壳的表层。一般按下面的程序进行：风化—剥蚀—搬运—沉积—固结成岩。主要包括风化作用、剥蚀作用、搬运作用、沉积作用和固结成岩作用等作用方式。

风化作用是指在温度、气体、水及生物等因素的长期作用下，暴露于地表的岩石发生化学分解和机械破碎。

剥蚀作用是指河水、海水、湖水、冰川 I 及风等在其运动过程中对地表岩石造成破坏，破坏产物随其运动而搬走。例如，海岸、河岸因受海浪和流水的撞击、冲刷而发生后退。斜坡发生剥蚀作用时，斜坡物质在重力以及其他外力作用下产生滑动和崩塌，又称为块体运动。

搬运作用是指岩石经风化、剥蚀破坏后的产物，被流水、风、冰川等介质搬运到其他地方的作用。搬运作用与剥蚀作用是同时进行的。

沉积作用是指由于搬运介质的搬运能力减弱，搬运介质的物理、化学条件发生变化，或由于生物的作用，被搬运的物质从搬运介质中分离出来，形成沉积物的过程。

固结成岩作用是指沉积下来的各种松散堆积物，在一定条件下，由于压力增大、温度升高以及某些化学溶液的影响，发生压密、胶结及重结晶等物理或化学过程而使之固结成为坚硬岩石的作用。

## （二）工程地质作用——人为地质作用

工程地质作用或人为地质作用是指人类活动引起的地质效应。例如，采矿特别是露天开采穆动大量岩体会引起地表变形、崩塌和滑坡；人类在开采石油、天然气和地下水时因岩土层疏干排水会造成地面沉降；特别是兴建水利工程，会造成土地淹没、盐渍化、沼泽化或是库岸滑坡、水库地震。

# 第三章　岩石的基础知识

## 第一节　造岩矿物

### 一、简介

组成岩浆岩的矿物，一般统称为造岩矿物。常见的造岩矿物只有十多种，如石英，长石，云母，角闪石和辉石等。

人类已发现的矿物有3000多种，以硅酸盐类矿物为最多，约占矿物总量的50%，其中最常见的矿物约有20—30种。例如：正长石、斜长石、黑云母、白云母、辉石、角闪石、橄榄石、绿泥石、滑石、高岭石、石英、方解石、白云石、石膏、黄铁矿、褐铁矿、磁铁矿等。

### 二、种类

组成岩石的矿物，它们大部分是硅酸盐矿物及碳酸盐矿物。在火成岩中造岩矿物又可根据其在岩石中的含量和在火成岩的分类、命名中所起的作用，分为主要矿物、次要矿物和副矿物。

常见岩石的主要组成矿物。它们大多是硅酸盐和碳酸盐，也有部分为简单氧化物，并均为最常见的矿物，总数不超过20种。如长石、石英、云母、方解石、角闪石、辉石、橄榄石等。造岩矿物中也有一些可成为宝石，如橄榄石、长石类宝石、石榴石等。

硅酸盐类矿物中常见的有长石类、云母类、辉石类及角闪石类等矿物。常见的长石类矿物有钾长石（$KAlSi_3O_8$）和钙长石（$CaAl_2Si_2O_8$），它们不太稳定，特别是在湿热气候条件下，风化速度很快。常见的云母类矿物有白云母和黑云母，这两种矿物相对都比较稳定，所以在细砂粒甚至粉粒中都能见到。云母类矿物是土中铁、镁、钾元素的重要来源。氧化类矿物中分布最为广泛有斜长石、石英、正长石和辉长石等。

# 三、萤石

## （一）特点

或称氟石，是一种天然的化石，萤石和光学玻璃相比，萤石有低折射率，低色散等优点，但在实际的运用上因为有其困难度跟经济因素存在，所以不可能使用。然而在光学上所使用的所谓光学玻璃都是以二氧化硅为主要原料并且加入氧化钡或镧之类的添加物，于镕炉中以高于 1300 度的高温溶解后，再以极慢的降温方式使其由液体凝固为固体。

## （二）发现

古代印度人发现，有个小山岗上的眼镜蛇特别多，它们老是在一块大石头周围转悠。其一的自然现象引起人们探索奥秘的兴趣。

原来，每当夜幕降临，这里的大石头会闪烁微蓝色的亮光，许多具有趋光性的昆虫便纷纷到亮石头上空飞舞，青蛙跳出来竞相捕食昆虫，躲在不远处的眼镜蛇也纷纷赶来捕食青蛙。于是，人们把这种石头叫作"蛇眼石"。后来才知道蛇眼石就是萤石。

萤石的成分是氟化钙，又称氟石、砩石、萤石等，因含各种稀有元素而常呈紫红、翠绿、浅蓝色，无色透明的萤石稀少而珍贵。

晶形有立方体、八面体或菱形十二面体。如果把萤石放到紫外线荧光灯下照一照，它会发出美丽的荧光。萤石及其加工品的用途已涉足 30 多个工业部门。炼钢铁加入萤石，能提高熔液的流动性，除去有害杂质硫和磷。

## （三）作用

世界萤石产量的一半用以制造氢氟酸，进而发展制造冰晶石，用于炼铝工业等。电冰箱里的冷却剂（氟利昂）要用萤石；1986 年，我国第一代人造血液也要用萤石。科学家正在研制氟化物玻璃，有可能制成新型光导纤维通讯材料，能传过 2 万公里宽的太平洋而不设重发站。

世界萤石总储量约 10 亿吨，中国占世界储量的 35%. 据考古发掘得知，七千年前的浙江余姚河姆渡人，已选用萤石作装饰品。河姆渡之南确有萤石矿存在。

功效：萤石又称为智能之石，可开启智能、提高灵性、增加创意思考及预知与分析能力。另外，萤石手链同时能加强人际关系。能量稳定柔和，可帮助缓和暴躁的皮性，减低精神紧张，和消除工作压力。

# 第二节　岩浆岩

岩浆岩又称火成岩，是由岩浆喷出地表或侵入地壳冷却凝固所形成的岩石，有明显的矿物晶体颗粒或气孔，约占地壳总体积的 65%，总质量的 95%。岩浆是在地壳深处或上地幔产生的高温炽热、黏稠、含有挥发分 的硅酸盐熔融体，是形成各种岩浆岩和岩浆矿床的母体。岩浆的发生、运移、聚集、变化及冷凝成岩的全部过程，称为岩浆作用。

## 一、形成特征

岩浆岩主要有侵入和喷出两种产出情况。侵入在地壳一定深度上的岩浆经缓慢冷却而形成的岩石，称为侵入岩。侵入岩固结成岩需要的时间很长。地质学家们曾做过估算，一个 2000 米厚的花岗岩体完全结晶大约需要 64000 年；岩浆喷出或者溢流到地表，冷凝形成的岩石称为喷出岩。喷出岩由于岩浆温度急剧降低，固结成岩时间相对较短。1 米厚的玄武岩全部结晶，需要 12 天，10 米厚需要 3 年，700 米厚需要 9000 年。可见，侵入岩固结所需要的时间比喷出岩要长得多。

## 二、黏度

黏度也是岩浆很重要的性质之一，它代表着岩浆流动的状态和程度。岩浆中二氧化硅的含量对黏度影响最大，其次是氧化铝，三氧化二铬，它们的含量增高，岩浆黏度会明显增大。酸性岩中二氧化硅，氧化铝的含量很高，因此，黏度也最大；溶解在岩浆中的挥发份可以降低岩浆的黏度、降低矿物的熔点，使岩浆容易流动，结晶时间延长；此外，岩浆的温度高，黏度相应变小；岩浆承受的压力加大，岩浆的黏度也增大。

## 三、构造特征

岩浆岩中有一些自己特有的结构和构造特征，比如喷出岩是在温度、压力骤然降低的条件下形成的，造成溶解在岩浆中的挥发份以气体形式大量逸出，形成气孔状构造。当气孔十分繁多时，岩石会变得很轻，甚至可以漂在水面，形成浮岩。如果这些气孔形成的空洞被后来的物质充填，就形成了杏仁状构造。岩浆喷出到地表，熔岩在流动的过程中其表面常留下流动的痕迹，有时好像几股绳子拧在一起，岩石学家称之为流纹构造、绳状构造。如果岩浆在水下喷发，熔岩在水的作用下会形成很多椭球体，称之为枕状构造。可见，这些特殊的构造只存在于岩浆岩中。

岩浆岩不论侵入到地下，还是喷出到地表，它们和周围的岩石之间都有明显的界限。如果岩浆沿着层理或片理等空隙侵入，常形成类似岩盆、岩床、岩盖等形状的侵入体，它们和围岩的接触面基本上和层理、片理平行，在地质学上称为整合侵入；如果岩浆不是沿着层理或片理侵入，而是穿过围岩层理或片理的断裂、裂隙贯入，这种情况形成的侵入体被称为不整合侵入体。人们通常所说的岩墙，就是穿过岩层近乎直立的板状侵入体，厚度一般为几十厘米到几十米，长度可以从几十米到数十公里，甚至数百公里。

由于岩浆岩和围岩有很密切的接触关系，因此，围岩的碎块常被带到岩浆中，成为岩浆的捕房体。但是生物化石和生物活动遗迹在岩浆岩中是不存在的。

在岩浆从上地幔或地壳深处沿着一定的通道上升到地壳形成侵入岩或喷出到地表形成喷出岩的过程中，由于温度、压力等物理化学条件的改变，岩浆的性质、化学成分、矿物成分也随之不断地变化，因此，在自然界中形成的岩浆岩是多种多样、千变万化的，如基性岩、中性岩、酸性岩，还有碱性岩、碳酸盐岩等岩类，也充分说明了岩浆成分的复杂多样性。

# 四、岩石成分

## （一）化学成分

主要造岩元素包括：O、Si、Al、Fe、Mg、Ca、K、Na、Ti 等，还有少量的 P、H、N、C、Mn 等。主要化合物由 $SiO_2$、$Al_2O3$、$Fe_2O_3$、$FeO$、$MgO$、$CaO$、$Na_2O$、$K_2O$、$H_2O$ 等九种氧化物组成。

二氧化硅是最重要的一种氧化物，它是反映岩浆性质和直接影响矿物成分变化的主要因素。

随着二氧化硅含量的增加，$FeO$ 和 $Mg$ 逐渐减少；而氧化钠、氧化钾则渐趋增加。$CaO$、氧化铝在纯橄榄岩中含量很低，但在辉长岩中则随二氧化硅含量的增加而增加，尤其是后者更为显著，而后随着 $SiO$。主含量的增加又逐渐降低。

## （二）矿物成分

### 1. 主要矿物、次要矿物、副矿物

主要矿物指在岩石中含量多，并在确定岩石大类名称上起主要作用的矿物。次要矿物指在岩石中含量少于主要矿物的矿物。副矿物指在岩石中含量很少，在一般岩石分类命名中不起作用的矿物。

### 2. 硅铝矿物和铁镁矿物

硅铝矿物也称为浅色矿物，指 $SiO_2$ 和 $Al2O_3$ 的含量较高，不含铁镁的矿物。如石英、长石等。铁镁矿物也称暗色矿物，指 $FeO$ 与 $MgO$ 含量较高，$SiO_2$ 含量较低的矿物。如橄

榄石、辉石、角闪石及黑云母等矿物。

### 3.岩浆岩矿物的成因类型

按矿物成因可分为原生矿物、他生矿物及次生矿物。原生矿物是指在岩浆结晶过程中形成的矿物。他生矿物是指由岩浆同化围岩和俘虏体使其成分改变而形成的矿物。次生矿物是指在岩浆形成后，由于受到风化作用和岩浆期后热液蚀变作用，原来的矿物发生变化而形成的新矿物。

# 五、结构分类

## （一）岩石结构

是指岩石的组成部分的结晶程度、颗粒大小、自形程度及其相互间的关系。

## （二）结晶程度

是指岩石中结晶物质和非结晶玻璃质的含量比例。岩浆岩的结构分为三大类：

（1）全晶质结构：岩石全部由结晶矿物组成。

（2）半晶质结构：岩石由结晶物质和玻璃质两部分组成。

（3）玻璃质结构：岩石全部由玻璃质组成。

## （三）颗粒大小

是指岩石中矿物颗粒的绝对大小和相对大小。

（1）显晶质结构按颗粒的绝对大小分为：伟晶（颗粒直径＞1cm），粗晶结构（颗粒直径5mm—1cm），中晶结构（颗粒直径2—5mm），细晶结构（颗粒直径2—0.2mm），微粒结构（颗粒直径＜0.2mm）。

（2）显晶质结构按颗粒的相对大小分为：等粒结构是指岩石中同种主要矿物颗粒大小大致相等。不等粒结构是指岩石中同种主要矿物颗粒大小不等。斑状结构，岩石中矿物颗粒分为大小截然不同的两群，大的为斑晶，小的及未结晶的玻璃质的为基质。似斑状结构外貌类似于斑状结构，只是基质为显晶质的。

（3）矿物的自形程度：指矿物晶体发育的完整程度。根据全晶质岩石中的矿物的自形程度可以分为三种结构：自形结构、它形结构整、半自形结构。

## （四）相互关系

根据矿物颗粒间的相互关系可分为：

文象结构：岩石中钾长石和石英呈有规则的交生，石英具独特的棱角形或楔形有规律地镶嵌在钾长石中，形似希伯来文字，称为文象结构。

## 六、组成分类

岩浆岩根据二氧化硅的含量，分成超基性岩、基性岩、中性岩、酸性岩。

超基性岩：二氧化硅的含量小于45%，如橄榄岩，辉石岩，苦橄岩等。

基性岩：二氧化硅的含量大于45%，小于52%，如玄武岩，辉长岩等。

中性岩：二氧化硅的含量大于52%，小于65%，如闪长岩，安山岩等。

酸性岩：二氧化硅的含量大于65%，如花岗岩，流纹岩等。

## 七、常见岩石

### （一）花岗岩

是分布最广的深成侵入岩。主要矿物成分是石英、长石和云母，浅灰色和肉红色最为常见，具有等粒状结构和块状构造。按次要矿物成分的不同，可分为黑云母花岗岩、角闪石花岗岩等。很多金属矿产，如钨、锡、铅、锌、汞、金等，稀土元素及放射性元素与花岗岩类有密切关系。花岗岩既美观抗压强度又高，是优质建筑材料。

### （二）橄榄岩

侵入岩的一种。主要矿物成分为橄榄石及辉石，深绿色或绿黑色，比重大，粒状结构。是铂及铬矿的唯一母岩，镍、金刚石、石棉、菱铁矿、滑石等也同这类岩石有关。

### （三）玄武岩

一种分布最广地喷出岩。矿物成分以斜长石、辉石为主，黑色或灰黑色，具有气孔构造和杏仁状构造，斑状结构。根据次要矿物成分，可分为橄榄玄武岩、角闪玄武岩等。铜、钴、冰洲石等有用矿产常产于玄武岩气孔中，玄武岩本身可用作优良耐磨耐酸的铸石原料。

### （四）安山岩

喷出岩之一，分布很广，仅次于玄武岩。主要矿物成分是斜长石、角闪石和少量的辉石等。新鲜时呈灰黑、灰绿或棕色，具斑状结构。与安山岩有关的矿产主要是铜，其次是金、铅、锌等。

### （五）流纹岩

是一种与花岗岩化学成分相当的喷出岩。一般色浅，多为浅红、灰白或灰红色，具斑状结构，流纹构造。流纹岩性质坚硬致密，可作建筑材料。

# 第三节　沉积岩

沉积岩，三大岩类的一种，又称为水成岩，是三种组成地球岩石圈的主要岩石之一（另外两种是岩浆岩和变质岩）。是在地壳发展演化过程中，在地表或接近地表的常温常压条件下，任何先成岩遭受风化剥蚀作用的破坏产物，以及生物作用与火山作用的产物在原地或经过外力的搬运所形成的沉积层，又经成岩作用而成的岩石。在地球地表，有70%的岩石是沉积岩，但如果从地球表面到16公里深的整个岩石圈算，沉积岩只占5%。沉积岩主要包括石灰岩、砂岩、页岩等。沉积岩中所含有的矿产，占全部世界矿产蕴藏量的80%。

## 一、特性

### （一）特性概述

沉积岩是指成层堆积的松散沉积物固结而成的岩石。曾称水成岩。是组成地壳的三大岩类（火成岩、沉积岩和变质岩）之一。沉积物指陆地或水盆地中的松散碎屑物，如砾石、砂、黏土、灰泥和生物残骸等。主要是母岩风化的产物，其次是火山喷发物、有机物和宇宙物质等。沉积岩分布在地壳的表层。在陆地上出露的面积约占75%，火成岩和变质岩只有25%。但是在地壳中沉积岩的体积只占5%左右，其余两类岩石约占95%。沉积岩种类很多，其中最常见的是页岩、砂岩和石灰岩，它们占沉积岩总数的95%。这三种岩石的分配比例随沉积区的地质构造和古地理位置不同而异。总的说，页岩最多，其次是砂岩，石灰岩数量最少。沉积岩地层中蕴藏着绝大部分矿产，如能源、非金属、金属和稀有元素矿产，其次还有化石群。

### （二）化学成分

随沉积岩中的主要造岩矿物含量差异而不同。例如，泥质岩以黏土矿物为主要造岩矿物，而黏土矿物是铝-硅酸盐类矿物，因此泥质岩中 $SiO_2$ 及 $Al_2O_3$ 的总含量常达70%以上。砂岩中石英、长石是主要的，一般以石英居多，因此 $SiO_2$ 及 $Al_2O_3$ 含量可高达80%以上，其中 $SiO_2$ 可达60—95%。石灰岩、白云岩等碳酸盐岩，以方解石和白云石为造岩矿物，CaO 或 CaO+MgO 含量大，$SiO_2$，$Al_2O_3$ 等含量一般不足10%。

## 二、形成

　　沉积岩是由风化的碎屑物和溶解的物质经过搬运作用、沉积作用和成岩作用而形成的。形成过程受到地理环境和大地构造格局的制约。古地理对沉积岩形成的影响是多方面的。最明显的是陆地和海洋，盆地外和盆地内的古地理影响。陆地沉积岩的分布范围比海洋沉积岩的分布范围小；盆地外沉积岩的分布范围或能保存下来的范围，比盆地内沉积岩的分布或能保存下来的范围要小一些。

## 三、分类

　　沉积岩分类考虑岩石的成因、造岩组分和结构构造 3 个因素。一般沉积岩的成因分类比较粗略，按岩石的造岩组分和结构特点的分类比较详细。外生和内生实际上是指盆地外和盆地内的两种成因类型。盆地外的，主要形成陆源的硅质碎屑岩，但是陆地的河流等定向水系可将陆源碎屑物搬运到湖、海等盆地内部而沉积、成岩；盆地内的，形成的内生沉积岩的造岩组分，除了直接由湖、海中析出的化学成分外，也可能有一部分来自陆地的化学或生物组分。

### （一）砾岩

　　是粗碎屑含量大于 30% 的岩石。绝大部分砾岩由粒度相差悬殊的岩屑组成，砾石或角砾大者可达 1 米以上，填隙物颗粒也相对比较粗。具有大型斜层理和递变层理构造。

### （二）砂岩

　　在沉积岩中分布仅次于黏土岩。它是由粒度在 2—0.1 毫米范围内的碎屑物质组成的岩石。在砂岩中，砂含量通常大于 50%，其余是基质和胶结物。碎屑成分以石英、长石为主，其次为各种岩屑以及云母、绿泥石等矿物碎屑。

### （三）粉砂岩

　　岩中，0.1—0.01mm 粒级的碎屑颗粒超过 50%，以石英为主，常含较多的白云母，钾长石和酸性斜长石含量较少，岩屑极少见到。黏土基质含量较高。黏土岩是沉积岩中分布最广的一类岩石。其中，黏土矿物的含量通常大于 50%，粒度在 0.005—0.0039mm 范围以下。主要由高岭石族、多水高岭石族、蒙脱石族、水云母族和绿泥石族矿物组成。

### （四）碳酸盐岩

　　常见的岩石类型是石灰岩和白云岩，是由方解石和白云石等碳酸盐矿物组成的。碳酸盐中也有颗粒，陆源碎屑称为外颗粒；在沉积环境以内形成并具有碳酸盐成分的碎屑称为内碎屑。在中国北方寒武系和奥陶系的石灰岩中广泛分布着一种竹叶状的砾屑，这些竹叶状灰岩反映了浅水海洋动荡的沉积环境，是由未固结的碳酸盐经强大的水流、潮汐或风暴作用，破碎、磨蚀、搬运和堆积而成的。在鲕状灰岩中常见到具有核心或同心层结构的球状颗粒，很像鱼子，得名"鲕粒"。鲕粒的核心可以是外颗粒，也可以是内颗粒，还可以是化石。同心层主要由泥级（< 0.005mm）方解石晶体组成。

### （五）碎屑岩

碎屑岩也称火山碎屑岩，是火山碎屑物质的含量占90%以上的岩石，火山碎屑物质主要有岩屑、晶屑和玻屑，因为火山碎屑没有经过长距离搬运，基本上是就地堆积，因此，颗粒分选和磨圆度都很差。

### （六）碎屑沉积岩

是从其他岩石的碎屑沉积形成的，包括有长石，闪石，火山喷出物，黏土，以及变质岩的碎屑，碎屑的大小不同形成的岩石也不同，形成页岩的碎屑小于 0.004 mm，形成砂岩的碎屑在 0.004 — 0.06 mm 之间，形成砾岩的碎屑则有 2 — 256 mm。

沉积岩的分类不仅根据其形成颗粒的大小，还要考虑到组成颗粒的化学成分，形成的条件等因素。颗粒形成的条件，是被冰、水、温度变化将岩石碎裂，也有是由于化学作用，如淋融再析出等。在搬运过程中，颗粒体积进一步变小，最终在一个新地点沉积成岩。

### （七）生物沉积岩

是由生物体的堆积造成的，如花粉、孢子、贝壳、珊瑚等大量堆积，经过成岩作用形成的

一般认为，地球大气中的含碳量之所以相对其他行星如金星要低，就是因为被石灰岩等沉积岩固定。形成石灰岩的碳和钙都能在生物系统中循环。

## 四、成因

风化的岩石颗粒，经大气、水流、冰川的搬运作用，到一定地点沉积下来，受到高压的成岩作用，逐渐形成岩石。沉积岩保留了许多地球的历史信息，包括有古代动植物化石，沉积岩的层理有地球气候环境变化的信息。沉积岩的物质来源主要有几个渠道，风化作用是一个主要渠道。此外，火山爆发喷射出大量的火山物质也是沉积物质的来源之一；植物和动物有机质在沉积岩中也占有一定比例。

# 第四节 变质岩

由变质作用所形成的岩石。是由地壳中先形成的岩浆岩或沉积岩，在环境条件改变的影响下，矿物成分、化学成分以及结构构造发生变化而形成的。它的岩性特征，既受原岩的控制，具有一定的继承性，又因经受了不同的变质作用，在矿物成分和结构构造上又具有新生性（如含有变质矿物和定向构造等）。通常，由岩浆岩经变质作用形成的变质岩称为"正变质岩"，由沉积岩经变质作用形成的变质岩称为"负变质岩"。根据变质形成条件，可分为热接触变质岩、区域变质岩和动力变质岩。变质岩在中国和世界各地分布很广。前寒武纪的地层绝大部分由变质岩组成；古生代以后，在各个地质时期的地壳活动带（如地槽区），在一些侵入体的周围以及断裂带内，均有变质岩的分布。

## 一、分类

按原岩类型来分，变质岩可分为两大类：①原岩为岩浆岩经变质作用后形成的变质岩为正变质岩；②原岩为沉积岩经变质作用后形成的变质岩为负变质岩。变质岩可以成区域性广泛出露（如中国东北地区的鞍山群及中南、西南地区的昆阳群、板溪群等），也可成局部分布（如岩浆侵入体周围的接触变质岩及构造错动带出现的动力变质岩）。与变质岩有关的金属和非金属矿产非常丰富。

进一步细分，习惯上先按变质作用类型和成因，把变质岩分为下列岩类。①区域变质岩类，由区域变质作用所形成。②热接触变质岩类，由热接触变质作用所形成，如斑点板岩等。③接触交代变质岩类，由接触交代变质作用所形成，如各种。④动力变质岩类，由动力变质作用所形成，如压碎角砾岩、碎裂岩、碎斑岩等。⑤气液变质岩类，由气液变质作用形成，如云英岩、次生石英岩、蛇纹岩等。⑥冲击变质岩类。由冲击变质作用所形成。在每一大类变质岩中可按等化学系列和等物理系列的原则，再作进一步划分。在早期的分类方案中，还出现过从原岩的物质成分与类型出发，再依次按变质作用过程中发生的变化与生成的岩石进行的分类。所有这些分类，原则不尽相同，强调的分类依据也有差别。原岩类型和变质作用性质是变质岩分类的两个主要基础，但原岩类型的复杂性和变质作用类型的多样性，给变质岩的分类带来许多困难。以变质作用产物的特征（变质岩的矿物组成、含量和结构构造）对变质岩进行分类，将成为今后的主要趋势。主要岩石类型可分为以下16类：

（1）板岩类。属低级变质产物，如碳质板岩、钙质板岩、黑色板岩等。

（2）千枚岩类。变质程度较板岩相对较高，如绢云母千枚岩、绿泥石千枚岩等。

（3）片岩类。属低至中高级变质产物，如云母片岩、阳起石片岩、绿泥石片岩等。

（4）片麻岩类。属低一高级变质产物，如富铝片麻岩、斜长片麻岩等。

（5）长英质粒岩类。可形成于不同的变质条件下，如变粒岩、浅粒岩等。

（6）石英岩类。主要由石英组成（石英含量大于75%），如纯石英岩、长石石英岩、磁铁石英岩等。

（7）斜长角闪岩类。形成于高绿片岩想到角闪岩相的变质条件，如石榴子石角闪岩、透辉石角闪岩等。

（8）麻粒岩类。属高温条件下形成的区域变质岩，如暗色麻粒岩、浅色麻粒岩等。

（9）铁镁质暗色岩类（主要由辉石类、角闪石类、云母类、绿泥石类等组成）。如透辉石岩，石榴子石角闪石岩等。

（10）榴辉岩类（主要由绿辉石和富镁的石榴子石组成）。如镁质榴辉岩、铁质榴辉岩等。

（11）大理岩类（主要由方解石和白云石组成）。如白云质大理岩、硅灰石大理岩、透闪石大理岩等。

（12）矽卡岩类。主要由接触交代作用形成，如钙质矽卡岩、镁质矽卡岩等。

（13）角岩类。属热接触变质作用产物，如云母角岩、长英质角岩等。

（14）动力变质岩类。属各种岩石受动力变质作用的产物，如构造角砾岩、压碎角砾岩、糜棱岩等。

（15）气——液变质岩类。由气液变质作用形成，如蛇纹岩、青磐岩、云英岩等。

（16）混合岩类。由混合岩化作用形成，如混合变质岩类、混合岩类和混合花岗岩类等。

## 二、生成条件

变质岩是在地球内力作用，引起的岩石构造的变化和改造产生的新型岩石。这些力量包括温度、压力、应力的变化、化学成分。固态的岩石在地球内部的压力和温度作用下，发生物质成分的迁移和重结晶，形成新的矿物组合。如普通石灰石由于重结晶变成大理石。变质岩是在高温、高压和矿物质的混合作用下由一种岩石自然变质成的另一种岩石。质变可能是重结晶、纹理改变或颜色改变。

变质岩是组成地壳的主要成分，一般变质岩是在地下深处的高温（150℃-180℃到800℃—900℃）高压下产生的，后来由于地壳运动而出露地表。在特殊情况下，变质作用不一定由地球内部的因素所引起，也可以发生在地表，如陨石的猛烈撞击可以使地表岩石变质；洋脊附近大洋底部的玄武岩因受地下巨大的热流影响，也能在地表发生变质作用。

## 三、矿物成分

变质岩常具有某些特征性矿物，这些矿物只能由变质作用形成，称为特征变质矿物，特征变质矿物有红柱石、蓝晶石、硅灰石、石榴子石、滑石、十字石、透闪石、阳起石、蓝闪石、透辉石、蛇纹石、石墨等。变质矿物的出现就是发生过变质作用的最有力证据。

除了典型的变质矿物外，变质岩中也有既能存在于火成岩又能存在于沉积岩的矿物，它们或者在变质作用中形成，或者从原岩中继承而来。属于这样的矿物有石英、钾长石、钠长石、白云母、黑云母等。这些矿物能够适应较大幅度的温度、压力变化而保持稳定。

## 四、变质作用类型

由于引起岩石变质的地质条件和主导因素不同，变质作用类型及其形成的相应岩石特征也不同。

### （一）接触变质作用

这是由岩浆沿地壳的裂缝上升，停留在某个部位上，侵入到围岩之中，因为高温，发生热力变质作用，使围岩在化学成分基本不变的情况下，出现重结晶作用和化学交代作用。例如中性岩浆入侵到石灰岩地层中，使原来石灰岩中的碳酸钙熔融，发生重结晶作用，晶体变粗，颜色变白（或因其他矿物成分出现斑条），而形成大理岩。从石灰岩变为大理岩，化学成分没有变，而方解石的晶形发生变化，这就是接触变质作用最普通的例子，又如页岩变成角岩，也是接触变质造成的。它的分布范围局部，附近一定有侵入体。包括热接触变质作用和接触交代变质作用。接触热变质作用引起变质作用的主要因素是温度；接触交代变质作用的原理是从岩石中分泌的挥发性物质，对围岩进行作用，导致围岩化学成分发生显著变化，产生大量的新矿物，形成新的岩石和结构构造。

### （二）动力变质作用

这是由于地壳构造运动所引起的、使局部地带的岩石发生变质。特别是在断层带上经常可见此种变质作用。此类受变质的岩石主要是因为在强大的、定向的压力之下而造成的，所以产生的变质岩石也就破碎不堪，以破碎的程度而言，就有破碎角砾岩、碎裂岩、糜棱岩等等。好在这些岩石的原岩容易识别，故在岩石命名时就按原岩名称而定，如称为花岗破裂岩、破碎斑岩等。

### （三）区域变质作用

分布面积很大可达到数千到数万平方千米，甚至更大，影响深度可达20km以上，变质的因素多而且复杂，几乎所有的变质因素——温度、压力、化学活动性的流体等都参加了。凡寒武纪以前的古老地层出露的大面积变质岩及寒武纪以后"造山带"内所见到的变质岩分布区，均可归于区域变质作用类型。区域变质作用中，温度与压力总是联合作用的，一般来说，地下的温度与压力随深度增加而增大，但是，由于各处地壳的结构与构造运动性质不同，温度与压力随深度增大的速度并非处处相同，有的变质地区压力增加慢，而温度增加快，有的地区恰好相反，这样出现了不同的区域变质环境，主要有三类：低压高温环境、正常地温梯度环境、高亚低温环境。区域变质作用的代表性岩石有：板岩、千枚岩、片岩、片麻岩、变粒岩、斜长角闪石、麻粒岩、榴辉岩。

### （四）混合岩化作用

这是在区域变质的基础上，地壳内部的热流继续升高，于是在某些局部地段，熔融浆发生渗透、交代或贯入于变质岩系之中，形成一种深度变质的混合岩，是为混合岩化作用。

混合岩由两部分物质组成，一部分是变质岩，称为基体；另一部分是通过溶体和热液注入、交代而新形成的岩石，称为脉体。所谓基体，是指混合岩形成过程中残留的变质岩，如片麻岩、片岩等，具变晶结构、块状构造、颜色较深；所谓脉体，是指混合岩形成过程中新生的脉状矿物（或脉岩），贯穿其中，通常由花岗质、细晶岩或石英脉等构成，颜色比较浅淡。基体与脉体混合的形态是多样的，其混合岩也是多种的，如肠状混合岩、条带状混合岩、眼球状混合岩等等。

## 五、结构

变质岩的结构是指变质岩中矿物的粒度、形态及晶体之间的相互关系，而构造则指变质岩中各种矿物的空间分布和排列方式。变质岩结构按成因可划分为下列各类：

### （一）变余结构

是由于变质结晶和重结晶作用不彻底而保留下来的原岩结构的残余。如变余砂状结构（保留岩浆岩的斑状结构）、变余晖绿结构、变余岩屑结构等，根据变余结构、可查明原岩的成因类型。

### （二）变晶结构

是岩石在变质结晶和重结晶作用过程中形成的结构，它表现为矿物形成、长大而且晶粒相互紧密嵌合。变晶结构的出现意味着火成岩及沉积岩中特有的非晶质结构、碎屑结构及生物骨架结构趋于消失，并伴随着物质成分的迁移或新矿物的形成。按矿物粒度的大小、相对大小，可分为粗粒（＞3毫米）、中粒（1—3毫米）、细粒（＜1毫米）变晶结构和等粒、不等粒、斑状变晶结构等；按变质岩中矿物的结晶习性和形态，可分为粒状、鳞片状、纤状变晶结构等；按矿物的交生关系，可分为包含、筛状、穿插变晶结构等。少数以单一矿物成分为主的变质岩常以某一结构为其特征（如以粒状矿物为主的岩石为粒状变晶结构、以片状矿物为主的岩石为鳞片变晶结构），在多数变质岩的矿物组成中，既有粒状矿物，又有片、柱状矿物。因此，变质岩的结构常采用复合描述和命名，如具斑状变晶的中粒鳞片状变晶结构等。变晶结构是变质岩的主要特征，是成因和分类研究的基础。

## （三）交代结构

是由交代作用形成的结构，表示原有矿物被化学成分不同的另一新矿物所置换，但仍保持原来矿物的晶形甚至解理等内部特点。一种变质岩有时具有两种或更多种结构，如兼具斑状变晶结构与鳞片变晶结构等。

## （四）碎裂结构

是岩石在定向应力作用下，发生碎裂、变形而形成的结构。原岩的性质、应力的强度、作用的方式和持续的时间等因素，决定着碎裂结构的特点。特点是矿物颗粒破碎成外形不规则的带棱角的碎屑，碎屑边缘常呈锯齿状，并具有扭曲变形等现象。按碎裂程度，可分为碎裂结构、碎斑结构、碎粒结构等。

# 第四章　地质构造

## 第一节　地壳运动

## 一、地壳运动成因

不同类型的地壳运动其成因是不同的。

### （一）以黄道面为参照物发生的地壳运动及成因

地球绕太阳公转的轨道面叫作黄道面。地壳及其组成岩石以黄道面为参照物发生的位置变化，是最大规模的地壳运动。

本类地壳运动分为三小类：一是，地球自转发生的地壳相对黄道面的位置变化；二是，地球公转发生的地壳相对黄道面的位置变化；三是，地轴倾角变化，发生的地壳相对黄道面的位置变化。

本类地壳运动引起昼夜、季节和气候的变化，引起太阳、月球对地球引力的变化，进而引发其他类型的地壳运动。

本类地壳运动的成因：由太阳系的起源和演化所致。

### （二）以地轴为参照物发生的地壳运动及成因

地壳及其组成岩石以地轴为参照物发生的位置变化，其规模次于第一类地壳运动，引起地极、磁极位移。相对于地轴发生的变化，即地极发生了移动。此类型地壳运动，引起地壳及地面地理坐标的变化，也引起季节和气候的变化，引起地日、地月引力平衡的变化。

本类地壳运动成因：层状地球在太阳和月球引力作用下，地球外球发生了转动而形成的。

### （三）以地理坐标为参照物发生的地壳运动及成因

地壳及其组成物质岩石以地理坐标为参照物发生的位置变化，本类地壳运动形成大规模的地壳抬升隆起和凹陷沉降，形成山脉、高原，形成平原、盆地，形成峻岭、沟谷。

本类地壳运动的动力来源主要有以下：

（1）水、风的剥蚀和搬运及沉积作用。

本类地质作用不仅形成规模大小不等的地壳运动，而且所形成的沉积物与沉积岩是形成山脉、高原的物质基础。

水的剥蚀与搬运及沉积作用所形成的地壳运动，降低了地壳的相对高度，剥高填洼，使地壳趋向平衡。

风的剥蚀与搬运及沉积作用，风对岩石的剥蚀及搬运与沉积作用特点：

风蚀发生在少雨干旱地区，不仅对高山高原进行剥蚀，而且对沟谷洼地也进行剥蚀。

风的搬运作用，其搬运距离远近不等，近的只是离开剥蚀原地，远的可以达上千上万公里。其沉积面积大小不等，大的可达几百万平方公里。

风的沉积，可以在陆地，可以在水域；可以在洼地与平原，可以在山脉与高原；即能形成准平原沉积，也能形成山脉沉积。

风成地势易改变和迁移。风成沉积，可形成产状为高倾角的碎屑岩，可形成沉积褶皱构造。

风的沉积可以和水的沉积同时或交替进行。

（2）地球自转时产生的由两极向赤道的离心力。

关于地壳物质在地球自转的离心力作用下向地球赤道方向运动的试验，地质力学已做了模拟试验予以证明。

（3）在太阳和月球引力作用下，地球自西向东旋转时，地壳不同质量区块产生由东向西运动。在没有其他星球引力作用下，地壳各部分物质随地球自转做匀速圆周运动。在太阳、月球的引力作用下，由于地壳各部分组成物质的不均，产生沿纬向的差异运动，形成挤压和分离。

地壳在大区域或小面积上其组成物质是不均匀的。

在大区域上，陆地有欧亚、非洲、南北美洲、南极洲等大区块，海洋有太平洋、印度洋、大西洋和北冰洋等几大区块。这些大区块在地势、物质组成、面积大小、几何形态、地理位置、质量、构造等都不一样。在大区块内有众多的小区块。地壳上这些大小区块，受太阳、月球的引力不同，在地球自转时，它们的运动速度慢不一。由于地球自西向东旋转，地壳上这些大小块体形成自东向西的相对运动。

## （四）以地面物体为参照物发生的地壳运动及成因

以地面物体为参照物发生的地壳运动，地壳组成物质岩石相对运动距离小，属于小范围的地壳运动。除大范围的地壳运动能引起本类地壳运动外，地震、火山、塌陷、陨石撞击、生物的一些活动等等都能引起本类地壳运动。

## 二、运动结果

自地球诞生以来，地壳就在不停运动，既有水平运动，也有垂直运动。地壳运动造就了地表千变万化的地貌形态，主宰着海陆的变迁。人们可用大地测量的方法证明地壳运动。例如，人们测出格林尼治和华盛顿两地距离每年缩短0.7米，像这样发展下去，1亿年之后，大西洋就会消失，欧亚大陆就会和美洲大陆相遇。化石也是地壳运动的证据。在喜马拉雅山的岩层里，找到了许多古海洋生物化石，如三叶虫、笔石、珊瑚等，说明这里曾经是汪洋大海。文化遗迹也是很好的证据。意大利波舍里城一座古庙的大理石柱离地面4—7米处，有海生贝壳动物蛀蚀的痕迹，可见该庙自建成以后曾一度下沉被海水淹没，以后又随陆地上升露出了水面。另外，火山、地震、地貌及古地磁研究等都能提供大量的地壳运动的证据。地壳运动引起的地壳变形变位，常常被保留在地壳岩层中，成为地壳运动的证据。

在山区，我们经常可以看到裸露地表的岩层，它们有的是倾斜弯曲的，有的是断裂错开的，这些都是地壳运动的"足迹"，称为地质构造。形成的地貌，称为构造地貌。地球在地质时期的地壳运动，虽然不能通过直接测量得知，但在地壳中却留下了形迹。在山区岩石裸露的地方，沉积岩层常常是倾斜、弯曲的，甚至断裂错开了，这都是岩层受力发生变形的结果。在中国山东荣城沿海一带，昔日的海滩现已高出海面20—40米。福建漳州、厦门一带，昔日的海滩也已高出海面20米左右，说明这些地方的地壳在上升。我国渤海海底发现了约达7千米的海河古河道，这表明渤海及其沿岸地区为现代下降速度较大的地区。再如，美丽的雨花石产于南京雨花台，这些夹有美丽花纹的光滑的卵石，是古河床的天然遗物。雨花台大量堆积着卵石，说明这里过去曾有河流，以后地壳上升，河道废弃，才成了如今比长江水面高出很多的雨花台砾石。

### （一）褶皱

当岩层受到地壳运动产生的强大挤压作用时，便会发生弯曲变形，这叫作褶皱。地壳发生褶皱隆起，常常形成山脉。世界许多高大的山脉，如喜马拉雅山、阿尔卑斯山、安第斯山等，都是褶皱山脉。它们是由地壳板块相互碰撞、挤压，在板块交界处发生大规模褶皱隆起而形成的。褶皱有背斜和向斜两种基本形态。背斜岩层一般向上拱起，向斜岩层一般向下弯曲。在地貌上，背斜常成为山岭，向斜常成为谷地或盆地。但是，不少褶皱构造的背斜顶部因受张力，容易被侵蚀成谷地，而向斜槽部受到挤压，岩性坚硬不易被侵蚀，反而成为山岭。

### （二）断层

地壳运动产生的强大压力或张力，超过了岩石所能承受的程度，岩体就会破裂。岩体发生破裂，并且沿断裂面两侧岩块有明显的错动、位移，这叫作断层。

断层有地垒和地堑两种基本形态。中间凸起，两侧陷落的叫地垒，相反，中间陷落，两侧相对凸起的叫地堑。

在地貌上，大的断层常常形成裂谷或陡崖，如著名的东非大裂谷（地堑）、我国华山北坡大断崖（地垒）等。断层一侧上升的岩块，常成为块状山地或高地（地垒），如我国的华山、庐山、泰山；另一侧相对下沉的岩块，则常形成谷地或低地（地堑），如我国的渭河平原、汾河谷地。在断层构造地带，由于岩石破碎，易受风化侵蚀，常常发育成沟谷、河流。

了解地质构造规律，对于找矿、找水、工程建设等有很大帮助。例如，含石油、天然气的岩层，背斜是良好的储油构造；向斜构造盆地，利于储存地下水，常形成自流盆地。在工程建设方面，如隧道工程通过断层时必须采取相应的工程加固措施，以免发生崩塌；水库等大型工程选址，应避开断层带，以免诱发断层活动，产生地震、滑坡、渗漏等不良后果。

# 第二节　板块构造说简介

板块构造说是指现代地学理论之一。20世纪60年代中，在大量海洋地质、池球物理和海底地貌等资料分析的基础上建立起来的一种大地构造学说。源于加拿大地球物理学家威尔逊的"板块"概念。1965年，他指出大洋中脊、转换断层、岛弧—海沟系是三种类型的构造活动带，它们首尾相接、连绵不辍，从一种活动带转换成另一种活动带，形成地壳运动；地壳被这些活动带分割成大大小小的"板块"。

## 一、简史

1912年，德国A.L.魏格纳首先提出了大陆漂移说。1960至1962年期间，美国H.H.赫斯、R.S.迪茨在大陆漂移和地幔对流说的基础上创立海底扩张说，随后F.J.瓦因和英国D.H.马修斯等通过海底磁异常的研究对海底扩张说作了进一步论证。

1965年加拿大J.T.威尔逊建立转换断层概念，并首先指出，连绵不绝的活动带网络将地球表层划分为若干刚性板块。

1967至1968年期间，美国W.J.摩根、D.P.麦肯齐、R.L.帕克与法国X.勒皮雄将转换断层概念外延到球面上，定量地论述了板块运动，确立了板块构造说的基本原理。

1968年，美国B.L.艾萨克斯、J.奥利弗和L.R.赛克斯进一步阐述了地震与板块活动之间的联系，并将这一新兴理论称作"新全球构造"。现今常用的术语"板块构造"，是麦肯齐和摩根在1969年提出的。70年代以来，板块学说逐步渗透到地球科学的许多领域。

# 二、基本观点

## （一）板块的划分——七大块

岩石圈并非是整体一块，它被许多活动带分割成大大小小的块体，这些块体就是所说的板块。岩石圈可以划分成太平洋板块、欧亚板块、印度—澳大利亚板块、非洲板块、北美洲板块、南美洲板块和南极洲板块等七个大板块。

## （二）板块的边界——三类型

（1）拉张型边界，又称离散型边界，主要以大洋中脊为代表。它是岩石圈板块的生长场所，也是海底扩张的中心地带。其主要特征是，岩石圈张裂，岩浆涌出，形成新的洋壳，并伴随着高热流值和浅源地震。大陆裂谷也是拉张型边界。

（2）挤压型边界，又称汇聚型边界或者比尼奥夫带。主要以海沟—岛弧为代表，是板块相向移动、挤压、俯冲、消减的地带。

（3）剪切型边界，又称平错型边界或者转换断层边界。在这种边界上，既没有板块的新生。也没有板块的消亡，只是表现为板块的平移和错断。这种边界以转换断层为特征。

## （三）板块的演化——六阶段

加拿大地质学家威尔逊于1969年把一个大洋发展的完整过程分为六个阶段。

（1）胚胎期：地幔的活化，引起大陆壳（岩石圈）的破裂。形成大陆裂谷，东非裂谷就是最著名的实例。

（2）幼年期：地幔物质上涌、溢出。岩石圈进一步破裂并开始，现洋中脊和狭窄的洋壳盆地，以红海、亚丁湾为代表。

（3）成年期：洋中脊的进一步延长和扩张作用的加强，洋盆扩大，两侧大陆相向分离，出现了成熟的大洋盆地，洋盆两侧并未发生俯冲作用，与相邻大陆间不存在海沟和火山弧，称为被动大陆边缘。大西洋是其典型代表。

（4）衰退期：随着海底扩张的进行，洋盆一侧或者两侧开始出现了海沟，俯冲消减作用开始进行，主动大陆边缘开始出现，洋盆面积开始缩小，两侧大陆相互靠近，太平洋即处于这个阶段。

（5）残余期：随着俯冲消减作用的进行，两侧大陆相互靠近，其间仅残留一个狭窄的海盆，地中海即处于这个阶段。

（6）消亡期：最后两侧大陆直接碰撞拼合，海域完全消失，转化为高峻山系。横亘欧亚大陆的阿尔卑斯—喜马拉雅山脉就是最好的代表，它是欧亚板块与印度板块碰撞接触的地带，是一条很长的地缝合线。

## （四）板块的动力

板块相对于下伏的软流圈来说，是相对刚性的，漂浮在软流圈之上。板块的驱动力来自于地幔，是由地幔对流驱动的。由于地幔对流受热不均匀，在受热强烈、温度比较高的地方，地幔物质上涌，上涌的物质受到岩石圈的阻挡，在岩石圈的底下向两侧运移，到温度较低的地方下沉，形成一个完整的地幔对流旋回。在对流上升的地方，导致板块分离和新的洋壳的形成；而在对流下沉的地方，导致板块的俯冲和板块的消亡。

## （五）板块的运动

一般模式：海底扩张是板块运动的核心，板块从大洋中脊轴部向两侧不断扩张推移（见海底扩张说）。就板块的相对运动方向而言，海沟和活动造山带是板块的前缘，大洋中脊则是板块的后缘。脊轴是软流圈物质上涌，岩石圈板块生长的地方，其热流值很高，岩石圈极薄（厚仅数公里），水深较浅（平均在 2500 米左右）。随着板块向两侧扩张，热流值与地温梯度降低，岩石圈逐渐增厚，密度升高，洋底冷缩下沉。大洋边缘的古老洋底岩石圈的厚度约 100 公里，水深可达 6000 米左右。洋底水深是洋底年龄的函数。新生的洋底岩石圈下沉最快，下沉作用随时间呈指数衰减。这解释了以下事实：大洋中脊斜坡在靠近脊顶处坡度较陡，远离脊顶坡度逐渐减缓；快速扩张的洋脊边坡较缓（如东太平洋海隆），慢速扩张的洋脊边坡较陡（如大西洋中脊）。

若大陆与洋底组成同一板块，这时陆 - 洋过渡带构成稳定（或被动）大陆边缘；若大洋板块在洋缘俯冲潜入地幔，则形成活动（或主动）大陆边缘。周缘广泛发育被动大陆边缘的大洋逐渐扩张展宽，周缘广泛发育活动大陆边缘的大洋则收缩关闭。在面积不变的地球上，一些大洋地张开必然伴随着另一些大洋的关闭。因此，大洋的开合与大陆漂移都是板块分离和汇聚的结果。大洋开合的发展过程，又称威尔逊旋回（见海洋起源与演化）。

## （六）板块运动几何学

全球所有板块可能都在移动，板块运动通常指一板块相对于另一板块的相对运动。鉴于板块内部变形与板块之间的大幅度水平运动相比，仅具有次要意义，故从全球角度考察板块运动时，可以近似地将板块当作刚体来处理。球面刚体板块沿地球表面的运动，遵循球面几何学中的欧勒定律，环绕某一通过地心的轴做旋转运动。平行于旋转赤道的一系列同轴圆弧，标示出板块旋转运动的方向，它们的垂线（大圆）相交于旋转极。正因为板块的运动是一种旋转运动，板块上不同地点的运动线速度随远离旋转极而增大，至旋转赤道线速度最大。板块的旋转运动由旋转极的位置和旋转角速度确定。转换断层的走向平行于邻接板块之间相对运动的方向。采用求转换断层垂线交点的方法，不难得出以转换断层为界的各对板块之间相对运动的旋转极。据线速度的递变也可以得出旋转极的位置。已知板块任何一点的线速度，同时求出该点相对于旋转极的纬度，便可以换算出旋转角速度。三个板块或三条板块边界相汇合的点或一个小区域，称三连接合点（简称三联点）。任何一对板块间的边界总是以三联点作为端点。围绕三联点的三对板块之间相对运动的向量之和等于零。根据已知的两对板块的相对运动向量，就可以确定第三对板块之间的相对运动向量。两个背离板块之间的扩张运动向量一般是已知的，利用一系列三联点，已经求出了全球所有主要板块之间的相对运动向量，包括汇聚型边界处的相对运动向量。板块运动的速率多为每年数厘米。

## （七）地幔柱与热点

在板块运动的研究中，地幔柱或热点可作为重要的参考系统。地幔柱是发源于软流圈之下的地幔深部并涌升至岩石圈底部的圆柱形上升流。热点的含义与地幔柱相近，也可将热点视为地幔柱的地表反映。地幔柱导致地表穹形隆起，重力和热流值增高。一般认为热点-地幔柱的位置大体固定。当岩石圈板块跨越于热点之上，板块仿佛被"烧穿"了，地幔物质喷出地表，形成火山。先形成的火山随板块运动移出热点，逐渐熄灭成为死火山；在热点处又会喷发形成新的火山。这样不断地"推陈出新"，便发育成由新到老的一列火山链。皇帝-夏威夷海岭就是近8000万年来太平洋板块越过夏威夷热点的产物，火山年龄向西北方向变老。这些火山链标示出板块漂移过热点的轨迹，记录下板块的运动方向。北北西向皇帝海岭与北西西向夏威夷海岭之间走向的转折，显示距今约4000万年前太平洋板块的运动方向从北北西转变为北西西向。热点还可能成为分析板块绝对运动的参照系统，但热点位置不动这点还有待证实。

## （八）驱动机制

引起板块运动的机制是当前尚未解决的难题，许多学者提出不同的看法，主要有：主动驱动机制，认为下插板块因温度较低和相变导致密度增大，可以把整个板块拉向俯冲带；或设想上侵于大洋中脊轴部的地幔物质能把两侧板块推出去；板块还可以沿中脊侧翼倾斜的软流圈顶面顺坡滑移。在这些机制中，板块与下伏软流圈相互脱离，板块的移动是主动的，而不是由软流圈地幔流所带动；板块的持续运动导致地幔中产生反方向的补偿回流。主动驱动机制的弱点是，岩石圈必须先通过别种机制破裂成板块，它难以解释联合古陆的破裂，也难以解释大洋中脊和俯冲带开始是如何形成的。不少学者主张板块由地幔对流所驱动，可称被动驱动机制。但是，还缺乏地幔对流的直接证据，也不了解对流的确切性质、涉及范围和具体形式（见地幔对流说）。

## （九）意义与问题

板块构造说以极其简洁的形式（最基本的就是板块的生长、漂移、俯冲和碰撞），深刻地解释了地震和火山分布，地磁和地热现象，岩浆与造山作用；它阐明了全球性大洋中脊和裂谷系、环太平洋和地中海构造带的形成，也阐明了大陆漂移、洋壳起源、洋壳年青性、洋盆的生成和演化等重大问题。地球科学第一次对全球地质作用有了一个比较完善的总的理解。板块构造研究所阐明的地质构造背景和岩石圈活动规律，对于寻找金属矿、石油等矿产资源，以及预测地震、火山等地质灾害，有一定指导意义。

板块构造说还存在一些有待解决的难题。除驱动机制这一最大难题外，现有的板块构造模式不能有效地解释板块内部的地震、火山和构造活动，包括水平变形、隆起和陷落。有些学者试图将板块构造模式远溯至古生代以至前寒武纪，将大陆边缘和大洋与地槽相类比，进而运用大洋开合的发展旋回解释的槽造山带的演化，追索消逝于山脉中的古海洋。但有关古板块的研究，仍有一些分歧意见。板块构造模式尚不能圆满地解释大陆岩石圈的成因和演化。需要进一步研究的课题还可举出：板块的生长、漂移和俯冲是连续的还是幂次性的；板块俯冲如何开始；俯冲过程中沉积物的结局；边缘盆地的形成机制等。如今，板块构造说仍在不断修正和发展中。

# 第三节  年代地层

年代地层单位是指一特定的地质时间间隔中形成的所有成层或非成层的综合岩石体。

地质学上对地层划分的一种单位。年代地层单位从大到小分宇、界、系、统、阶、代六级。对应的地质时代为宙、代、纪、世、期、时。此外还有岩石地层单位分别是群、组、段、层。

## 一、年代地层单位及等级

年代地层单位包括宇，界，系，统，阶，时带。对应于地质年代单位：宙，代，纪，世，期，时。

（1）宇：最大的年代地层单位，是一个宙的时期内形成的地层。太古宇，元古宇，显生宇（根据生命形式、变质程度、造山运动）（原核生物、原生生物、后生生物）。

（2）界：一个代的时间内形成的地层，根据大的生物门类演化特征，古生界，海生无脊椎动物；上古生界（鱼类、两栖动物）；中生界。

（3）系：一个纪的时间内形成的地层，根据较大的生物门类（如纲，目）演化特征，寒武系——三叶虫纲；奥陶纪 - 直角石类、笔石；泥盆纪 - 鱼类

（4）统：一个世的时间内形成的地层，根据次一级的生物门类（如科，属）演化特征，命名：上、中、下，或地名。

（5）阶：指在一个"期"的时间内形成的地层，是年代地层单位中最基本的单位。期的划分主要是根据属级的生物演化特征划分的。阶的应用范围取决于建阶所选的生物类

别，以游泳型、浮游型生物建的阶一般可全球对比，如奥陶系、志留系以笔石建的阶、中生代以菊石建的阶。而以底栖型生物建的阶一般是区域性的，只能用于一定区域，如寒武系以底栖型生物三叶虫建的阶。

阶是统内部据生物演化阶段或特征（属/种/亚种）的进一步划分，代表相对较短的时间间隔；阶的界线层型应该在一个基本连续的沉积序列内，最好是海相沉积。顶、底界线应是易于识别、可在大范围内追索、具有时间意义的明显标志面；阶的上、下界线代表了地质时期两个特定的瞬间，两者之间的时间间隔就是该阶的时间跨度。多在2—10Ma内。

亚阶：是阶的再分；几个相邻的阶可归并为超阶。但对这些单位的创建要慎重。最好是将原来的阶分成多个新阶；或是将原来的阶提升为包含这些新阶的统。

（6）时带：是指在某个指定的地层单位或特定地质特征的时间跨度内在世界任何地区所形成的岩石体，与之对应的地质年代单位是时。

时带是没有特定等级的正式年代地层单位，而不是年代地层单位等级系列（宇、界、系、统、阶）中的任何一部分；

时带的时间跨度也就是特别指定的地层单位，如岩石地层单位、生物地层单位或是磁性地层单位的时间跨度。例如，据生物带的时限建立的时带，包括了在年代上相当于这个生物带的最大总时间跨度内的所有地层，不管有无该带的特有化石。

时带的时间跨度：可差别很大。如说"菊石时带"，指菊石生存的漫长时期内形成的所有岩石，而不管地层中是否含有菊石；也可说"峨眉山玄武岩时带"，指在该玄武岩形成时隔内任何地方形成的任何岩层，而不论是否有玄武岩。

理论上特征：时带的地理范围是世界性的，但它的可应用性只限于那些其时间跨度能够在地层中识别的地区；

时带的名称：取自它所依据的地质现象。如"Triticites 时带"（取自 Triticites 延限带），"张夏时带"（取自张夏组）。

# 二、建立的准则

显生宙全球年代地层界线通过全球界线层型剖面和层型点（GSSP）来厘定前寒武系的年代地层界线采用绝对年龄作为全球标准年龄（GSSA）年代地层单位建立准则：

（1）用界线层型的下界确立年代地层单位用界线层型比单位层型要好，问题少。

（2）选择年代地层单位界线的要求

全球界线层型剖面及点（GSSP）（金钉子）要求：

①连续沉积的剖面中；

②全球标准年代地层单位应选择在海相剖面中；区域年代地层单位的界线层型必要时可选择在非海相地层中；

③所选择的界线层型在垂向和横向上有一定的厚度，岩相及生物相纵向上变化小；化

石丰富、保存好、特征显著，具世界性广布且多样化的动物群或植物群。

④剖面出露良好，构造变形、地表挠动、变质及成岩变化（如白云岩化）最小。

⑤剖面易于到达，能为自由研究、采样和长期保护提供合理的保证，并有永久的野外标志。

⑥剖面研究透彻，研究结果已发表；剖面中采集的化石已妥善收藏并易于获取进行研究。

⑦应考虑历史上优先和惯用的原则，应大致接近传统的界线。

⑧易于识别的标志面及其他特点。

⑨与代表不同岩相和生物相之间的联系。

## 三、年代对比方法

（1）地层之间的自然关系

（2）岩石学方法

一个组虽然穿时，但总限定在一定时间范围内，如大埔组一般在 C2，茅口组一般在特殊的事件层，如火山灰层，可做为等时性的标志；

（3）古生物学方法

是年代地层对比最好的方法。化石首现面（FAD），如 Hindeodus parvus 化石序列的对比；

（4）同位素年龄方法

（5）地磁极性倒转

（6）其他地层学方法（事件）

## 四、岩石地层单位与年代地层单位之间关系

（1）岩石地层单位具穿时性，而年代地层单位不穿时；

（2）年代地层单位的根本特点在于它与时间严格对应；而岩石地层单位的上下界线与时间界面是不一致的；

（3）岩石地层单位所依据的岩性特征主要受沉积—古地理环境控制，因此，岩石地层单位的地理分布只能是区域性的；

（4）年代地层单位没有固定的具体岩石内容，而当岩性特征发生改变后，岩石地层单位名称也发生变化；

（5）年代地层单位反映了全球统一的地质发展阶段，对了解全球地质史有巨大的优点；而岩石地层单位反映了一个地区的地质发展阶段，对了解某一地区的地质发展史有重要意义。

（6）两类地层单位从不同的侧面反映了地质发展阶段的共性与个性，对了解和认识全球与区域地质发展的联系都是不可缺少的。

## 五、生物地层单位与年代地层单位之间关系

（1）生物地层单位通常接近于年代地层单位（CU）。虽然生物地层对比接近于时间对比，但生物地层单位（BU）在根本上不同于年代地层单位。

（2）生物地层单位是物质性的，而年代地层单位是时间性的。生物地层单位是指含有某化石的地层，而年代地层位是指某种生物生存的时间内形成的全部地层，并非仅指含有化石的地层。

（3）生物地层单位不连续，不能独成系统，是为年代地层系统服务的。

（4）以浮游生物建立的生物带等时性较好，而以底栖型生物建立的生物带具有穿时性。

# 第四节　水平构造、倾斜构造

## 一、水平构造

水平构造是指未经构造变动的沉积岩层，其形成时期的原始产状是水平的，先沉积的老岩层在下部，后沉积的新岩层在上部的构造。

未经构造变动的沉积岩层，其形成时期的原始产状是水平的，先沉积的老岩层在下部，后沉积的新岩层在上部，称为水平构造。但是地壳在发展过程中，经历了长期复杂的运动过程，岩层的原始产状都发生了不同程度的变化。这里所说的水平构造，只是相对而言，就其分布来说，也只是局限于受地壳运动影响轻微的地区。

## 二、倾斜构造

倾斜构造是指岩层经构造运动后岩层层面与水平面间具有一定的夹角。倾斜岩层常是褶曲的一翼，断层的一盘，或者由不均匀的升降运动引起的。

# 第五节　褶皱构造和断裂构造

## 一、褶皱构造

### （一）简介

岩层的弯曲现象称为褶皱。岩层在构造运动作用下或者说在地应力作用下，会改变岩层的原始产状，不仅会使岩层发生倾斜而且大多数会形成各式各样的弯曲。褶皱是岩层塑性变形的结果，是地壳中广泛发育的地质构造的基本形态之一。褶皱的规模可以长达几十到几百千米，也可以小到在手标本上出现。褶皱构造通常指一系列弯曲的岩层，其中一个弯曲称为褶曲。褶皱主要由构造运动形成，大多数是在切向运动下受到挤压而形成的且缩短了岩层的水平距离，当然升降运动也可使岩层向上拱起和向下扭曲。褶曲形态多种多样但基本形式只有背斜和向斜两种，背斜是岩层向上突出的弯曲（两翼岩层从中心向外倾斜），向斜是岩层向下突出的弯曲（两翼岩层白两侧向中心倾斜）。褶曲核部是老岩层、两翼是新岩层就是背斜，褶曲核部是新岩层、两翼是老岩层就是向斜。

人们提供褶曲要素对褶曲进行分类和描述，褶曲要素是指褶曲的各个组成部分和确定其几何形态的要素，包括核、翼、轴面、枢纽、轴、转折端。"核"是褶曲的中心部分，通常指褶曲两侧同一岩层之间的部分。但也往往只把褶曲出露地表最中心部分的岩层叫核。"翼"指褶曲核部两侧的岩层，一个褶曲具有两个翼，两翼岩层与水平面的夹角叫翼角。"轴面"是指平分褶曲两翼的假想的对称面，可为简单平面，也可是复杂曲面。其产状可直立、倾斜或水平。轴面形态和产状可反映褶曲横剖面的形态。褶曲岩层的同一层面与轴面相交的线叫枢纽，枢纽可以是水平的、倾斜的或波状起伏的。它表示褶曲在其延长方向上产状的变化。"轴"是指轴面与水平面的交线，轴永远是水平的。可以是水平的直线或水平的曲线。轴向代表褶曲延伸方向，轴长反映褶曲模。"转折端"是褶曲两翼会合的部分，即从褶曲的一翼转到另一翼的过渡部分。可以是一点，也可以是一段曲线。

#### 1. 特征

它在层状岩层中表现得最为明显；是地壳上最常见的一种地质构造形式；规模差别很大，手标本 - 几百公里。

#### 2. 意义

褶皱是最重要的构造现象，因而是构造地质学研究的重要内容；与矿产的关系：大向斜就是盆地，形成沉积矿床，虎睛形成于热液充填矿床；与石油：背斜圈闭，过去发现的石油绝大多数与此有关；工程地质，水文地质。旅游地质；构造地质。

## （二）基本类型

褶曲是褶皱构造中的一个弯曲。它是褶皱构造的组成单位。褶曲的基本类型有背斜和向斜两种。

### 1. 背斜

背斜是岩层向上隆起的褶曲。中心部分为较老岩层，向两侧依次变新。

### 2. 向斜

向斜是岩层向下凹的褶曲。中心部分为较新岩层，向两侧依次变老。若岩石未经剥蚀，则背斜成山，向斜成谷，地表仅见到时代最新的地层；若褶皱遭受风化剥蚀，则背斜山被削平，整个地形变得比较平坦，甚至背斜遭受强烈剥蚀形成谷地，向斜反而成为山脊。因此，不能够完全以地形的起伏情况作为识别褶皱类型的主要标志。

背斜和向斜遭受风化剥蚀后，地表可见不同时代的地层出露。在平面上认识背斜和向斜，是根据岩层的新老关系及其分布规律来确定的。若中间为老地层，两侧依次对称出现老地层，则称为向斜。

## （三）褶曲要素

对于各式各样的褶皱进行描述和研究，认识和区别不同形状、不同特征的褶皱构造，需要统一规定褶皱各部分的名称。褶曲要素是组成褶皱各个部分的单元，包括核部、翼部、轴面、轴、转折端和枢纽等。

### 1. 核

核指褶皱的中心部分。如果褶皱岩层受风化剥蚀后，出露在地面上的中心部分称之为核。核部出露的地层与岩层的剥蚀作用的强弱有关，背斜剥蚀越深，核部地层出露越老。对于同一个褶皱，由于不同地段的剥蚀深度上有差异，可以出露不同时代的地层，因此，褶皱的核与翼是相对概念。

### 2. 翼

翼指核部两侧对称出露的岩层。当背斜与向斜相连时，翼部是共有的。

### 3. 枢纽

枢纽指褶曲在同一层面上各最大弯曲点的连线，或者褶曲中同一层面与轴面的交线：褶曲的枢纽有水平的，有倾斜的，也有波状起伏的，其空间方位南测得的倾伏向和倾伏角确定。

### 4. 轴面

轴面即褶曲轴面，以褶曲顶平分两翼的面，或者连接褶皱各层的枢纽构成的面。轴面是为了标定褶曲方位及产状而划定的一个假想面。它可以是一个简单的平面，也可以是一个复杂的曲面。轴面可以是直立的、倾斜的或平卧的。

**5. 轴**

轴指褶曲轴面与水平面的交线。轴的方位即为褶曲的方位。轴的长度表示褶曲延伸的规模。

**6. 转折端**

转折端指从褶曲一翼转到另一翼的过渡弯曲部分，即两翼的汇合部分。它的形态常为圆滑的弧形，也可以是尖棱或一段直线。

## （四）褶曲分类

褶曲的几何形态很多，其分类也不尽相同，下面介绍几种分类方案。

**1. 按照褶曲的轴面和两翼的产状分类**

按照褶曲的轴面和两翼的产状分类可将褶皱分为以下五类。

（1）直立褶曲

轴面直立，两翼岩层倾向相反，倾角基本相等。因横剖面上两翼对称，又称对称褶皱。

（2）倾斜褶曲

轴面倾斜，两翼岩层倾向相反，倾角不等。因横剖面上两翼不对称，又称不对称褶皱或斜歪褶皱。

（3）倒转褶曲

轴面倾斜，两翼岩层倾向相同，一翼岩层层位正常，另一翼老岩层覆盖于新岩层之上，即岩层层位发生了倒转。

（4）平卧褶曲

轴面水平或近于水平，两翼岩层产状也近于水平，一翼岩层层位正常，另一翼岩层发生倒转。

（5）翻卷褶皱

轴面弯曲的平卧褶皱，通常由平卧褶曲转折端部分翻卷而成。平卧褶曲转折端部位翻转向下，则为地层层序不明的背斜构造；如翻卷向上，则为地层层序不明的向斜构造。

**2. 按照褶曲纵剖面上枢纽的产状分类**

（1）水平褶曲

褶曲枢纽近于水平延伸，两翼岩层走向大致平行并对称分布。

（2）倾伏褶皱

褶曲枢纽向一端倾伏，两翼岩层的露头线不平行延伸，发生弧形合围，或呈"之"字形分布。在背斜的枢纽倾伏端和向斜的枢纽扬起端，两翼岩层逐渐转折汇合。

### 3. 按照褶曲岩层的弯曲形态分类

（1）圆弧褶皱

褶曲两侧岩层呈圆弧状弯曲，一般褶曲转折端较宽缓。

（2）尖棱褶皱

褶曲两翼岩层平直相交，转折端呈尖角状，褶皱挤压紧密，也称紧密褶皱。

（3）箱形褶皱

褶曲两翼岩层近直立，转折端平直，整体形态似箱形，常有一对共轭轴面。

（4）扇形褶皱

褶曲两翼岩层大致对称呈弧形弯曲，局部层位倒转，转折端平缓，整体呈扇形。

（5）挠曲

水平或缓倾岩层中的一段突然变为较陡的倾斜，形成台阶状。

### 4. 按照褶曲在平面上的形态分类

（1）线形褶皱

褶曲沿一定方向延伸很远，延伸的长度大而分布宽度小，褶皱长宽比大于 10：1 称为线性褶皱。

（2）短轴褶皱

褶曲两端延伸不远即倾伏，长宽比介于（10：1）—（3：1）之间.呈长椭圆形。若为背斜称为短背斜，若为向斜称为短向斜。

（3）穹隆与构造盆地

褶曲的长宽比小于 3：1。若为背斜，称为穹隆；若为向斜，则称为构造盆地

### 5. 按照褶曲在横剖面上的组合类型分类

（1）复背斜

复背斜是一个巨大的背斜，两翼为与轴面延伸近一致的次一级褶皱所复杂化。

（2）复向斜

复向斜是一个巨大的向斜，两翼亦为与轴面延伸近一致的次一级褶皱所复杂化。

## （五）褶皱野外识别

在野外识别褶皱时，首先判断褶皱的基本形态是背斜还是向斜，然后确定其他形态特征。一般情况下，可认为背斜成山、向斜为谷，但实际情况要复杂得多。因为背斜遭受长期袖部裂隙发育，岩层较破碎且地形突出，剥蚀作用进行得较快，背斜山被夷为平地，甚至成为谷地，成为背斜谷；与此相反，向斜轴部岩层较为完整，并有剥蚀产物在此堆积，故其剥蚀速度较慢，最终导致向斜地形较相邻背斜高，形成向斜山。因此，不能完全以地形的起伏情况作为识别褶皱构造的主要标志。

褶皱的规模有大有小，小的褶皱可以在小范围内通过几个出露在地面的露头进行观察；

大的褶皱，由于分布范围广，又常受到地形的影响，不可能通过几个露头窥其全貌。所以，在野外识别褶皱时，常采用下面方法进行判别。

**1. 穿越法**

穿越法即沿垂直于岩层走向的方向进行观察。

（1）当地层出现对称、重复分布时，便可判断存在褶皱构造。区内岩层走向近东西方向，从南北方向观察，有志留系及石炭系地层两个对称中心，其两侧地层重复对称出现，所以该地区有两个褶曲构造。

（2）分析地层新老组成关系：左侧褶曲构造，中间是新地层 C，两侧依次为老地层 D 和 S，故为向斜；右侧褶曲构造，中间是老地层 s，两侧依次为新地层 D 和 C，故为背斜。

（3）观察轴面产状和两翼情况，左侧向斜褶曲中轴面直立，两翼岩层倾向相反、倾角近似相等，应为直立向斜；而右侧背斜轴面倾斜，两翼岩层倾向均向北倾斜，一翼层序正常，另一翼发生倒转，故为倒转背斜。

**2. 追索法**

追索法即沿平行于岩层的走向（沿褶曲轴延伸方向）进行平面分析，了解褶曲轴的起伏及其平面形态的变化。若褶曲轴呈水平、直线状，或者在地质图上两翼岩层对称重复，但彼此不平行，且逐渐转折汇合，呈 S 形，则为倾伏褶曲。

在野外识别褶皱时，往往以穿越法为主，以追索法为辅，根据不同情况穿插进行两种方法。穿越法和追索法不仅是野外观察、识别褶曲的主要方法，也是野外观察和研究其他地质构造的基本方法。

# 二、断裂构造

断裂构造是岩层受地应力作用后，当力超过岩石本身强度使其连续性和完整性遭受破坏而发生破裂的地质构造。是地壳上分布最普通的地质构造形迹之一。分为节理、劈理、断层等三种基本类型。这种构造使岩石破碎，地基岩体的强度及稳定性降低，其破碎带常为地下水的良好通道，隧道及地下工程通过时，容易发生坍塌，甚至冒顶。因此，这种构造的存在，是一种不良的地质条件，给工程建筑物特别是地下工程带来重大危害，须予足够重视。

## （一）基本类型

（1）裂隙（节理）：断裂两侧的岩石仅因开裂而分离，并未发生明显相对位移的断裂构造；其成因有原生（成岩）裂隙、次生裂隙、构造裂隙（节理）。

（2）构造裂隙（节理）：张裂隙，岩石受张应力形成，多见于脆性岩石中，其特点是具有张开的裂口，裂隙面粗糙不平，沿走向的倾向方向延伸不远；剪应力，岩石受剪应力形成，岩石中常成对出现呈 X 型交叉，其特点是细密而闭合，裂隙面平直光滑，延伸较远，有时可见擦痕。

（3）断层：岩石受力发生破裂，断裂面两侧岩石发生明显相对位移的断裂构。

（4）断层面和断层破碎带：宽度一般为数厘米至数十米。

（5）断层线：断层面与地面的交线。

（6）上盘和下盘：位于断层面以上的称上盘，反之称下盘。

（7）断距：断层两盘相对位移的距离，总断距，水平和铅直断距。

（8）正断层：上盘相对下降，下盘相对上升的断层。

（9）逆断层：上盘相对上升，下盘相对下降的断层。

（10）平推断层：断层两盘沿断层面走向在水平方向上发生相对位移。

## （二）根据力学性质分：

（1）压性断层：多呈逆断层，断裂带宽大，断层面为舒缓波状，常有断层角砾岩。

（2）张性断层：常为正断层，断层面粗糙，多呈锯齿状。

（3）扭性断层：断层面平直光滑，常有大量擦痕。

## （三）断裂构造对建筑工程场地的影响

断裂构造对建筑工程场地影响评价不同于抗震设防。断裂构造对建筑工程场地影响是指地震时老断裂重新错动直通地表，在地面产生位错，对建在位错带上的工程建筑，其破坏是不易用工程措施加以避免的，因此规范将位错带划为危险地段应予避开。多年来，有关诸多行业对位错产生条件进行了大量调查研究，取得了较为一致意见，对指导工程实践具有重要意义；抗震设防是依据地震烈度进行抗震设计，其主要方面是选择适宜的上部结构形式及基础类型，并依据抗震规范上有关规定对建筑物进行抗震强度和稳定性进行验算。

建筑工程基础设计应考虑断裂构造地基不均匀。断裂构造多因挤压破碎或蚀度，以及诸多断裂构造胶结差且富水性强等因素，则其工程性质差，岩土工程设计参数远低于围岩正常岩体，地基不均匀，基础设计应注意断裂构造的工程特性。场地内存在发震断裂构造时，应对断裂构造的工程影响进行评价，并应符合下列要求：对符合下列规定之一的情况，可忽略发震断裂错动对地面建筑的影响：抗震设防烈度应小于Ⅷ度，在地震烈度小于Ⅷ度的地区，可不考虑断裂对工程的错动影响。因为多次国内外地震中的破坏现象均证明在小于Ⅷ度的地震区，地面一般不产生断裂错动；非全新活动断裂：在活动断裂时间下限方面，对一般的建筑工程只考虑1万年（全新世）以来活动过断裂，在此地质时期以前的活动断裂可不予考虑。对于核电、水电等工程则应考虑10万年以来（晚更新世）活动过的断裂，晚更新世以前活动过的断裂可不予考虑；抗震设防烈度为Ⅷ度和Ⅸ度时，前第四纪基岩隐伏断裂的土层覆盖厚度分别大于60m和90m：根据我国近年来地震位错考察，强震时产生的地裂缝不是沿地下岩石错动直通地表构造断裂形成的，而是由于地面振动，表面应力形成的表层地裂。这种地裂缝仅分布在地面以下3m左右，下部土层，并未断开（挖探井中证实），在采煤巷道中也未发现错动，对有一定深度基础的建筑物影响不大。

### （四）断裂构造岩

断裂构造岩是指在构造应力作用下，岩体断裂带及其两侧影响带产生变形，压碎和重结晶等动力变质作用而形成具有一定组织结构的岩石。断裂构造岩的分类工程地质研究中常按岩石受挤压破碎或动力变质的程度将断裂构造岩分为压碎岩、断层角砾岩、糜棱岩、断层泥等4类。

#### 1. 压碎岩

指初始发生破裂，尚无显著位移的岩石。常分布在断裂破碎带与完整岩石的过渡带，在裂隙中可充填松散的碎屑或不同成分的岩脉。

#### 2. 断层角砾岩

原岩经压碎、拉裂或剪切形成的棱角状碎屑经胶结而成的一种角砾岩，又称构造角砾岩。根据受力的不同又分为：张性角砾岩，角砾大小悬殊、棱角尖锐、分布凌乱、胶结疏松；压性及剪性角砾岩，角砾较细，略有磨圆，故又叫磨砾岩，或称构造砾岩。磨砾岩微具定向，胶结紧密。断层角砾岩的工程地质性质取决于胶结物质及胶结程度。硅质、钙质胶结的力学强度高，泥质胶结的力学强度低。

#### 3. 糜棱岩

原岩经强烈挤压、碾磨形成粒度极细的糜棱物质胶结而成。原岩的组织结构已全部破坏，粒径一般 < 0.5—0.2mm，大部分矿物颗粒肉眼已难于辨认。糜棱岩有类似流纹的条带构造。泥质胶结的糜棱岩重结晶现象不显著，质软疏松，力学强度低，并出现绢云母、绿泥石等新生矿物。具千枚状构造的糜棱岩称千枚岩。

#### 4. 断层泥

岩石受强烈挤压、剪切、碾磨而形成的松软状物质，主要成分为黏土矿物。断层泥多呈条带状及透镜状，连续或断续分布于断层面附近或成为断层角砾的胶结物，多呈塑性状态，遇水有软化、崩解或膨胀特性，抗剪强度极低。

# 第五章　自然地质作用

## 第一节　风化作用

### 一、定义

风化作用是指地表或接近地表的坚

硬岩石、矿物与大气、水及生物接触过程中产生物理、化学变化而在原地形成松散堆积物的全过程。根据风化作用的因素和性质可将其分为三种类型：物理风化作用、化学风化作用、生物风化作用。

岩石是热的不良导体，在温度的变化下，表层与内部受热不均，产生膨胀与收缩，长期作用结果使岩石发生崩解破碎。在气温的日变化和年变化都较突出的地区，岩石中的水分不断冻融交替，冰冻时体积膨胀，好像一把把楔子插入岩石体内直到把岩石劈开、崩碎。以上两种作用属物理风化作用。

岩石在各种风化引力作用下，所发生的物理和化学变化的过程称为岩石风化。它包括岩石所感受的风化作用及其所产生的结果两个方面。与其他动力地质作用相比较，引起岩石风化的营力很多，但主要的是太阳热能、水溶液（地表、地下及空气中的水）、空气及生物有机体等。

岩石中的矿物成分在氧、二氧化碳以及水的作用下，常常发生化学分解作用，产生新的物质。这些物质有的被水溶解，随水流失，有的属不溶解物质残留在原地。这种改变原有化学成分的作用称化学风化作用。

此外植物根系的生长，洞穴动物的活动、植物体死亡后分解形成的腐殖酸对岩石的分解都可以改变岩石的状态与成分。

岩石风化作用与水分和温度密切相关，温度越高，湿度越大，风化作用越强；但在干燥的环境中，主要以物理风化为主，且随着温度的升高物理风化作用逐渐加强；但在湿润的环境中，主要以化学风化作用为主，且随着温度的升高化学风化作用逐渐加强。物理风化主要受温度变化影响，化学风化受温度和水分变化影响都较大。从地表风化壳厚度来看，温度高，水分多的地区风化壳厚度最大。土壤是在风化壳的基础上演变而来的。

## 二、岩石风化分类

（1）未风化：岩质新鲜，偶见风化痕迹。

（2）微风化：结构基本未变，仅节理面有渲染或略有变色，有少量风化裂隙。

（3）中等风化：结构部分破坏，沿节理面有次生矿物、风化裂隙发育，岩体被切割成岩块。用镐难挖，岩芯钻方可钻进。

（4）强风化：结构大部分被破坏，矿物成分显著变化，风化裂隙很发育，岩体破碎，用镐可挖，干钻不易钻进。

（5）全风化：结构基本破坏，但尚可辨认，有残余结构强度，可用镐挖，干钻可钻进。

（6）残积土：组织结构全部破坏，已风化成土状，锹镐易挖掘，干钻易钻进，具可塑性。

## 三、影响因素

风化作用的速度主要取决于自然地理条件和组成岩石的矿物性质。

### （一）气候条件

气候寒冷或干燥地区，生物稀少，寒冷地区降水以固态形式为主，干旱区降水很少。以物理风化作用为主，化学和生物风化为次。岩石破碎，但很少有化学风化形成的黏土矿物，以生物风化为主形成的土壤也很薄。

气候潮湿炎热地区，降水量大，生物繁茂，生物的新陈代谢和尸体分解过程产生的大量有机酸，具有较强的腐蚀能力，故化学风化和生物风化都十分强烈，形成大量黏土，在有利的条件下可形成残积矿床。可形成较厚的土壤层。

### （二）地形条件

地形影响气候，间接影响风化作用；另一方面，陡坡上，地下水位低，生物较少，以物理风化为主。地势平坦，受生物影响较大，化学风化作用为主。

### （三）岩石性质

1. 成分

（1）岩浆岩比变质岩和沉积岩易于风化。岩浆形成于高温高压，矿物质种类多（内部矿物抗风化能力差异大）.

（2）岩浆岩中基性岩比酸性岩易于风化，基性岩中暗色矿物较多，颜色深，易于吸热、散热。

（3）沉积岩易溶岩石（如石膏、碳酸盐类等岩石）比其他沉积岩易于风化.

差异风化：在相同的条件下，不同矿物组成的岩块由于风化速度不等，岩石表面凹凸不平；或由不同岩性组成的岩层，抗风化能力弱的岩层形成相互平行的沟槽，砂岩、页岩互层，页岩呈沟槽。通过差异风化，我们可以确定岩层产状。

**2.岩石的结构构造**

（1）岩石结构较疏松的易于风化；

（2）不等粒易于风化，粒度粗者较细者易于风化；

（3）构造破碎带易于风化，往往形成洼地或沟谷。

球形风化：在节理发育的厚层砂岩或块状岩浆岩中，岩石常被风化成球形或椭圆形，这种现象叫作球形风化，它是物理风化为和化学风化联合作用的结果。

**3.球形风化的主要条件有：**

（1）岩石具厚层或块状构造；

（2）发育几组交叉裂隙；

（3）岩石难于溶解；

（4）岩石主要为等粒结构；

（5）花岗岩。

被三组以上裂隙切割出来的岩块，外部棱角明显，在风化作用过程中，棱角首先被风化，最后成球状。

# 第二节　河流地质作用

## 一、简介

河流沉积作用主要发生在河流入海、入湖和支流入干流处，或在河流的中下游，以及河曲的凸岸。但大部分都沉积在海洋和湖泊里。河谷沉积只占搬运物质的少部分，而且多是暂时性沉积，很容易被再次侵蚀和搬运。

河水通过侵蚀，搬运和堆积作用形成河床；并使河床的形态不断发生变化，河床形态的变化反过来又影响着河水的流速场，从而促使河床发生新的变化，两者相互作用相互影响。

## 二、基本分类

### 1. 侵蚀作用

河流的侵蚀作用包括机械侵蚀和化学侵蚀两种。河流侵蚀一方面向下冲刷切割河床，称为下蚀作用。另一方面，河水以自身动力以及挟带的砂石对河床两侧的谷坡进行破坏的作用称为侧向侵蚀，而河流化学侵蚀只是在可溶岩地区比较明显，没有机械侵蚀那么普遍。

### 2. 搬运作用

河水在流动过程中，搬运着河流自身侵蚀的和谷坡上崩塌、冲刷下来的物质。其中，大部分是机械碎屑物，少部分为溶解于水中的各种化合物。前者称为机械搬运，后者称为化学搬运。河流机械搬运量与河流的流量、流速有关，还与流域内自然地理——地质条件有关。

### 3. 沉积作用

当河床的坡度减小，或搬运物质增加，而引起流速变慢时，则使河流的搬运能力降低，河水挟带的碎屑物便逐渐沉积下来，形成层状的冲积物，称为沉积作用。

# 第三节 喀斯特

## 一、地貌类型

### （一）简介

喀斯特可划分许多不同的类型。按出露条件分为：裸露型喀斯特、覆盖型喀斯特、埋藏型喀斯特。按气候带分为：热带喀斯特、亚热带喀斯特、温带喀斯特、寒带喀斯特、干旱区喀斯特。按岩性分为：石灰岩喀斯特、白云岩喀斯特、石膏喀斯特、盐喀斯特。此外，还有按海拔高度、发育程度、水文特征、形成时期等不同的划分等。由其他不同成因而产生形态上类似喀斯特的现象，统称为假喀斯特，包括碎屑喀斯特、黄土和黏土喀斯特、热融喀斯特和火山岩区的熔岩喀斯特等。它们不是由可溶性岩石所构成，在本质上不同于喀斯特。

### （二）地表喀斯特形态

溶沟和石芽地表水沿岩石表面流动，由溶蚀、侵蚀形成的许多凹槽称为溶沟。溶沟之间的突出部分叫石芽。石林：这是一种高大的石芽，高达 20—30 米，密布如林，故称石林。它是由于石灰岩纯度高、厚度大，层面水平，在热带多雨条件下形成的。

峰丛、峰林和孤峰 峰丛和峰林是石灰岩遭受强烈溶蚀而形成的山峰集合体。其中峰丛是底部基坐相连的石峰，峰林是由峰丛进一步向深处溶蚀、演化而形成。孤峰是岩溶区孤立的石灰岩山峰，多分布在岩溶盆地中。

溶斗和溶蚀洼地溶斗是岩溶区地表圆形或椭圆形的洼地，溶蚀洼地是由四周为低山、丘陵和峰林所包围的封闭洼地。若溶斗和溶蚀洼地底部的通道被堵塞，可积水成塘，大的可以形成岩溶湖。

落水洞、干谷和盲谷落水洞是岩溶区地表水流向地下或地下溶洞的通道，它是岩溶垂直流水对裂隙不断溶蚀并随坍塌而形成。在河道中的落水洞，常使河水会部汇入地下，使河水断流形成干谷或盲谷。

### （三）地下喀斯特形态

溶洞：又称洞穴，它是地下水沿着可溶性岩石的层面、节理或断层进行溶蚀和侵蚀而形成的地下孔道。溶洞中的喀斯特形态主要有石钟乳、石笋、石柱、石幔、石灰华和泉华。贵州著名景点安顺龙宫和织金县的织金洞就是地下喀斯特地貌的杰作。

## 二、形成原因

中国现代喀斯特是在燕山运动以后准平原的基础上发展起来的。老第三纪时，华南为热带气候，峰林开始发育；华北则为亚热带气候，至今在晋中山地和太行山南段的一些分水岭地区还遗留有缓丘一洼地地貌。但当时长江南北却为荒漠地带，是喀斯特发育很弱的地区。新第三纪时，中国季风气候形成，奠定了现今喀斯特地带性的基础，华南保持了湿热气候，华中变得湿润，喀斯特发育转向强烈。尤其是第四纪以来，地壳迅速上升，喀斯特地貌随之迅速发育，类型复杂多样。随冰期与间冰期的交替，气候带频繁变动，但在交替变动中气候带有逐步南移的特点，华南热带峰林的北界达南岭、苗岭一线，在湖南道县为北纬 25° 40′。在贵州为北纬 26° 左右。

这一界线较现今热带界线偏北约 3—4 个纬度，可见峰林的北界不是在现代气候条件下形成的。中国东部气温和雨量虽是向北渐变，但喀斯特地带性的差异却非常明显。这是因为受冰期与间冰期气候的影响，间冰期时中国的气温和雨量都较高，有利于喀斯特发育。而冰期时寒冷少雨，强烈地抑制了喀斯特的发育。但越往热带其影响越小。在热带峰林区域，保持了峰林得以断续发育的条件，而从华中向东北则影响越来越大，喀斯特作用的强度向北迅速降低，使类型发生明显的变化。广大的西北地区，从第三纪以来均处于干燥气候条件下，是喀斯特几乎不发育的地区。

# 三、地带特征

中国东部喀斯特地貌呈纬度地带性分布，自南而北为热带喀斯特、亚热带喀斯特和温带喀斯特。中国西部由于受水分的限制或地形的影响，属干旱地区喀斯特（西北地区）和寒冻高原喀斯特（青藏高原）。

## （一）热带

分布于桂、粤西、滇东和黔南等地。地下洞穴众多，以溶蚀性拱形洞穴为主。地下河的支流较多，流域面积大，故称地下水系，平均流域面积为 160 平方公里，最大的地苏地下河流域面积达 1000 平方公里。地表发育了众多洼地，峰丛区域平均每平方公里达 2.5 个，洼地间距为 100—300 米，正地形被分割破碎，呈现峰林—洼地地貌。峰林的坡度很陡，一般大于 45 度。峰林又可分为孤峰、疏峰和峰丛等类型，奇峰异洞是热带喀斯特的典型特征。

中国热带海洋的珊瑚礁是最年轻的碳酸盐岩，大多形成于晚更新世和全新世。高出海面仅几米至 10 余米，发育了大的洞穴和天生桥、滨岸溶蚀崖及溶沟、石芽等，构成礁岛的珊瑚礁多溶孔景观。

## （二）亚热带

分布于秦岭淮河一线以南。地下河较热带多而短小，平均流域面积小于 60 平方公里。洼地较少，每平方公里仅为 1 个左右，且从南向北减少，相反，干谷的比例却迅速增加。正地形不很典型，主要为馒头状丘陵，其坡度一般为 25 度左右，洞穴数量较热带大为减少，以溶蚀裂隙性洞穴居多，溶蚀型拱状洞穴在亚热带喀斯特的南部较多。

## （三）温带喀斯特以喀斯特化山地干谷为代表

地下洞穴虽有发育，一般都为裂隙性洞穴，其规模较小。喀斯特泉较为突出，一般都有较大的汇水面积和较大的流量，例如趵突泉和娘子关泉等。这一带中洼地极少，干谷众多。正地形与普通山地类同，惟山顶有残存的古亚热带发育的缓丘—洼地和缓丘—干谷等地貌。强烈下切的河流形成峡谷，局部地区，如拒马河两岸有类峰林地貌。

## （四）干旱地区

仅在少数灰岩裂隙中有轻微的溶蚀痕迹，有些裂隙被方解石充填，地下溶洞极少，已不能构成渗漏和地基不稳的因素。

## （五）寒冻高原

青藏高原喀斯特处于冰缘作用下，冻融风化强烈，喀斯特地貌颇具特色，常见的有冻融石丘、石墙等，其下部覆盖冰缘作用形成的岩屑坡。山坡上发育有很浅的岩洞，还可见到一些穿洞。偶见洼地。

# 第四节　泥石流

泥石流是指在山区或者其他沟谷深壑，地形险峻的地区，因为暴雨、暴雪或其他自然灾害引发的山体滑坡并携带有大量泥沙以及石块的特殊洪流。泥石流具有突然性以及流速快，流量大，物质容量大和破坏力强等特点。发生泥石流常常会冲毁公路铁路等交通设施甚至村镇等，造成巨大损失。

## 一、种类分类

### （一）按物质成分

（1）由大量黏性土和粒径不等的砂粒、石块组成的叫泥石流；

（2）以黏性土为主，含少量砂粒、石块、黏度大、呈稠泥状的叫泥流；

（3）由水和大小不等的砂粒、石块组成的称之水石流。

### （二）按流域形态

**1. 标准型泥石流**

为典型的泥石流，流域呈扇形，面积较大，能明显的划分出形成区，流通区和堆积区。

**2. 河谷型泥石流**

流域呈有狭长条形，其形成区多为河流上游的沟谷，固体物质来源较分散，沟谷中有时常年有水，故水源较丰富，流通区与堆积区往往不能明显分出

**3. 山坡型泥石流**

流域呈斗状，其面积一般小于 1000 ㎡，无明显流通区，形成区与堆积区直接相连。

### （三）按物质状态

（1）黏性泥石流，含大量黏性土的泥石流或泥流。其特征是：黏性大，固体物质占40—60%，最高达80%。其中的水不是搬运介质，而是组成物质，稠度大，石块呈悬浮状态，暴发突然，持续时间亦短，破坏力大。

（2）稀性泥石流，以水为主要成分，黏性土含量少，固体物质占10—40%，有很大分散性。水为搬运介质，石块以滚动或跃移方式前进，具有强烈的下切作用。其堆积物在

堆积区呈扇状散流，停积后似"石海"。

以上分类是中国最常见的两种分类。除此之外还有多种分类方法。如按泥石流的成因分类有：水川型泥石流，降雨型泥石流；按泥石流流域大小分类有：大型泥石流，中型泥石流和小型泥石流；按泥石流发展阶段分类有：发展期泥石流，旺盛期泥石流和衰退期泥石流等等。

## 二、形成条件

泥石流的形成条件是：地形陡峭，松散堆积物丰富，突发性、持续性大暴雨或大量冰融水的流出。

### （一）地形地貌条件

在地形上具备山高沟深，地形陡峻，沟床纵度降大，流域形状便于水流汇集。在地貌上，泥石流的地貌一般可分为形成区、流通区和堆积区三部分。上游形成区的地形多为三面环山，一面出口为瓢状或漏斗状，地形比较开阔、周围山高坡陡、山体破碎、植被生长不良，这样的地形有利于水和碎屑物质的集中；中游流通区的地形多为狭窄陡深的峡谷，谷床纵坡降大，使泥石流能迅猛直泻；下游堆积区的地形为开阔平坦的山前平原或河谷阶地，使堆积物有堆积场所。

### （二）松散物质来源

泥石流常发生于地质构造复杂、断裂褶皱发育，新构造活动强烈，地震烈度较高的地区。地表岩石破碎，崩塌、错落、滑坡等不良地质现象发育，为泥石流的形成提供了丰富的固体物质来源；另外，岩层结构松散、软弱、易于风化、节理发育或软硬相间成层的地区，因易受破坏，也能为泥石流提供丰富的碎屑物来源；一些人类工程活动，如滥伐森林、开山采矿、采石弃渣水等均会造成，往往也为泥石流提供大量的物质来源。

### （三）水源条件

水既是泥石流的重要组成部分，又是泥石流的激发条件和搬运介质（动力来源），泥石流的水源，有暴雨、冰雪融水和水库溃决水体等形式。我国泥石流的水源主要是暴雨、长时间的连续降雨等。

## 三、发生规律

泥石流发生的时间具有个规律。

## （一）季节性

我国泥石流的暴发主要是受连续降雨、暴雨，尤其是特大暴雨集中降雨的激发。因此，泥石流发生的时间规律是与集中降雨时间规律相一致，具有明显的季节性。一般发生在多雨的夏秋季节。因集中降雨的时间的差异而有所不同。四川、云南等西南地区的降雨多集中在6—9月，因此、西南地区的泥石流多发生在6—9月；而西北地区降雨多集中在6、7、8三个月，尤其是7、8两个月降雨集中，暴雨强度大，因此西北地区的泥石流多发生在7、8两个月。据不完全统计，发生在这两个月的泥石流灾害约占该地区全部泥石流灾害的90%以上。

## （二）周期性

泥石流的发生受暴雨、洪水的影响，而暴雨、洪水总是周期性地出现。因此，泥石流的发生和发展也具有一定的周期性，且其活动周期与暴雨、洪水的活动周期大体相一致。当暴雨、洪水两者的活动周期是与季节性相叠加，常常形成泥石流活动的一个高潮。

# 四、诱发因素

由于工农业生产的发展，人类对自然资源的开发程度和规模也在不断发展。当人类经济活动违反自然规律时，必然引起大自然的报复，有些泥石流的发生，就是由于人类不合理的开发而造成的。工业化以来，因为人为因素诱发的泥石流数量正在不断增加。可能诱发泥石流的人类工程经济活动主要有三个方面。

## （一）自然原因

岩石的风化是自然状态下既有的，在这个风化过

程中，既有氧气、二氧化碳等物质对岩石的分解，也有因为降水中吸收了空气中的酸性物质而产生的对岩石的分解，也有地表植被分泌的物质对土壤下的岩石层的分解，还有就是霜冻对土壤形成的冻结和溶解造成的土壤的松动。这些原因都能造成土壤层的增厚和土壤层的松动。

## （二）不合理开挖

修建铁路、公路、水渠以及其他工程建筑的不合理开挖。有些泥石流就是在修建公路、水渠、铁路以及其他建筑活动，破坏了山坡表面而形成的。如云南省东川至昆明公路的老干沟，因修公路及水渠，使山体破坏，加之1966年犀牛山地震又形成崩塌、滑坡，致使泥石流更加严重。又如香港多年来修建了许多大型工程和地面建筑，几乎每个工程都要劈山填海或填方，才能获得合适的建筑场地。1972年一次暴雨，使正在施工的挖掘工程现场120人死于滑坡造成的泥石流。

### （三）弃土弃渣采石

这种行为形成的泥石流的事例很多。如四川省冕宁县泸沽铁矿汉罗沟，因不合理堆放弃土、矿渣，1972年一场大雨暴发了矿山泥石流，冲出松散固体物质约10万立方米，淤埋成昆铁路300米和喜（德）-西（昌）公路250米，中断行车，给交通运输带来严重损失。又如甘川公路西水附近，1973年冬在沿公路的沟内开采石料，1974年7月18日发生泥石流，使15座桥涵淤塞。

### （四）滥伐乱垦

滥伐乱垦会使植被消失、山坡失去保护、土体疏松、冲沟发育，大大加重水土流失，进而山坡的稳定性被破坏，崩塌、滑坡等不良地质现象发育，结果就很容易产生泥石流。例如甘肃省白龙江中游是我国著名的泥石流多发区。而在一千多年前，那里竹树茂密、山清水秀，后因伐木烧炭，烧山开荒，森林被破坏，才造成泥石流泛滥。又如甘川公路石坳子沟山上大耳头，原是森林区，因毁林开荒，1976年发生泥石流毁坏了下游村庄、公路，造成人民生命财产的严重损失。当地群众说："山上开亩荒，山下冲个光"。

### （五）次生灾害

由于地震灾害过后经过暴雨或是山洪稀释大面积的山体后发生的洪流，如云南省东川地区在1966年是近十几年的强震期，使东川泥石流的发展加剧。仅东川铁路在1970—1981年的11年中就发生泥石流灾害250余次。又如1981年，东川达德线泥石流，成昆铁路利子伊达泥石流、宝成铁路、宝天铁路的泥石流，都是在大周期暴雨的情况下发生的。

## 五、预防工程

减轻或避防泥石流的工程措施主要有：

（1）跨越工程。是指修建桥梁、涵洞，从泥石流沟的上方跨越通过，让泥石流在其下方排泄，用以避防泥石流。这是铁道和公路交通部门为了保障交通安全常用的措施。

（2）穿过工程。指修隧道、明硐或渡槽，从泥石流的下方通过，而让泥石流从其上方排泄。这也是铁路和公路通过泥石流地区的又一主要工程形式。

（3）防护工程。指对泥石流地区的桥梁、隧道、路基及泥石流集中的山区变迁型河流的沿河线路或其他主要工程措施，作一定的防护建筑物，用以抵御或消除泥石流对主体建筑物的冲刷、冲击、侧蚀和淤埋等的危害。防护工程主要有：护坡、挡墙、顺坝和丁坝等。

（4）排导工程。其作用是改善泥石流流势，增大桥梁等建筑物的排泄能力，使泥石流按设计意图顺利排泄。排导工程，包括导流堤、急流槽、束流堤等。

（5）拦挡工程。用以控制泥石流的固体物质和暴雨、洪水径流，削弱泥石流的流量、下泄量和能量，以减少泥石流对下游建筑工程的冲刷、撞击和淤埋等危害的工程措施。拦挡措施有：栏渣坝、储淤场、支挡工程、截洪工程等。

对于防治泥石流，常采用多种措施相结合，比用单一措施更为有效。

泥石流沟口通常是发生灾害的重要地段。在应急调查时，应该加强对沟口的调查。仔细了解沟口堆积区和两侧建筑物的分布位置，特别是新建在沟边的建筑物。

调查了解沟上游物源区和行洪区的变化情况。应注意采矿排渣、修路弃土、生活垃圾等的分布，在暴雨期间可能会形成新的泥石流物源。

民居建于泥石流沟边，特别是上游滑坡堵沟溃决时，非常危险。地质灾害高发区房屋的调查要按照"以人为本"的原则，针对地质灾害高发区点多面广的难题，集中力量对有灾害隐患的居民点或村庄的房屋和房前屋后开展调查。

# 第五节　地震

地震又称地动、地振动，是地壳快速释放能量过程中造成的振动，期间会产生地震波的一种自然现象。地球上板块与板块之间相互挤压碰撞，造成板块边沿及板块内部产生错动和破裂，是引起地震的主要原因。

## 一、地震成因

地球表层的岩石圈称作地壳。地壳岩层受力后快速破裂错动引起地表振动或破坏就叫地震。

由于地质构造活动引发的地震叫构造地震；

由于火山活动造成的地震叫火山地震；

固岩层（特别是石灰岩）塌陷引起的地震叫塌陷地震。

地震是一种及其普通和常见的一种自然现象，但由于地壳构造的复杂性和震源区的不可直观性，关于地震特别构造地震，它是怎样孕育和发生的，其成因和机制是什么的问题，至今尚无完满的解答，但目前科学家比较公认的解释是构造地震是由地壳板块运动造成的。

由于地球在无休止地自转和公转，其内部物质也在不停地进行分异，所以，围绕在地球表面的地壳，或者说岩石圈也在不断地生成、演变和运动，这便促成了全球性地壳构造运动。关于地壳构造和海陆变迁，科学家们经历了漫长的观察、描述和分析，先后形成了不同的假说、构想和学说。

板块构造学说又称新全球构造学说，则是形成较晚（20 世纪 60 年代），已为广大地学工作者所接受的一个关于地壳构造运动的学说。

## 二、地震类型

### （一）根据发生的位置分类

板缘地震（板块边界地震）：发生在板块边界上的地震，环太平洋地震带上绝大多数地震属于此类。

板内地震：发生在板块内部的地震，如欧亚大陆内部（包括中国）的地震多属此类。

板内地震除与板块运动有关，还要受局部地质环境的影响，其发震的原因与规律比板缘地震更复杂。

火山地震：是由火山爆发时所引起的能量冲击，而产生的地壳振动。

### （二）根据震动性质不同分类

天然地震：指自然界发生的地震现象；

人工地震：由爆破、核试验等人为因素引起的地面震动；

脉动：由于大气活动、海浪冲击等原因引起的地球表层的经常性微动。

### （三）按地震形成的原因分类

构造地震：是由于岩层断裂，发生变位错动，在地质构造上发生巨大变化而产生的地震，所以叫作构造地震，也叫断裂地震。

火山地震：是由火山爆发时所引起的能量冲击，而产生的地壳振动。火山地震有时也相当强烈。但这种地震所波及的地区通常只限于火山附近的几十公里远的范围内，而且发生次数也较少，只占地震次数的7%左右，所造成的危害较轻。

陷落地震：由于地层陷落引起的地震。这种地震发生的次数更少，只占地震总次数的3%左右，震级很小，影响范围有限，破坏也较小。

诱发地震：在特定的地区因某种地壳外界因素诱发（如陨石坠落、水库蓄水、深井注水）而引起的地震。

人工地震：地下核爆炸、炸药爆破等人为引起的地面振动称为人工地震。人工地震是由人为活动引起的地震。如工业爆破、地下核爆炸造成的振动；在深井中进行高压注水以及大水库蓄水后增加了地壳的压力，有时也会诱发地震。

### （四）根据震源深度进行分类

浅源地震：震源深度小于60公里的地震，大多数破坏性地震是浅源地震。

中源地震：震源深度为60—300公里。

深源地震：震源深度在300公里以上的地震，到目前为止，世界上纪录到的最深地震的震源深度为786公里。

一年中，全球所有地震释放的能量约有 85% 来自浅源地震，12% 来自中源地震，3% 来自深源地震。

## （五）按地震的远近分类

地方震：震中距小于 100 公里的地震。

近震：震中距为 100—1000 公里。

远震：震中距大于 1000 公里的地震。

## （六）按震级大小分类

弱震：震级小于 3 级的地震；

有感地震：震级等于或大于 3 级、小于或等于 4.5 级的地震；

中强震：震级大于 4.5 级，小于 6 级的地震；

强震：震级等于或大于 6 级的地震，其中震级大于或等于 8 级的叫巨大地震。

## （七）按破坏程度分类

一般破坏性地震：造成数人至数十人死亡，或直接经济损失在一亿元以下（含一亿元）的地震；

中等破坏性地震：造成数十人至数百人死亡，或直接经济损失在一亿元以上（不含一亿元）、五亿元以下的地震；

严重破坏性地震：人口稠密地区发生的七级以上地震、大中城市发生的六级以上地震，或者造成数百至数千人死亡，或直接经济损失在五亿元以上、三十亿元以下的地震；

特大破坏性地震：大中城市发生的七级以上地震，或造成万人以上死亡，或直接经济损失在三十亿元以上的地震。

## （八）构造地震的分类

孤立型地震：有突出的主震，余震次数少、强度低；主震所释放的能量占全序列的 99.9% 以上；主震震级和最大余震相差 2.4 级以上。

主震——余震型地震：主震非常突出，余震十分丰富；最大地震所释放的能量占全序列的 90% 以上；主震震级和最大余震相差 0.7—2.4 级。

双震型地震：一次地震活动序列中，90% 以上的能量主要由发生时间接近，地点接近，大小接近的两次地震释放。

震群型地震：有两个以上大小相近的主震，余震十分丰富；主要能量通过多次震级相近的地震释放，最大地震所释放的能量占全序列的 90% 以下；主震震级和最大余震相差 0.7 级以下。

## 三、传播方式

在地球内部传播的地震波称为体波，分为纵波和横波。

振动方向与传播方向一致的波为纵波（P波）。来自地下的纵波引起地面上下颠簸振动。

振动方向与传播方向垂直的波为横波（S波）。来自地下的横波能引起地面的水平晃动。由于纵波在地球内部传播速度大于横波，所以地震时，纵波总是先到达地表，而横波总落后一步。这样，发生较大的近震时，一般人们先感到上下颠簸，过数秒到十几秒后才感到有很强的水平晃动。横波是造成破坏的主要原因。

沿地面传播的地震波称为面波，分为勒夫波和瑞利波。

纵波：振动方向与波的传播方向一致的波，传播速度较快，到达地面时人感觉颠动，物体上下跳动。

横波：振动方向与波的传播方向垂直，传播速度比纵波慢，到达地面时人感觉摇晃，物体会来回摆动。

面波：当体波到达岩层界面或地表时，会产生沿界面或地表传播的幅度很大的波，称为面波。面波传播速度小于横波，所以跟在横波的后面。

## 四、震中震源

### （一）震源

地球内部直接产生破裂的地方称为震源，它是一个区域，但研究地震时常把它看成一个点。地面上正对着震源的那一点称为震中，它实际上也是一个区域。

### （二）震中

根据地震仪记录测定的震中称为微观震中，用经纬度表示；根据地震宏观调查所确定的震中称为宏观震中，它是极震区（震中附近破坏最严重的地区）的几何中心，也用经纬度表示。由于方法不同，宏观震中与微观震中往往并不重合。1900年以前没有仪器记录时，地震的震中位置都是按破坏范围而确定的宏观震中。

### （三）震中距

从震中到地面上任何一点的距离叫作震中距。同一个地震在不同的距离上观察，远近不同，叫法也不一样。

### （四）震源深度

从震源到地面的距离叫作震源深度。

## （五）极震区

震后破坏程度最严重的地区，极震区往往也就是震中所在的地区。

# 五、预防应急

## （一）设防环节

（1）抗震设防要求确定：制定区划图、开展地震小区划、开展地震安全性评价。

（2）抗震设计：按照抗震设防要求和抗震设计规范进行设计。

（3）抗震施工：按照抗震设计进行施工。

简单地说，就是在工程建设时设立防御地震灾害的措施，涉及工程的规划选址、工程设计与施工，一直到竣工验收的全过程。

## （二）抗震场地

### 1.建筑场地

选择好建筑场地，千万不要在不利于抗震的场地建房，不利于抗震的场地有：

（1）活动断层及其附近地区；

（2）饱含水的松砂层、软弱的淤泥层、松软的人工填土层；

（3）古河道、旧池塘和河滩地；

（4）容易产生开裂、沉陷、滑移的陡坡、河坎；

（5）细长突出的山嘴、高耸的山包或三面临水田的台地等。

### 2.住房环境

（1）处于高大建（构）筑物或其他高悬物下：高楼、高烟囱、水塔、高大广告牌等，震时容易倒塌威胁房屋安全；

（2）高压线、变压器等危险物下：震时电器短路等容易起火，常危及住房和人身安全；

（3）危险品生产地或仓库附近：如果震时工厂受损引起毒气泄露、燃气爆炸等事故，会危及住房。

### 3.房屋加固

为了抗御地震的突然袭击，要经常注意老旧房屋的维修保养。墙体如有裂缝或歪闪，要及时修理；易风化酥碱的土墙，要定期抹面；屋顶漏水应迅速修补；大雨过后要马上排除房屋周围积水，以免长期浸泡墙基。木梁和柱等要预防腐朽虫蛀，如有损坏及时检修。

必要时对房屋进行简单加固，具体方法有：墙体的加固。墙体有两种，一种是承重墙，另一种是非承重墙。加固的方法有拆砖补缝、钢筋拉固、附墙加固等。

楼房和房屋顶盖的加固。一般采用水泥砂浆重新填实、配筋加厚的方法。

建筑物突出部位的加固。如对烟囱、女儿墙、出屋顶的水箱间、楼梯间等部位，采取适当措施设置竖向拉条，拆除不必要的附属物。

# 第六章　地下水基础知识

## 第一节　地下水概述

地下水（ground water），是指赋存于地面以下岩石空隙中的水，狭义上是指地下水面以下饱和含水层中的水。在国家标准《水文地质术语》（GB/T 14157-93）中，地下水是指埋藏在地表以下各种形式的重力水。

地下水是水资源的重要组成部分，由于水量稳定，水质好，是农业灌溉、工矿和城市的重要水源之一。但在一定条件下，地下水的变化也会引起沼泽化、盐渍化、滑坡、地面沉降等不利自然现象。

## 一、水域划分

### （一）补给程度

全国地下水天然补给资源评价面积 914.97 万平方千米，地下水天然补给资源总量9234.72 亿立方米 / 年，平均补给模数为 10.09 万立方米 / 平方千米？年。我国地下水资源补给量具有从东南沿海地区向西北内陆地区减少的规律，海南、广东等省的地下水补给资源量最大，在 50 万立方米 / 平方千米。年以上，新疆、内蒙古自治区最小，不足 5 立方米 / 平方千米？年。《中国地下水补给资源量分布图》以水文地质单元为基础，以单位面积地下水天然补给资源量为依据编制而成，用个五级别来反映地下水补给的丰富程度。

地下水补给丰富区。单位面积地下水补给量大于 50 万立方米 / 平方千米年，主要分布在海南省、广东省、湖北省和广西壮族自治区的部分地区，黑龙江省、吉林省、四川省、台湾省、陕西省、宁夏回族自治区也有零星分布。地下水资源补给丰富区的面积约 18.56万平方千米，占全国总面积的 1.96%。

地下水补给较丰富区。单位面积地下水补给资源量 20—50 万立方米 / 平方千米？年，分布在海南省、广西壮族自治区、广东省、福建省、贵州省和上海市的大部分地区，江苏省、重庆市、山东省、辽宁省、北京市、湖南省、西藏自治区和新疆维吾尔自治区也有分布。地下水资源补给较丰富区的面积约 137.64 万平方千米，占全国总面积的 14.51%。

地下水补给中等区。单位面积地下水补给资源量 10—20 万立方米 / 平方千米？年，主要分布在北方地区的黄淮海平原区、南方地区的云南省、贵州省、四川省、江西省、湖南省等地的岩溶石山地区，西北地区、东北地区、西南地区的平原河谷地带也有分布。地下水资源补给丰富区的面积约 178.34 万平方千米，占全国总面积的 18.79%。

地下水补给较贫乏区。单位面积地下水补给资源量小于 5—10 万立方米 / 平方千米？年，从东部沿海地区到西部内陆地区均有分布，主要集中分布在中部地区，范围几乎涉及全国所有省份，主要包括东北三省、山东、山西、河北、河南、安徽、江西、四川、重庆等省（市）的丘陵山区，其他省份也有零星状分布。地下水资源补给丰富区面积约 236.03 万平方千米，占全国总面积的 24.87%。

地下水补给贫乏区。单位面积地下水补给资源量小于 5 万立方米 / 平方千米？年，分布在我国西北的绝大部分地区、东北西部、华北北部和西南的部分地区，主要分布在新疆维吾尔自治区、内蒙古自治区、宁夏回族自治区、陕西省、甘肃省的大部分地区，青海省、山西省、河北省、西藏自治区的也有分布。地下水资源补给丰富区面积约 378.37 万平方千米，占全国总面积的 39.87%。

全国地下淡水可开采资源量 3527.79 亿立方米 / 年，现状（1999 年）实际开采量 1058.33 亿立方米 / 年，地下淡水剩余量为 2469.45 亿立方米 / 年。从全国总的来看，地下淡水剩余量还比较多，占可开采资源量的 70%。但地下淡水剩余量的分布极不均一，北方地区剩余量为 744.77 亿立方米 / 年，南方地区余量为 1724.69 亿立方米 / 年，分别占全国地下水淡水剩余量的 30.2% 和 69.8%，占当地地下水可开采资源量的 48.5% 和 86.8%。

## （二）开采程度

《中国地下水资源开采潜力图》根据全国地市级行政单位的统计结果编制而成，划分为六个潜力等级，基本反映了我国地下水资源开采潜力的总体规律。北京、天津、河北、河南、山东、山西、陕西、甘肃、新疆的许多地区地下水超采；"三北"地区北部的广大地区地下水开采潜力较小；东北平原、塔里木盆地、四川盆地、江汉平原、巴颜喀拉山区、以及南方的部分地区，地下水开采潜力中等；长江流域、淮河流域、珠江流域的地下水开采潜力较大或大。

超采区。地下水开采潜力小于 0，需要采取调整开采布局、调引客水补源、推行节约用水等措施，缓解地下水紧张矛盾。主要分布在北京市、天津市、河北省的大部分地区，上海市、山东省、河南省、陕西省的部分地区，新疆维吾尔自治区的乌鲁木齐、哈密、吐鲁番等地区，辽宁省的营口、铁岭等地区及台湾省。地下水超采区面积 62.35 万平方千米，占全国总面积的 6.6%。

基本平衡区。地下水开采潜力 0—1 万立方米 / 平方千米？年，不能盲目扩大开采。

北方地区应该把这部分水留作生态用水。主要分布华北、西北、东北地区的北部，包括内蒙古自治区、西藏自治区的大部分地区，甘肃省的酒泉、新疆维吾尔自治区的部分地区，以及四川省、陕西省、湖北省、江西省、福建省的部分地区。地下水采 - 补平衡区面积273.64万平方千米，占全国总面积的28.8%。

开采潜力较小区。地下水开采潜力1—5万立方米/平方千米？年的地区，可适度开发利用地下水。主要分布在青海、新疆、重庆、福建的大部分地区，黑龙江、吉林、辽宁三省的松嫩、松辽平原区，以及云南、贵州、湖南等省份的部分地区。地下水开采潜力较小的地区面积429.85万平方千米，占全国总面积的45.3%。

开采潜力中等区。地下水开采潜力5—10万立方米/平方千米？年的地区，可以适当增加地下水开采强度，减少地表水的利用。主要分布于长江流域和华南地区，包括四川省、贵州省、湖南省、湖北省、安徽省、广东省、广西壮族自治区等的大部分地区，北方地区仅在三江平原等局部地区分布。地下水开采潜力中等区面积100.58万平方千米，占全国总面积的10.6%。

开采潜力较大区。地下水开采潜力10—20万立方米/平方千米？年的地区，应该鼓励开发利用地下水，充分利用地下水水质优良、动态稳定和多年调节的特点。主要分布在长江沿岸、淮河沿岸和华南地区，包括江苏、安徽、广东、海南省的大部分地区，贵州省、湖南省、湖北省也有零星分布。地下水开采潜力较大区面积47.70万平方千米，占全国总面积的5.0%。

开采潜力大区。地下水开采潜力大于20万立方米/平方千米？年的地区，主要分布在广西壮族自治区、广东省、海南省的小部分地区。虽然这些地区地下水开采潜力大，但由于降水充沛，地表水丰富，社会经济对地下水的依赖程度不高，地下水开采潜力的实际价值不大。地下水开采潜力大区面积4.82平方千米，占全国总面积的0.5%。备注：

（1）地下水资源及其开采潜力的分布，主要依赖于不同级次水文地质单元的补给条件与开采状况，按照行政单位进行地下水开采潜力分析，其结果难免有与局部地区事实不相符的地方。

（2）地下水是一种就地资源，在一个区域内往往是超量开采与资源剩余并存，区域平均结果有时掩盖了一些地方局部剩余与局部超采的客观实际，希望在使用这张图时有所辨别，以免产生误解。

## （三）污染程度

《中国地下水污染状况图》以国家地下水质量标准（GB/T 14848-93）为依据，将人类活动影响下的地下水质量现状与天然条件下的地下水质量"背景值"相对照，确定地下水污染超标组分，按照单要素评价与多要素综合评价相结合的原则编制而成，反映了城市地下水污染程度和污染组分二方面内容。地下水污染程度分为污染严重、污染中等和污染较轻三级，反映的地下水污染组分包括硝酸盐氮、亚硝酸盐氮、氨氮、铅、砷、汞、铬、氰化物、挥发性酚、石油类、高锰酸盐指数等指标。

东北地区重工业和油田开发区地下水污染严重。东北地区的地下水污染，不同地区有不同特点。松嫩平原的主要污染物为亚硝酸盐氮、氨氮、石油类等；下辽河平原硝酸盐氮、氨氮、挥发性酚、石油类等污染普遍。各大中城市地下水的污染程度不同，其中，哈尔滨、长春、佳木斯、大连等城市的地下水污染较重。

华北地区地下水污染普遍呈加重趋势。华北地区人类经济活动强烈，从城市到乡村地下水污染比较普遍，主要污染组分有硝酸盐氮、氰化物、铁、锰、石油类等。此外，该区地下水总硬度和矿化度超标严重，大部分城市和地区的总硬度超标，其中，北京、太原、呼和浩特等城市污染较重。

西北地区地下水受人类活动影响相对较小污染较轻。西北地区地下水污染总体较轻。内陆盆地地区的主要污染组分为硝酸盐氮；黄河中游、黄土高原地区的主要污染物有硝酸盐氮、亚硝酸盐氮、铬、铅等，以点状、线状分布于城市和工矿企业周边地区，其中，兰州、西安等城市污染较重。

南方地区地下水局部污染严重。南方地区地下水水质总体较好，但局部地区污染严重。西南地区的主要污染指标有亚硝酸盐氮、氨氮、铁、锰、挥发性酚等，污染组分呈点状分布于城镇、乡村居民点，污染程度较低，范围较小。中南地区主要污染指标有亚硝酸盐氮、氨氮、汞、砷等，污染程度低。东南地区主要污染指标有硝酸盐氮、氨氮、汞、铬、锰等，地下水总体污染轻微，但城市及工矿区局部地域污染较重，特别是长江三角洲地区、珠江三角洲地区经济发达，浅层地下水污染普遍。南方城市中，武汉、襄樊、昆明、桂林等污染较重。七《中国地下水质量分布图》根据建国 50 年来，特别是近 20 年来，地下水勘查开发与地下水环境监测资料，参照不同用途的水质标准，在地下水水质评价和地下水污染评价基础上，经过系统分析与综合研究编制而成。地下水质量共分为四级：可供饮用的地下水、适当处理后可供饮用的地下水、不宜直接饮用但可供工农业利用的地下水、不宜直接利用的地下水。

我国地下水质量分布的总体规律是：南方地下水质量优于北方地下水质量，东部平原区地下水质量优于西部内陆盆地，山区地下水质量优于平原，山前及山间平原地下水质量优于滨海地区，古河道带的地下水质量优于河间地带，深层地下水质量常常优于浅层地下水。

东北地区地下水质量优劣不均局部污染。东北地区地下水质量从山区到平原由优变劣，基岩地区地下水质量优于松散岩类地下水，承压地下水质量优于潜水。该区大部分地下水为可供生活与工农业供水水源，松辽盆地中部地下水质量差，不宜直接利用。重工业和油田开发导致部分城市和地区的地下水遭受污染。

华北地区地下水质量分带明显污染普遍。华北地区是人类活动最强烈的地区之一，地下水环境受人类活动的干扰影响大。该区地下水主要赋存于黄淮海平原及其外围山区，浅层地下水质量分布具明显的分带规律，从山区、平原到滨海，地下水质量由优变劣，且城市地区地下水污染普遍。大部分地区的地下水可供直接饮用。

西北地区地下水质量总体较差污染较轻。西北地区地下水质量天然不良，并呈由山区向盆地、由盆地边缘向盆地中部，地下水质量呈现出由优变劣的变化特点，表现为环带状分布特点，不宜直接利用的地下水分布面积占全区总面积的18%。在西北地区，人类活动对地下水的干扰影响主要表现为开采造成的生态环境变化，地下水污染程度总体较轻。

南方地区地下水质量总体优良局部污染。南方大部分地区的地下水质量优良，可供直接饮用，其中江西、福建、广西、广东、海南、贵州、重庆等省（区、市），可供直接饮用地下水的分布面积占全省面积的90%以上。但在一些平原地区，经济发达，城市化进程较快，人类活动对地下水影响较大，浅层地下水遭到污染。长江三角洲、珠江三角洲等经济发展核心地区，浅层地下水质量差，人们对浅层地下水的开采越来越少，对深层地下水的开采越来越多，诱发了严重的地面沉降。地下水

八　随着社会经济的快速发展和地下水开发技术的不断提高，我国地下水开发正在向"深""广"发展，开采层不断加深，开采范围不断扩大。全国660个城市中，开采地下水的城市400多个；地下水有效灌溉面积7.48亿亩，占全国耕地总面积的40%；过去东南沿海从不开采地下水的地区，大量开采地下水；华北平原、长江三角洲等地区，因浅层地下水污染，地下水开采大量转向深层地下水。地下水的开发利用，一方面给社会经济发展提供了水源支撑，另一方面不合理超量开采地下水，诱发了许多环境地质问题。特别是以地下水为主要供水水源的北方城市和地区，掠夺式开采现象严重，引发的环境地质问题突出。

《中国地下水环境地质问题图》根据全国地下水环境调查监测资料编制而成，反映的主要环境地质问题有区域地下水降落漏斗、地面沉降、地面塌陷、地裂缝、海水入侵和土壤盐渍化等，主要分布在地下水集中开采和超量开采地区。

## 二、主要功能

地下水与人类的关系十分密切，井水和泉水是我们日常使用最多的地下水。地下水可开发利用，作为居民生活用水、工业用水和农田灌溉用水的水源。地下水具有给水量稳定、污染少的优点。含有特殊化学成分或水温较高的地下水，还可用作医疗、热源、饮料和提取有用元素的原料。在矿坑和隧道掘进中，可能发生大量涌水，给工程造成危害。在地下水位较浅的平原、盆地中，潜水蒸发可能引起土壤盐渍化；在地下水位高，土壤长期过湿，地表滞水地段，可能产生沼泽化，给农作物造成危害。不过，地下水也会造成一些危害，如地下水过多，会引起铁路、公路塌陷，淹没矿区坑道，形成沼泽地等。同时，需要注意的是：地下水有一个总体平衡问题，不能盲目和过度开发，否则容易形成地下空洞、地层下陷等问题。

地下水作为地球上重要的水体，与人类社会有着密切的关系。地下水的贮存有如在地

下形成一个巨大的水库，以其稳定的供水条件、良好的水质，而成为农业灌溉、工矿企业以及城市生活用水的重要水源，成为人类社会必不可少的重要水资源，尤其是在地表缺水的干旱、半干旱地区，地下水常常成为当地的主要供水水源。

据不完全统计，70年代以色列国75%以上的用水依靠地下水供给，德国的许多城市供水，亦主要依靠地下水；法国的地下水开采量，要占到全国总用水量1/3左右；像美国，日本等地表水资源比较丰富的国家，地下水亦要占到全国总用水量的20%左右。中国地下水的开采利用量约占全国总用水量的10—15%，其中北方各省区由于地表水资源不足，地下水开采利用量大。根据统计，1979年黄河流域平原区的浅层地下水利用率达48.6%，海、滦河流域更高达87.4%；1988年全国270多万眼机井的实际抽水量为529.2亿立方米，机井的开采能力则超过800亿立方米。

问题的另一面，由于过量的开采和不合理的利用地下水，常常造成地下水位严重下降，形成大面积的地下水下降漏斗，在地下水用量集中的城市地区，还会引起地面发生沉降。此外工业废水与生活污水的大量入渗，常常严重地污染地下水源，危及地下水资源。因而系统地研究地下水的形成和类型、地下水的运动以及与地表水、大气水之间的相互转换补给关系，具有重要意义。

## （一）组成结构

地下水流系统的空间上的立体性，是地下水与地表水之间存在的主要差异之一。而地下水垂向的层次结构，则是地下水空间立体性的具体表征。典型水文地质条件下，地下水垂向层次结构的基本模式。自地表面起至地下某一深度出现不透水基岩为止，可区分为包气带和饱和水带两大部分。其中包气带又可进一步区分为土壤水带、中间过渡带及毛细水带等3个亚带；饱和水带则可区分为潜水带和承压水带两个亚带。从贮水形式来看，与包气带相对应的是存在结合水（包括吸湿水和薄膜水）和毛管水；与饱和水带相对应的是重力水（包括潜水和承压水）。以上是地下水层次结构的基本模式，在具体的水文地质条件下，各地区地下水的实际层次结构不尽一致。有的层次可能充分发展，有的则不发育。如在严重干旱的沙漠地区，包气带很厚，饱和水带深埋在地下，甚至基本不存在；反之，在多雨的湿润地区，尤其是在地下水排泄不畅的低洼易涝地带，包气带往往很薄，甚至地下潜水面出露地表，所以地下水层次结构亦不明显。至于像承压水带的存在，要求有特定的贮水构造和承压条件。而这种构造和承压条件并非处处都具备，所以承压水的分布受到很大的限制。但是上述地下水层次结构在地区上的差异性，并不否定地下水垂向层次结构的总体规律性。这一层次结构对于人们认识和把握地下水性质具有重要意义，并成为按埋藏条件进行地下水分类的基本依据。

地下水在垂向上的层次结构，还表现为在不同层次的地下水所受到的作用力亦存在明显的差别，形成不同的力学性质。如包气带中的吸湿水和薄膜水，均受分子吸力的作用而结合在岩土颗粒的表面。通常，岩土颗粒愈细小，其颗粒的比表面积愈大，分子吸附力亦愈大，吸湿水和薄膜水的含量便愈多。其中吸湿水又称强结合水，水分子与岩土颗粒表面之间的分子吸引力可达到几千甚至上万个大气压，因此不受重力的影响，不能自由移动，密度大于1，不溶解盐类，无导电性，也不能被植物根系所吸收。

薄膜水 又称弱结合水，它们受分子力的作用，但薄膜水与岩土颗粒之间的吸附力要比吸湿水弱得多，并随着薄膜的加厚，分子力的作用不断减弱，直至向自由水过渡。所以薄膜水的性质亦介于自由水和吸湿水之间，能溶解盐类，但溶解力低。薄膜水还可以由薄膜厚的颗粒表面向薄膜水层薄的颗粒表面移动，直到两者薄膜厚度相当时为止。而且其外层的水可被植物根系所吸收。当外力大于结合水本身的抗剪强度（指能抵抗剪应力破坏的极限能力）时，薄膜水不仅能运动，并可传递静水压力。

毛管水 当岩土中的空隙小于1毫米，空隙之间彼此连通，就像毛细管一样，当这些细小空隙贮存液态水时，就形成毛管水。如果毛管水是从地下水面上升上来的，称为毛管上升水；如果与地下水面没有关系，水源来自地面渗入而形成的毛管水，称为悬着毛管水。毛管水受重力和负的静水压力的作用，其水分是连续的，并可以把饱和水带与包气带联起来。毛管水可以传递静水压力，并能被植物根系所吸收。

重力水 当含水层中空隙被水充满时，地下水分将在重力作用下在岩土孔隙中发生渗透移动，形成渗透重力水。饱和水带中的地下水正是在重力作用下由高处向低处运动，并传递静水压力。

综上所述，地下水在垂向上不仅形成结合水、毛细水与重力水等不同的层次结构，而且各层次上所受到的作用力亦存在差异，形成垂向力学结构。

## （二）运动模式

绝大多数地下水的运动属层流运动。在宽大的空隙中，如水流速度高，则易呈紊流运动。

地下水体系作用势。所谓"势"是指单位质量的水从位势为零的点，移到另一点所需的功，它是衡量地下水能量的指标。根据理查兹（Richards）的测定，发现势能（$\Phi$）是随距离（L）呈递减趋势，并证明势能梯度（$-d\Phi/dL$）是地下水在岩土中运动的驱动力。地下水总是由势能较高的部位向势能较低的方向移动。

地下水体系的作用势根据其力源性质，可分为重力势、静水压势、渗透压势、吸附势等分势，这些分势的组合称为总水势。

（1）重力势（$\Phi g$）指将单位质量的水体，从重力势零的某一基准面移至重力场中某给定位置所需的能量，并定义为 $\Phi g=Z$，式中 Z 为地下水位置高度。具体计算时，一般均以地下水位的高度作为比照的标准，并将该位置的重力势视为零，则地下水位以上的重力势为正值，地下水面以下的重力势为负值。

（2）静水压势（$\Phi p$）连续水层对它层下的水所产生的静水压力，由此引起的作用势称静水压势，由于静水压势是相对于大气压而定义的，所以处于平衡状态下地下水自由水面处静水压力为零，位于地下水面以下的水则处于高于大气压的条件下，承载了静水压力，其压力的大小随水的深度而增加，以单位质量的能量来表达，即为正的静水压势，反之，位于地下水面以上非饱和带中地下水则处于低于大气压的状态条件下。由于非饱和带中有闭蓄气体的存在，以及吸附力和毛管力的对水分的吸附作用，从而降低了地下水的能量水平，产生了负压效应，称为负的静水压势，又称基模势。

（3）渗透压势（$\Phi_0$）又称溶质势，它是由于可溶性物质在溶于水形成离子时，因水化作用将其周围的水分子吸引并作走向排列，并部分地抑制了岩土中水分子的自由活动能力，这种由溶质产生的势能称为溶质势，其势值的大小恰与溶液的渗透压相等，但两者的作用方向正好相反，显然渗透压势为负值。

（4）吸附势（$\Phi_a$）岩土作为吸水介质，所以能够吸收和保持水分，主要是由吸附力的作用，水分被岩土介质吸附后，其自由活动的能力相应减弱，如将不受介质影响的自由水势作为零，则由介质所吸附的水分，其势值必然为负值，这种由介质吸附而产生的势值称为吸附势。或介质势。

（5）总水势　总水势就是上述分势的组合，即 $\Phi=\Phi_g+\Phi_p+\Phi_0+\Phi_a$，但处于不同水带的地下水其作用势并不相等。

# 三、影响因素

## （一）过度开采

一些地区（如中国的华北平原等地，台湾的云嘉南一带）以地下水作为工业、农业、养殖渔业和生活用水的主要来源，这些地区过量开采地下水，造成地层下陷，某些沿海地区还造成海水渗入，造成地下水咸化。

近 30 年来，我国地下水开采量以每年 25 亿立方米的速度递增，有效保证了经济社会发展需求。但是，北方和东部沿海地区地下水超采越来越严重。初步统计，全国已形成大型地下水降落漏斗 100 多个，面积达 15 万平方公里，超采区面积 62 万平方公里，严重超采城市近 60 个，造成众多泉水断流，部分水源地枯竭。地下水超采区主要分布在华北平原（黄淮海平原）、山西六大盆地、关中平原、松嫩平原、下辽河平原、西北内陆盆地的部分流域（石羊河、吐鲁番盆地等）、长江三角洲、东南沿海平原等地区。华北平原最为严重，河北平原和北京市平原区地下水超采量累计分别达到 500 亿立方米和 60 亿立方米；由于严重的地面沉降，天津市已不能继续超采地下水。长期持续超采造成华北平原深层地下水水位持续下降，储存资源不断减少，目前有近 7 万平方公里面积的地下水位在海平面以下；沧州市深层地下水漏斗中心区水位最大下降幅度近 100 米，低于海平面 80 余米，地下水储存资源濒于枯竭。

## （二）地面沉降

全国有近 70 个城市因不合理开采地下水诱发了地面沉降，沉降范围 6.4 万平方千米，沉降中心最大沉降量超过 2m 的有上海、天津、太原、西安、苏州、无锡、常州等城市，天津塘沽的沉降量达到 3.1m。西安、大同、苏州、无锡、常州等市的地面沉降同时伴有地裂缝，对城市基础设施构成严重威胁。发生地裂缝的地区还有河北、山东、云南、广东、海南等地。

## （三）岩溶塌陷

大规模集中开采地下水以及矿山排水等，造成地面塌陷频繁发生，呈现向城镇和矿山集中的趋势，规模越来越大，损失不断增加。据不完全统计，全国 23 个省（自治区、直辖市）发生岩溶塌陷 1400 多例，塌坑总数超过 4 万个，给国民经济建设和人民生命财产带来严重威胁。例如，2003 年 8 月 4 日，广东阳春市岩溶塌陷造成 6 栋民房倒塌、2 人伤亡、80 多户 400 多人受灾；2000 年 4 月 6 日武汉洪山区岩溶塌陷造成 4 幢民房倒塌，150 多户 900 多人受灾；20 世纪 80 年代，山东泰安岩溶塌陷造成京沪铁路一度中断、长期减速慢行；贵昆铁路因岩溶塌陷发生列车颠覆事件。地面塌陷。超量开采岩溶地下水造成地面塌陷，主要分布在广西、广东、贵州、湖南、湖北、江西等省（区），在福建、河北、山东、江苏、浙江、安徽、云南等省（区）也有分布。昆明、贵阳、六盘水、桂林、泰安、秦皇岛等城市的岩溶塌陷最为典型，湖南、广东的一些矿区矿坑排水产生的塌陷数量最多。全国共发生岩溶塌陷 3000 多处，塌陷面积 300 多平方千米。

## （四）海水入侵

在环渤海地区、长江三角洲的部分沿海城市和南方沿海地区，由于过量开采地下水引起不同程度的海水入侵，呈现从点状入侵向面状入侵的发展趋势。海水入侵使地下水产生不同程度的咸化，造成当地群众饮水困难，土地发生盐渍化，多数农田减产 20%—40%，严重的达到 50%—60%，非常严重的达到 80%，个别地方甚至绝产。山东莱州湾南岸是我国海水入侵最严重的地区之一，造成 8000 多眼农用机井报废，40 万人饮水困难，60 万亩耕地丧失生产能力，粮食累计减产 30—45 亿公斤，直接经济损失 40 亿元。

## （五）土壤盐渍化

天然形成的原生土壤盐渍化问题主要分布于我国东北的松嫩平原和西北地区，黄淮海地区也有分布。主要省份有黑龙江、吉林、内蒙古、宁夏、甘肃、新疆、河北、河南、山东。长期的气候干旱，农业灌溉和工业用水量的不断增加，造成地下水位普遍下降，表层土壤富集的盐分被淋滤到地下，土壤盐渍化程度降低，盐渍化面积缩小，我国的土壤盐渍化面积仅为 80 年代初分布面积的 31.4%。人为活动形成的次生土壤盐渍化问题，主要分布在我国黄河中游和西北内陆盆地大量引用地表水灌溉的农业区。此外，我国部分地区分布有高砷水、高氟水、低碘水等，全国约有 1 亿多人在饮用不符合标准的地下水，使这些地区的群众遭受砷中毒（皮肤癌）、地甲病、地氟病、克山病等地方病困扰。

## （六）水质污染

新一轮地下水资源评价结果表明，我国地下水水质状况总体较好。按分布面积统计，63% 可供直接饮用，17% 经适当处理后可供饮用，12% 不宜直接饮用但可供农业和部分工业部门利用，另有不足 8% 的地下水为矿化度大于 5 克／升的咸水盐水和少量遭受严重污染的地下水，不宜直接利用或需经深度处理后才有可能得以利用。

然而，城市与工业"三废"不合理或不达标排放量的迅速增加，农牧区农药、化肥的大量使用，导致我国地下水污染日益严重，呈现由点到面、由浅到深、由城市到农村的扩展趋势。

多种污染源作用下，我国浅层地下水污染严重且污染速度快。2011 年，全国 200 个城市地下水质监测中，"较差—极差"水质比例 55%，并且与 2010 年比 15.2% 的监测点水质在变差。

根据国土资源部十年的调查，197 万平方公里的平原区，浅层地下水已不能饮用的面积达六成。地下水形势已刻不容缓。按环保部等部门制定的规划，到 2020 年，对典型地下水污染源实现全面监控。

2000 年—2002 年国土资源部进行了全国地下水资源评价，按照《地下水质量标准》，37% 已是不能饮用的类、类水。

2011 年，全国共 200 个城市开展了地下水质监测，其中"较差—极差"水质监测点比例为 55%。与 2010 年相比，15.2% 的监测点水质在变差。

根据 2000 年—2002 年国土资源部的全国地下水资源评价，全国 195 个城市监测结果表明，97% 的城市地下水受到不同程度污染，40% 的城市污染趋势加重；北方 17 个省会城市中 16 个污染趋势加重，南方 14 个省会城市中 3 个污染趋势加重。

# 四、水质级别

一类水质：水质良好。地下水只需消毒处理，地表水经简易净化处理（如过滤）、消毒后即可供生活饮用者。

二类水质：水质受轻度污染。经常规净化处理（如絮凝、沉淀、过滤、消毒等），其水质即可供生活饮用者。

三类水质：适用于集中式生活饮用水源地二级保护区、一般鱼类保护区及游泳区。

四类水质：适用于一般工业保护区及人体非直接接触的娱乐用水区。

五类水质：适用于农业用水区及一般景观要求水域。超过五类水质标准的水体基本上已无使用功能。

# 第二节　地下水的物理性质和化学性质

## 一、物理性质

地下水的物理化学特性及其动态特征。地下水物理性质主要指水温、颜色、透明度、嗅和味。化学性质由溶解和分散于地下水中的气体、离子、分子，胶体物质和悬浮固体的成分，微生物及这些物质的含量所决定。地下水中溶解的化学成分同一般天然水中的化学成分基本相同（见天然水水质）。它不同于地表水的是它含有极小量的溶解氧，而 $CO_2$ 则溶解较多；有一些地下水还含有 $H_2S$、$CH_4$ 和氡。在大多数地下水中，阴离子主要是 $HCO^-$，阳离子主要是 $Na^+$、$Ca^{2+}$ 和 $Mg^{2+}$。地下水按矿化度分为淡水（矿化度升）、微咸水（1—3 克/升）、咸水（3—10 克/升）、盐水（10—50 克/升）和卤水（>50 克/升）。

### （一）因素

影响地下水水质的主要因素是土壤、岩石的成分，渗透性和地下水的埋藏深度。地下水存在于土壤和岩石的空隙中，与土壤和岩石长期接触，不同地区的土壤和岩石类型不同，地下水的化学成分的地区差异极大。一般，浅层地下水由于渗过地壳表层的大量降水多次冲刷土壤和岩石，所含盐类贫乏，矿化度低。干旱地区的浅层地下水，通过岩土的毛细管作用强烈蒸发，矿化度增高。埋藏较深的地下水，很少或完全不受气候条件的影响，而岩石的成分对地下水的成分有重要的意义。总的趋势是，地下水的矿化程度随深度加深而加大。

### （二）相关

矿泉水含有某些特殊离子或气体，它或者水温较高，或者具有放射性，一般具有医疗性质，在一定的地质条件下形成自流矿泉出露地表，也借助人工钻孔引到地表加以利用。

地下水含有多种微量元素，又因容易卫生保护而被广泛用作饮用水源。人类活动，特别是工业废弃物和农田施用杀虫剂等，使地下水尤其是浅层地下水也受到污染，已从地下水中检验出 DDT、六六六等农药。地下水一旦污染，水质很难复原。

# 二、化学性质

## （一）地下水中主要气体成分

$O_2$、$N_2$、$CO_2$、$CH_4$、$H_2S$ 等。

**1.$O_2$、$N_2$**

地下水中的 $O_2$、$N_2$ 主要来源于大气。地下水中的 $O_2$ 含量多→说明地下水处于氧化环境。在较封闭的环境中 $O_2$ 耗尽，只留下 $N_2$，通常说明地下水起源于大气，并处于还原环境。

**2.$H_2S$、甲烷（$CH_4$）**

地下水中出现 $H_2S$、$CH_4$，其意义恰好与出现 $O_2$ 相反，说明→处于还原的地球化学环境。

**3.$CO_2$**

$CO_2$ 主要来源于土壤。化石燃料（煤、石油、天然气）→ $CO_2$（温室气体）→温室效应→全球变暖。

地下水中含 $CO_2$ 愈多，其溶解碳酸盐岩的能力便愈强。

## （二）地下水化学成分

在水文地质中分为：简分析、全分析、专门分析。

**1. 简分析**

目的：了解区域地下水化学成分的概貌。

特点：分析项目少，精度要求低，简便快速，成本不高，技术上容易掌握。

分析项目：

（1）物理性质：温度、颜色、透明度、嗅味、味道等；

（2）定量分析：$HCO_3^-$、$SO_4^{2-}$、$Cl^-$、$Ca^{2+}$、$Mg^{2+}$，总硬度、pH 值；

（3）通过计算求得：其他主要离子：$K^+ + Na^+$、总矿化度 M；

（4）定性分析：$NO_3^-$、$NO_2^-$、$NH_4^+$、$Fe^{2+}$、$Fe^{3+}$、$H_2S$、耗氧量等。

方法：

（1）可在野外利用专门水质分析箱进行；

（2）取水样送实验室分析。

**2. 全分析**

目的：全面地了解地下水的化学成分。通常在简分析的基础上选择有代表性的水样进行全分析。

特点：分析项目较多，要求精度高。

定量分析：$HCO_3^-$、$SO_4^{2-}$、$Cl^-$、$CO_3^{2-}$（、$NO_2^-$、$NO_3^-$、$Ca^{2+}$、$Mg^{2+}$、$K^+$、$Na^+$、$NH_4^+$、

$Fe^{2+}$、$Fe^{3+}$、$H_2S$、$CO_2$、耗氧量、pH 值、干涸残余物 TDS。

同时分析地表水。

大气降水：为地下水主要补给来源，因所含物质数量很少，一般不考虑。

有关浓度的概念：

（1）当量浓度：

$$元素的 mg 当量 = \frac{元素的原子量（mg）}{元素的化合价}$$

当量浓度（N）：指 1L 溶液中所含溶质的克当量数（水分析中常用单位：mgE/L）。用下式表示：

$$mg 当量浓度 N = \frac{mgL 当量数（溶质）}{V（溶液体积 L）}（一般 1L 水）$$

其中：

$$mg 当量数 = \frac{溶质质量（mg）}{溶质 mg 当量}（1L 水）$$

$$某阳离子 mg 当量数（\%）= \frac{该离子 mg 当量数}{所有阳离子 mg 当量数总和} \times 100\%$$

$$某阴离子 mg 当量数（\%）= \frac{该离子 mg 当量数}{所有阴离子 mg 当量数总和} \times 100\%$$

（2）体积摩尔浓度

摩尔质量：某原子的摩尔质量等于用 g/mol 表示的，而在数值上和某元素原子量相同的质量。（水分析中常用单位：mg/mmol）。

体积摩尔浓度（M）：指 1L 溶液中所含溶质的摩尔数（n）（水分析中常用单位：mmol/L）。用下式表示：

$$摩尔浓度 M = \frac{n（溶质摩尔数 mmol）}{V（溶液体积 L）}（一般 1L 水）$$

其中：

$$溶质摩尔数（mmol）= \frac{溶质质量（mg）}{溶质的 mmol 质量（mg）}（1L 水）$$

$$某阳离子 mmol(\%) = \frac{该离子的 mmol 数 \times 化合价}{\sum（每个阳离子 mmol 数）\times 化合价} \times 100\%$$

$$某阴离子 mmol(\%) = \frac{该离子的 mmol 数 \times 化合价}{\sum（每个阴离子 mmol 数）\times 化合价} \times 100\%$$

上式某离子的（mmol）% 与前面式子中的某离子的（mgE）% 在数值上是相等的。

# 第七章　地下水资源评价

## 第一节　地下水资源概述

地下水资源是指存在于地下可以为人类所利用的水资源，是全球水资源的一部分，并且与大气水资源和地表水资源密切联系、互相转化。既有一定的地下储存空间，又参加自然界水循环，具有流动性和可恢复性的特点。地下水资源的形成，主要来自现代和以前的地质年代的降水入渗和地表水的入渗，资源丰富程度与气候、地质条件等有关，利用地下水资源前，必须对其进行水质评价和水量评价。

### 一、地下水形成

地下水资源主要是由于大气降水的直接入掺和地表水渗透到地下形成的。因此，一个地区的地下水资源丰富与否，首先和地下水所能获得的补给量与可开采的储存量的多少有关。在雨量充沛的地方，在适宜的地质条件下，地下水能获得大量的入渗补给，则地下水资源丰富。在干旱地区，雨量稀少，地下水资源相对贫乏些。中国西北干旱区的地下水有许多是高山融雪水在山前地带入渗形成的。

地下水资源由大气降水和地表水转化而来，在地下运移，往往再排出地表成为地表水体的源泉。有时在一个地区发生多次的地表水和地下水的相互转化。故进行区域水资源评价时，应防止重复计算。

### 二、地下水循环

地下水循环是指地下水的补给、径流和排泄过程。地下水补给径流—排泄的方向主要有垂直方向循环和水平方向循环两种。

#### 1. 垂直方向循环

垂直方向循环即大气降水、地表水渗入地下，形成地下水，地下水又通过包气带蒸发向大气排泄，如潜水的补给与排泄。

### 2. 水平方向循环

水平方向循环是指含水层上游得到补给形成地下水，在含水层中长时间长距离地径流，而在下游的排泄区排出地表，如承压水的补给与排泄。

实际上，在陆地的大多数情况下，二者兼有之，只不过不同地区以某种方向的运动为主而已。地下水的补给方式一般有天然补给和人工补给两种形式：天然补给量包括大气降水的渗入、地表水的渗入、地下水上游的侧向渗入；人工补给包括农田灌溉水的渗入、人工回灌地下水等。地下水的排泄方式有天然排泄和人工采水排泄两种。天然的地下水排泄方式有地下水潜水蒸发、泉水排出、地下水流向河渠、地下水向下游径流流出等；人工排泄方式主要是打井挖渠开采地下水。当过量开采地下水，使地下水排泄量远大于补给量时，地下水平衡就会遭到破坏，造成地下水长期下降。只有合理开发地下水，当开采量等于地下水总补给量与总排泄量差值时，才能保证地下水的动态平衡，使地下水处于良性循环状态。

# 三、地下水分布

我国地下水分布区域性差异显著。就区域水文地质条件而言，中部的秦岭山脉是我国地下水不同分布规律的南北界线。北方地区（15个省、区）总面积约占全国面积的60%，地下水资源量约占全国地下水资源总量的30%，但地下水开采资源约占全国地下水开采资源量的49%。

南北分布不同的地下水类型，在东西方向上也有明显的变化。

（1）我国南部和北部即昆仑山—秦岭—淮河一线以北大型盆地，是松散沉积物孔隙水的主要分布区。在西部各内陆盆地中，由于盆地四周高山区年降水量大、终年积雪融化，使得盆地边缘山前地带巨厚的砂砾石层蓄水与径流条件良好，成为良好的地下水补给源；而盆地中部多为沙丘所覆盖，气候干旱，极为缺水；盆地东部分布着辽阔的黄淮海平原、松辽平原及长江三角洲平原为目前我国地下水资源开发利用程度较深的地区。该地区沉积层巨厚、地下水蕴藏丰富、富水程度相对均匀。在东部和西部之间的黄河中游地区分布着黄土高原黄土孔隙水。

（2）基岩裂隙水分布面积较广。在我国北方地区侵入岩裂隙水分布面积大，南方地区除在东南沿海丘陵地区分布外，其余呈零星分布。从东西方向上看，东部沿海及大、小兴安岭等广大地区。表层风化裂隙的风化壳厚度一般为10—30 m，因此地下水主要贮存于浅部，其富水程度较弱，仅风化程度较强，构造破碎剧烈的地带蕴藏有丰富的地下水。在我国西北干旱地区的高山地带，山区降水量大，对基岩裂隙水的渗入补给量较大，这对山区供水和盆地周边山前地带地下水的补给具有重要意义。

（3）在阿尔泰山和大兴安岭北端的南纬度地区有多年冻土分布，并随着我国西部地区地势由东向西逐步增高，西部青藏高原出现世界罕见的中低纬度高原多年冻土区地下水。

## 四、地下水分类

中国还没有统一的地下水资源分类方案。根据 1979 年颁布试行的《供水水文地质勘察规范 TJ27-78（试行）》把地下水资源分成补给量、储存量和允许开采量。补给量指天然状态或开采条件下，通过各种途径在单位时间内进入所开采的含水层中的水量；储存量指储存于含水层内的重力水的体积；允许开采量指在经济、合理的条件下，从一个地下水盆地或一个水文地质单元中单位时间所能取得的水量。在供水中，补给量提供水源，因而起主导作用。储存量则起调节作用，把补给期间得到的水储存在含水层中，供干旱时期取用。当补给量和储存量配合恰当时，有较大的允许开采量。反之，如只有补给量而无储存量，干旱时期就无水可供开采；只有储存量而无补给量，开采后水量不断消耗，导致水源枯竭。

也有些学者把地下水资源分为天然资源和开采资源，在天然条件下可供利用的可恢复的地下水资源称为天然资源，而实际能开采利用的地下水资源称为开采资源。

## 五、储存与补给

20 世纪 50 年代以来，中国的水文地质工作者评价地下水量时，用了 H.A. 普洛特尼科夫提出的四个储量：静储量（某一含水层中地下水的年最小体积）、动储量（通过含水层某一断面的流量）、调节储量（地下水位年变幅范围内的水体积）和开采储量（流量不会衰减，水质不会变坏的开采量）。由于这四个储量不能完善地反映地下水的数量，从 70 年代开始引用地下水资源的概念，但储量的概念也未完全放弃。因此，找出两者之间的关系，有利于搞好地下水资源评价。有学者将地下水资源分为补给资源与储存资源补给资源：指参与现代水循环、不断更新再生的水量。补给资源是地下含水系统能够不断供应的最大可能水量；补给资源愈大，供水能力愈强。含水系统的补给资源是其多年平均补给量。储存资源：指在地质历史时期中不断累积贮存于含水体系之中的，不参与现代水循环、（实际上）不能更新再生的水量。地下水资源是由地下水的储存量和补给量组成的，评价时还须考虑排泄量和开采量。

### （一）储存量

当前储存在地下岩层中的水的总量（以体积计）。它是在长期的补给和排泄作用下，逐渐在地层中储积起来的。与其他流体矿藏不同，地下水的储存量经常处于流动中，但速度极为缓慢，甚至一年地下水流动不到一米远。当补给和排泄处于平衡时，储存量的数量保持不变；而当补给呈周期性变化时，储存量则相应地呈周期变化。储存量的大小，主要取决于含水层的分布面积与其充水和释水的体积百分比。还与地下水的排泄类型（垂直蒸发、水平溢出）和排泄基准面（地下水蒸发的极限深度，地下水溢出面的标高或抽水井、渠的开采水位，统称排泄基准面）的高低有关。在排泄基准面以下的储存量，即使断绝了补给源也能长期保存，故称之为最小储存量。

## （二）补给量

通过多种途径（如降水入渗，地表水渗漏等），自外界进入含水层并转化为储存量的水量（以单位时间体积计）。补给量既随气象、水文条件的变化及人类生产活动的影响而改变，又随排泄条件的变化而改变。只是当补给和排泄条件相对稳定时，补给量才能保持常量。

## （三）排泄量

通过溢出、蒸发等形式从含水层中排出的流量（以单位时间体积计），虽然这一部分水量已脱离含水层而不再归属于地下水的范畴，但它主要来源于地下水的补给量，故可用以反推补给量。当地下水动态稳定时，排泄量恰等于补给量，储存量不变。当地下水的动态呈周期性变化时，则每一周期的补给量应等于排泄量和储存量的增量（正或负）之和。

## （四）开采量

通过井、渠从含水层中取出的流量。开采地下水可改变地下水的天然流向，使部分排泄量改从井、渠中排出。也可扩大地下水的消耗总量，有可能促使补给量增加。例如在下渗和蒸发的补给排泄类型中，因开发将地下水位降低到极限蒸发深度之下，可使原来蒸发损失的地下水转化为开采量，而为人们所用。又如在河水补给地下水的情况下，因开采而使原来的地下水位大幅度降低，促使河水更多地补给地下水。当存在着这种相互影响时，地下水资源评价必须和地下水开采设计一起进行。开采量又分稳定的和不稳定的两种，前者是指流量和水位均稳定不变，或仅做周期性的波动；后者是指流量或水位持续变小或下降情况下的开采量。不引起地面沉降、地下水水质恶化或其他不良现象的稳定开采量称允许开采量。

# 六、评价

地下水资源评价包括两方面内容，即水质评价和水量评价。

## （一）水质评价

一切不符合质量要求的地下水都不能作为水资源。为了保障人民身体健康和工农业用水需要，很多国家已颁发统一的饮用水、工业用水及灌溉用水等的水质评价标准（见用水水质）。地下水质评价一般应分两部分：①用取样分析化验的方法查清地下水的水质，对照水质标准评价其适用性；②若在水文地质勘察过程中发现水质已受污染或有受污染的可能，则应查清污染物质及其来源、污染途径与污染规律，在此基础上预测将来水质的变化趋势和对水源地的影响。水质变化的预测，须通过由弥散方程、连续方程、运动方程和状态方程组成的数学模型，即弥散系统，用数值法解算出污染物质的浓度随时间和地点的变化，从而提出地下水资源的防护措施。

在岩土中赋存和运移的、质和量具有一定利用价值的水。是地球水资源的一部分，与大气降水资源和地表水资源密切联系，互相转化。

## （二）水量评价

地下水资源评价和地下水资源计算（或地下水水量计算）是两个词义相近但在实质上又有区别的概念。地下水资源计算，实际上就是选用某种公式，计算出某种类型水资源的数量。而地下水资源评价，应该包括计算区水文地质模型的概化、水量计算模型的选取和水量计算、对计算结果可靠性的评价和允许开采资源级别的确定等一系列的内容。

地下水资源计算方法种类繁多，从简单的水文地质比拟法到复杂的地下水数值模拟；从理论计算 到实际抽水方法。常用的地下水资源计算方法有经验方法（水文地质比拟法）、Q-S 曲线方程法、数值法、水均衡法、动态均衡法、解析法等。

20 世纪 50—70 年代，中国许多水文地质工作者把地下水看作一种矿产资源，广泛地采用地下水储量这一概念来表示某一个地区的地下水量的丰富程度。按照这一概念，地下水储量分为静储量、调节储量、动储量和开采储量。静储量指储存于地下水最低水位以下的含水层中重力水的体积，即该含水层全部疏干后所能获得的地下水的数量。它不随水文、气象因素的变化而变化，只随地质年代发生变化，也称永久储量。静储量的数值等于多年最低的地下水位以下的含水层体积和给水度（见水文地质参数）的乘积。调节储量指储存于潜水水位变动带（年变动带或多年变动带）中重力水的体积，亦即全部疏干该带后所能获得的地下水的数量。它与水文、气象因素密切相关，其数值等于潜水位变动带的含水层体积乘以给水度。动储量也称地下水的天然流量，是单位时间内通过垂直于流向的含水层断面的地下水体积。通过测定含水层的平均渗透系数、地下水流的水力坡度和过水断面面积，用达西公式（见达西定律）进行计算。静储量、调节储量和动储量合称地下水的天然储量，它反映天然条件下地下水的水量状况。开采储量是指考虑到合理的技术经济条件，并且在集水建筑物远转的预定期限内不产生开采条件和水质恶化的情况下，从含水层中可能取得的水量。地下水的开采储量，一方面取决于水文地质条件特别是地下水的补给条件，另一方面取决于集水建筑物的类型、结构和布置方式。其含义是和允许开采量相当的。70 年代以后，在中国对地下水储量一词较少使用。

# 七、开发与管理

## （一）开发与利用

地下水开发利用力求费用低廉、方案优化、技术先进、效益显著而又不引起环境问题。

这些要以查明水文地质条件和正确评价地下水资源为基础。要做到合理开发利用地下水，应注意以下几点：①不过量开采。开采量要小于开采条件下的补给量，否则将造成地下水位持续下降，区域降落漏斗形成并不断扩大、加深，水井出水量减少甚至于水资源枯竭。②远离污染源，否则将造成地下水污染，水质恶化以至于不能使用。③不能造成海水或高矿化水入侵到淡水含水层。④不能引起大量的地面沉降和坍陷，否则将造成建筑物的破坏，引起巨大的经济损失。⑤按地下水流域进行地下水开发利用的全面规划，合理布井，防止争水。⑥地表水资源和地下水资源统一考虑、联合调度。⑦全面考虑供需数量、开源与节流、供水与排水、水资源重复利用、水源地保护等问题，使得有限的水资源获得最大的利用效益。

## （二）管理

为了做到合理地开发利用地下水资源，必须进行有效的管理。地下水资源管理的方法和措施分为：

（1）法律方面，由中央政府和地方政府制定和颁布实施有关水资源（包括地下水资源）的法律。这些法律和条例是地下水资源管理的依据。

（2）行政方面，建立水资源（包括地下水资源）的统一管理机构。如中国北方各省市都已建立了水资源管理委员会，设有水资源管理办事机构。

（3）科学技术措施方面，唐山平升电子技术开发有限公司并提出了"水资源实时监控与管理系统"主要是利用系统分析的方法进行水资源（包括地下水资源）的管理。建立最优化的数学模型，使得在一定的水力的、经济的、法律的、社会的约束条件下，目标函数达到最优，即开采的成本最低，或开采的水量最多，或开采地下水所获得的经济效益最大等，为决策提供依据。

（4）经济方面，明确地下水资源有偿使用的原则，征收水资源费，对于超量开采和浪费水资源者处以罚款等。

水资源实时监控与管理系统（DATA-9201）适用于水务部门对地下水、地表水的水量、水位和水质进行监测，有助于水务局掌握本区域水资源现状、水资源使用情况、加强水资源费回收力度、实现对水资源正确评价、合理调度及有效控制的目的。

# 第二节　地下水资源开发管理

## 一、地下水资源特征

### （一）可再生性与不可再生性

地下水资源使用过程中可以重复利用，形成水循环系统，这也是可再生性的表现形式。但除此之外，地下水还表现出不可以再生性，如果使用的量超出了自然生产量，便会造成水资源供不应求，此时便视为是不可再生资源。分析地下水特征时，要将多方面原因对比进行，这样才能够确定科学高效的开发方案。从自然界的角度来分析，水资源可以滋润土地，促进植物生长，地下水也是人类赖以生存的资源，定期选取样点对存储情况做出调查，并对结合进行比较，判断一段时间内是否出现了严重的水资源浪费现象。可再生与不可再生同时存在，这也为地下水的开发利用明确了主体方向，适当开发并且节用水，能够实现自然界水资源的持续利用。

地下水形成经过了漫长的时间，逐渐堆积形成了可利用的水资源，并且是否已可以再次产生与所处位置也有很大关联。通常情况下，所使用的水资源如果是在地表，则视为不能够再生，使用期间要考虑节约用水与污染防治问题。而地下水所处环境特殊，在基岩缝隙中，是可以通过物质的转化而形成的，但需要大量时间，因此很难验证其生成量，所开发利用的水资源也都是存储部分的。与地表水相比较，地下水更不容易受到污染，并且日常蒸发损耗也不严重，但过渡的开采使用还是对地下水造成了破坏，如果不能及时的探讨科学开发方案，会造成水资源存储量减少，可持续发展目标也难以实现。对水资源进行分类，能够促进开发方案的形成，使用阶段也更科学合理。将不可再生的水是作为是存储资源，开发过程中也要尽可能的考虑长远目标。

### （二）系统性

地下水与地表水共同形成了水系统，在降雨频繁的季节，地表水储量会逐渐增多，此时检测地下水水位也会有明显的上涨。地下水所处位置深度大，与地表之间会有一个隔水层，隔水层通常也是由土壤充当的，检测其中会含有部分水分。当水位上涨时，含水层中的水分逐渐增大，与地表之间的距离也会因此而减小。由此可见水资源之间的系统性十分明显，如果是在干旱季节地下水资源也能够及时向土壤中补充，满足使用需求。既然具有系统性，开发利用也存在联系，如果地表水受到严重的污染，也会因此而影响到整个水系统。各位置的水资源可以相互促进，相互转化。同时土壤也能够起到过滤的作用，地表水在渗透时其中含有的杂质污染物会被土壤所过滤掉，保障地下水的使用安全性。但如果污染物质过多，过滤后还是会有一部分进入到地下水中，这样水系统的质量便会受到影响。降雨是自然界水资源的补充方式之一，但在干旱季节中，地表水存储量会与正常年份产生差异，此时系统的其他存水模块会对其进行补充，确保系统的均衡性。明确这一特征后，开发利用时会有针对性，明确该从何开始，这样能够促进系统内的各含水系统达到均衡状态，这样才能够实现长期合理使用目标，促进系统内的水资源再生速率与使用需求均衡。

### （三）变动性

水资源的变动性是无法避免的，常见的因素包括环境气候特征、人为污染，造成变动性特征的原因与水资源系统化是密不可分的。针对这一现象，在开发利用阶段要在方案中体现出变动性，灵活管理，将风险隐患问题发生的原因降至最小。随着作物产量提高与绿化率增大，随着灌溉渠系衬砌与节水灌溉的推广，来自降水和灌溉水对地下水补给量减少的问题，则尚未引起注意。20世纪80年代进行水资源评价以来，我国的农业产量大幅度增加，这就意味着更多份额的土壤水被蒸腾消耗，更多的地下水补给量在包气带被截留。如果仍然以原来计算得出的地下水补给资源为基础，进行水资源供需平衡规划，就会产生错误的决策。由此可见，地下水资源评价不可能一劳永逸，必须随着时间推移、条件变化而多次进行。

## 二、我国地下水开发利用中的问题

我国虽然地域广阔，但依然是水资源极度缺乏的国家之一，每天消耗淡水资源其中大部分都会造成一定浪费。虽然江海辽阔，但淡水资源缺乏，且有1/3淡水资源是来自地下水。在近几年中，南北方供水的方式也呈现较大差异，南方主要以地表水为主，北方多是地下水。在人口众多压力下，淡水资源缺乏已经成为一个严峻的问题。如果不合理开采和利用，将会对地下水造成极大的浪费。另外，地下水污染严重，也是摆在我们面前亟待解决的难题。所以，了解并正确利用水资源、合理开发淡水资源、保护地质环境、减少工业废水排放方法显得尤为重要。

### （一）地下水资源分布不均

我国的地下水资源分布严重不均，南北差异大。南方地下水资源丰沛，约占了全国地下水资源总量的2/3，而我国的北方地区占据了全国国土面积的60%，其地下水资源仅占全国地下水资源的1/3。不均匀的地下水资源分布现状导致在进行地下水开采利用过程中，很容易出现供需不平衡的情况，因此会给地下水开发带来超额开采的问题。

### （二）地下水超采现象普遍存在

由于区域差异性地下水分布的不均匀，地下水资源供需严重不平衡，造成很多城市在进行地下水开采过程中出现严重的超采问题。尤其在北方的大部分城市，如北京、天津、沈阳、济南和太原等都出现了地下水超采的现象。根据有关数据统计，我国的地下水超采城市区域已经从 56 个发展到 164 个；地下水资源超采区域的面积从 8.7 万平方公里扩展到 28 万平方公里。严重的超采问题造成了部分区域的浅层地下水出现水位下降，甚至干枯的现象，部分沿海区域甚至引发海水的倒灌，导致地下水受到了严重的水质污染，失去了基本的使用功能。此外，集中性地进行地下水的超量开采，不仅会持续造成地下水水位下降，而且会引发不良地质灾害，出现地面沉降、地裂缝等问题，从而引发地面建筑物出现倾斜、开裂甚至坍塌等安全事故。

### （三）地下水资源污染严重

和地表水污染相比，地下水资源污染呈现以下特点：

（1）隐蔽性强。地下水中溶解的污染物往往无色无味，未经过科学的专业检测，很难肉眼发现地下水的污染，一旦居民饮用了含有污染成分的地下水，对人体健康有很大的影响，有些影响是长期的，很难在短时间内察觉出来。

（2）自我净化能力弱。由于地下水的径流速度相对缓慢，更新时间较长，无法像地表水那样通过雨水等方式对水中的污染进行稀释溶解，一旦地下水资源受到污染，只能依靠其自然净化能力进行污染物的净化，需要的时间可能长达几十年，甚至上百年的时间。

（3）由于缺乏对水污染物的有效管理，导致现阶段地下水受到大量的农药、生活污水和工业废水的污染。尤其在人口相对密集、工业化发展较为迅猛的城市中，地下水的污染情况尤为严重。现阶段，我国东北和南方区域的地下水主要出现铁和锰及总硬度超标，东北、华北和西北地区出现矿化度和总硬度超标等现象。

**4. 地下水资源浪费现象普遍**

虽然现阶段地下水资源呈现出严重的供需不平衡，但在某些城市和农村地下水资源的浪费情况仍然较为严重。尤其在一些地区的农业生产过程中，大多采用传统的灌溉方式，导致水资源出现严重的浪费。在城市生活中，由于缺乏对水资源的重视，或者建筑的给排水工程存在问题，导致管道出现漏水、渗水的问题，也造成了水资源的浪费。此外，不能有效利用节水设施，尤其是一些公共场所的绿化用水和厕所用水等没有安装节水设施，也导致水资源的利用率较低。

## 三、地下水资源管理

### （一）提倡各行业各部门节约用水

（1）对于农业灌溉用水，要提倡灌区的节水改造，有效对灌溉面积进行控制，另外还可以通过调整农作物的种植结构减少农业的用水量。必要时可以适当利用当地的河流水资源进行跨流域的调水工程，减少农业用水对地下水资源的需求量。

（2）对各区域内的电力、化工、造纸等工业用水大户，进行重点的节约用水改造，提升节水措施与方法，应确保工业水的重复利用率达到80%以上。在工业项目建设或者扩建过程中，进行主题设计时必须采用节水设计和节水设施，降低工业用水的消耗。

（3）对于城镇居民的生活用水，应当通过培训、讲堂、媒介宣传等途径，提高人们的节约用水意识，并积极推广节水设施的应用。对于城镇新建的建筑，要进行节水设施的安装普及工作，并经过相关主管部门验收合格，方能投入使用。

## （二）制定专门的地下水资源保护法规

完善相关地下水资源的法律法规，各地方政府制订相应的地下水资源保护法规，并加强相关的执法工作，借助法律手段对一切和地下水有关的活动进行约束。控制和防治地下水污染情况的出现，同时建立完善的地下水资源开发利用规划，合理地对地下水资源进行开采和保护，提高地下水资源的有效利用率。

## （三）提高水资源利用效率

### 1.调整产业结构，提高水资源利用效率

（1）引入科学的技术工艺，提高工业用水的水平和重复利用率，必要时可以对工业用水进行指标性管理，对于新增的工业用水需求，只能依靠工业自身的节水措施来解决，推进并严格执行水权转化制度。

（2）在农业用水方面，可以适当地对农业结构进行调整，减少水稻等对水资源需求量较大的作物种植面积，扩大抗旱和节水作物的种植面积。在稳定种植业的同时，为了对地下水资源进行有效保护，可以扩大林果业的发展，同时推进农业节水设施的安装，推动传统农业快速地向现代农业进行转变。

### 2.积极推进节水型社会建设

（1）通过用水制度改革，采取有效经济手段和管理制度，提高人们的节水意识。

（2）为了提高城市地下水资源的利用率，应对城市给排水设施进行绿化节能改造，降低城市中的漏水、渗水现象，避免水资源的浪费。

（3）为了有效地对地下水资源进行补充，防止地下水降落漏斗的不断扩大，在城市中积极推广中水的应用。在城市公共区域的绿化区和厕所等使用中水，降低对地下水资源的使用量，避免地下水资源的超采现象出现。

### 3.加强地下水水源地保护

对于长期稳定的地下水开采设施，应设置专门的井房、电路、水泵、水表等设施，同时应当设置水源地三级保护区。当需要对地下水进行开采时，需要相关的水井许可证以及施工设计方案，经过主管部门的审批才能进行。相关主管部门应当设置专人或者委托监理

公司，对地下水的施工实际情况进行监督检查，避免出现和施工设计方案不一致的情况出现。对于一些长期停用的地下水井，应当对其进行报废回填封死处理。

### 4. 加强水环境治理工程建设

为了有效地对地下水进行环境治理，保障地下水资源的可持续利用，应加强地下水库和地下水回灌等工程的建设。通过修建地下拦水坝或借助废弃的矿井或巷道修建地下水库，对水环境进行有效的治理。此外，还应设置专门的实验室对地下水进行水位和水质的监测，通过分析地下水水位和水质的变化情况，及时掌握地下水的现状。通过地下水治理工程的建设，保障地下水资源的合理开发利用。

### 5. 严格控制在地下水补给区域排污

在进行地下水污染治理方面，首先应当对污染源进行控制。对于一些地下水源补给区域应当严禁排放污水和废水，并设置专人定期对重点区域和重点企业进行检查，一经发现，应当采取相关的法律法规对企业或者个人进行严处。为了防止已经受到污染的地下水通过一些废弃水井污染其他地下水，应当对一些废弃水井进行回填封死。

# 第三节　地下水资源评价的原则

## 一、地下水资源评价的基本原则

除了某些特殊情况（有一定开采年限的矿区、油田供水，建筑工地供水、公路建设供水、战时供水等）以外，均要求供水水源能够保持永续性供应。此外，开采地下水可能引起各种不良的生态环境效应（地面沉降、岩溶塌陷、土地沙漠化、土地盐渍化、海水或咸水入侵等），因此，水源的供应能力必须考虑生态环境的承载能力。地下水资源评价必须遵循的两个基本原则是：供水永续性和生态环境可承载性。理论上说，一个含水系统的最大永续供水能力是其补给资源，考虑到生态环境的可承载性以及其他因素，含水系统的永续供水能力往往要小于其补给资源。一个含水系统，环境承载能力允许下可以永续开采的水量，称为可持续开采资源或可开采资源。我们所说的可开采资源的供水永续性，并非仅仅指"在整个开采期内动水位不超过设计值，出水量不会减少"，而是指含水系统能够保证永久持续供应某一水量。供水永续性，乃是可持续发展概念合乎逻辑的延伸。1992年，在联合国环境与发展大会上，正式提出了"可持续发展"的概念，其实质是"满足当代人的需求又不损害子孙后代满足其需求能力的发展"。

可持续发展概念的核心是世代伦理："当今世代对未来世代的生存可能性负有不可推

卸的责任。不论是破坏环境还是将地下资源消耗殆尽，都是当今世代对未来世代的加害行为，对未来世代的生存可能性造成了威胁"。基于可持续发展的概念，"允许开采量"不能定义为"整个开采期间"可以开采的水量，而应是"当今时代与未来世代均可以持续利用的水量"。从可持续发展的理念出发，供水永续性便是资源评价中不可动摇的铁的原则。

## 二、地下水资源评价方法的综合应用

目前主要采用数值模拟方法进行地下水资源评价，而数值模拟是以拟合饱水带地下水动态为基础的。进行数值模拟时，往往可以通过调整多个参数或某些不确定的边界条件达到拟合，因此，拟合结果具有多解性，拟合良好并不能说明仿真良好。开采条件下的数值模拟，由于开采量难以精确统计，求解更具有不确定性。如果缺乏其他途径的印证，通过数值模拟求取的地下水资源量，其结果可能带有一定随意性。因此，地下水资源评价，除了采用物理数学方法，还应当利用包括同位素技术在内的化学方法，以及包气带求取补给的方法，多通道获取地下水补给量的信息，以提高地下水资源评价的信度。

目前地下水的开发利用已经形成了完善的体系，技术人员也在结合环境变化特征不断的优化开发方案，但在工作开展期间，仍然存在特征不明确的现象，无法应用水系统变化。将此作为开发利用期间重点考虑的对象，根据特征来规划保护方案，为水资源开发使用提供稳定保障。

# 第四节　地下水水质评价

地下水循环是自然界水循环的一部分，经过地表渗透与周围不同介质的融合，使地下水具有了独特的物理特性与化学特性。地下水水质分析的目的来自人类生活以及生产的需求，基于不同的用途，地下水水质评价选择的指标以及对分类结果的判断上都存在差异，这决定了地下水水质评价与分析方式方法的多样性。近年来，在水科学领域，不同的数学方式方法的引入，使传统简单的地下水水质分类方法得到推进。同时，随着人类活动对于水循环的影响加剧，人们开始关注那些由于人类活动带来的地下水水质的改变。地理信息技术等更为区域地下水水质演变与地下水水质演变成因分析的实现提供了可能。地下水水质评价结果，结合地下水水质演变的成因分析以及地下水水质运移理论所建立起来的地下水水质运移模型也成为实现地下水水质预测的有效工具。在所有被人类利用的自然资源中，水资源是与人类活动最密切相关的。社会经济的发展带来用水需求的增加，和有毒物质排放的增加；从而使地下水位的持续下降和水质的恶化，水危机加剧。中国经济正处于高速发展阶段，对于水资源的迫切需求，导致对地下水无节制的超采；同时，不合理的灌溉方式，过量的化肥使用以及对于污水处理缺乏重视使得地下水以及地下水水质所存在的问题日益突出。因此，现阶段对于地下水水质分析方法和研究进展的关注对于指导人类进行实践有着积极意义。

# 一、地下水水质评价方法

根据反映地下水物理化学特性的多个指标进行地下水水质评价，通过数学方法的计算，最终得到适用的地下水水质等级评价结果。我国在 1993 年制定了《地下水质量标准（GB/T14848-93）》，可以进行普遍的分类参考标准。在不同需求的地下水水质评价过程中，结合地下水水质的特点以及区域差异性，往往会采用不同的方法。这些地下水水质的评价方式大致上可以分为：综合指数法（在地下水水质量标准中推荐的内梅罗指数法就是综合指数法的一种），模糊综合评价法，灰色聚类法，灰色关联度法，人工神经网络，遗传算法，多元回归模型，逻辑斯谛曲线（Logistic）模型，主成分分析法，集对分析法，物元可拓法等。具体到各种方法，应用模糊综合评判法能使评价的理论和方法建立在比较严谨的数学模型基础上，通过模糊级别判断及综合评价值的计算，可以直观地判断水质的优劣，并从总体上对地下水所属质量类别做出判断。灰色聚类是以灰数的白化权函数生成为基础，将这些观测指标或对象聚集成若干个可定义类别的方法。因此，对水质进行分级评价时，按灰色系统理论，用灰色参数描述该系统，把水质等级的分级指标值用灰色参数（灰数）来表示，从而进行水质分类。灰色关联分析法是灰色系统理论的基本方法，采用关联度来量化研究系统内各因素的相互关系、相互影响与相互作用，在地下水系统中多用于确定某一参考序列与多个比较序列之间的关系。它的基本思想是根据序列曲线几何形状的相似程度来判断其联系是否紧密：曲线越接近，相应序列之间的关联度越大，反之越小。在进行具体水体环境质量的分级评价时，选择评价对象的评价因子实测值作为参考序列，水体质量的分级标准为比较序列，这样可求出多个关联度来，与比较序列关联度最大的参考序列多对应的级别，即为待评水体的质量等级。

人工神经网络中应用较多的为 BP 神经网络，将水质评价采用的各种指标作为输入变量，水质分类级别为输出变量。根据样本数据得到的输入输出之间的权值矩阵，从而对于未知水质的指标进行分类评价。人工神经网络是数字驱动力模型的典型代表，其他诸如多元回归与遗传算法也可以看作是数字驱动力模型在地下水水质评价中的应用。逻辑斯谛曲线（Logistic）模型是在地下水水质评价标准说明中，各指标值（作为横坐标）与水质等级（作为纵坐标）之间呈单调递增或递减关系，当指标值超过某门限值时就判定为最高等级；当指标值低于另门限值时就判定为最低等级；当指标值介于这两门限值之间时则为中等等级。集对分析理论（SPA）是赵克勤（1989）创立的一门新的系统理论方法，其核心思想是将系统内确定性与不确定性予以辩证分析与数学处理，体现系统、辩证、数学三大特点。该理论认为，不确定性是事物的本质属性，并将不确定性与确定性作为一个系统进行综合考察。在进行地下水水质评价时，该方法借助确定性和不确定性分析先对样本进行定性分析，再通过计算联系度来评价地下水水质等级。物元可拓法于20世纪80年代由我国蔡文教授创立，它是将物元分析与可拓集合相结合，应用于新产品构思与设计、优化决策、控制、识别与评价等领域，在地下水水质评价中的应用属于拓展性的应用。该方法认为地下水环境是一个较为复杂的系统，单项指标间的评价结果容易出现矛盾和不相容性。物元可拓法的原理是以物元为基元建立物元模型，以物元可拓为依据，应用物元变换化矛盾问题为相容问题。

地下水水质评价的方法众多，难以形成统一的优劣判断，可能存在的问题主要有以下三方面：一是在判断和筛选对环境影响较大的特征污染物方面，由于水质监测、取样获取源数据方面的限制，从而使得由于出现重大遗漏而导致地下水水质评价不实；二是数学方法的使用可以排除人为评价的主观性，但在实际应用中应该更加注重方法与实际的融合，所采用方法的前提与假设是否与地下水水质评价一致。并不是所有的数学方法都适合在地下水水质评价中使用，因此在数学方法选择上应该更加趋于谨慎；三是专家具有丰富的知识以及对评价水体的较深了解，采用专家决策支持的方法更快更容易的获得分类结果，但同时这也存在不客观不全面的风险。总之，提高水质监测手段，使评价因子筛选尽可能的客观准确，在数学方法选择和应用上更加谨慎是获取可靠的地下水水质评价结果的有效途径。

## 二、地下水水质演变的成因

有研究表明，农业对地下水水质有直接的影响。农业的耕作与灌溉模式，化肥农药的施用等都在不同程度上对地下水水质的改变造成影响。硝酸盐、硼、VOCs、农药等的使用量更将直接导致地下水水质的改变和有毒物质的积累与增加。主要的影响机制表现在：降水补给地下水时，流经地下含水层上覆的岩土才能达到地下水水面；在这个过程中，残留于农田的农药化肥和除草剂等污染物经雨水淋融连同土壤中的易溶物一起随雨水补给了地下水，使地下水水质明显发生变化。在汛期发生大范围、高强度的暴雨后，强烈的冲刷与入渗作用会变得更加明显。这一破坏性的影响也会由于地质构造的差异而发生一定的差异性表现。例如，污染物达到地下水面以前要经过包气带下渗，由于地层有过滤吸附等自净能力，可以使污染物的浓度降低；特别是当包气带岩层的组成颗粒较细、厚度较大时，可以使污染物中许多污染物的含量大为降低，甚至全部消除，只有那些迁移性强的物质才能到达地下水面污染地下水。以邢台市为例，在邢台市地下水水质分析成因分析中发现由于西部平原区岩层的颗粒明显大于东部平原，从单个地下水监测井资料分析，滏西平原污染物含量明显大于东部平原，这种污染途径的污染程度就是因为受包气带岩性不同而造成的。同时也应该注意到由于岩层对于渗漏的阻碍，这种影响可以持续在这种地面破坏性渗入结束后相当长的一段时间。

在经由淋融的过程入渗的过程中，那些对于地下水水质产生影响的化学成分，也会由于物理化学的作用使其成分发生转变，从而对地下水水质产生新的影响。以氮肥为例，氮肥施入土壤后，被作物吸收利用的只占其施入量的 30%—40%，剩余部分经各种途径损失于环境中。在农田氮进入地表水和地下水的过程中，各种形态氮素之间，氮素与周围介质之间，始终伴随发生着一系列的物理、化学和生物化学转化作用。在所有的转化作用中，较为明显的是吸附作用和硝化作用。吸附作用指土壤颗粒和土壤胶体对氨氮的吸附作用，这种吸附作用取决于土壤颗粒的大小和组成，其中土壤胶体对氨离子的吸附作用取决于胶体组成和表面特性。而硝化作用是微生物将氨氮氧化为硝酸盐氮的过程。虽然硝化作用形成的硝酸盐氮是植物容易吸收利用的氮素，但硝酸盐氮比氨氮较容易从土壤中淋湿进入地下水。农田系统中磷肥的施用对于地下水水质的影响具有以下几种特性，磷可以通过土壤或优先通过一些大的孔隙慢慢向下淋洗，但是磷淋洗的多少与农田管理、土壤特性和气候条件有关。在常规施用磷肥的情况下，大多数土壤不会发现磷的明显淋洗。通过对邢台市平原区 1991—2003 年地下水监测资料分析，地下水中磷的多年平均含量为 0.03mg/L，没有明显的变化。与氮肥形成对比，虽然在降水和灌溉水的作用下，部分直接以化合物的形式淋洗到土壤下层，大部分最终以可溶解的硝酸盐氮亚硝酸盐氮、氨氮形式淋洗到土壤下层，尽管土壤能够吸附一部分，但大部分还是随水流渗入地下水中，从而对地下水造成氮污染。也就是在氮肥和磷肥相同当量的施用下，氮肥更容易对于地下水水质产生影响。基于农业化肥对地下水水质影响的机理分析，普遍认为秸秆覆盖等做法可以缓解化肥带来的地下水质问题，通过秸秆覆盖实现对轮作作物提高 N 的有效供应，减少水土流失，改善土壤的物理特性，从而节约养分，改善农业耕作对地下水水质产生的不利影响等。

在针对区域性的地下水水质演变以及成因分析中，往往结合区域地下水水文地质特性等因素。例如天津市区区浅层地下水，它是在大气降水、地表水等的综合渗入补给形成，这种类型的潜水处于地质、水文地质条件优越地区，其贮存、分布都比较稳定。新疆淖毛湖盆地下水水质分析在同一含水层组中，水质发生规律性演变。具体表现在随着径流途径增长，其水的矿化度、总硬度增大；同一钻孔上部含水层中水的矿化度、总硬度均高于较下部含水层水。淖毛湖盆地气候干燥，地表为极松散的戈壁砾石和砂土，地表植被稀少，蒸发排泄发育以及地下水埋藏较浅等因素导致了盆地地下水水质以上这样明显的变化规律。宁夏海原盆地从补给区到径流区到排泄区具有明显的分带性，符合干旱区盆地的水质演化规律，当地水岩相互作用从补给区的以溶滤—混合作用为主逐渐演变成排泄区的以溶滤—蒸发为主。某些地区地下水由近代河流岸边渗漏而成，沿河流展布方向呈带状分布，含水层厚度、分布范围和补给排泄关系受河水严格控制，因此河流的水质状况直接影响地下水水质的分布；在特定的岩层结构由降水等入渗形成的岛状潜水含水层，这种类型水一般没有储水好的砂层，大都是上部为黏性土、砂质黏土裂隙含水，底部为稳定的淤泥质粘性土隔水，潜水接受大气降水、地表水等淡水补给的机会较少，而与下部微承压水联系比较密切，因此这些地段的潜水与微承压水水质相近，矿化度较高，在类似区域的地下水水质就相对稳定，但是一经破坏也最难以恢复。由此可以看出，地下水水质的演变与成因分析中地质与水文地质因素起到很大的决定作用。在地下水水质的演变分析中，往往需要回溯到一个地区的水文地质实例，阐明该区域内的地下水的起源与形成等的先后关系，从而更好地了解了地下水水质的演变规律。

## 三、地下水水质分析的新技术

GIS（地理信息系统）在地下水水质分析中的应用是近年来在与实际问题相结合的过程中发展起来的技术，其目的是为了加强对区域地下水水质演变的时空分布分析能力。20世纪90年代末21世纪初的地理信息系统（GIS）技术的迅速发展使得GIS与各研究领域的结合成为热点。Dangermond提出了流域地下水环境质量综合评价中应用GIS解决问题的重要性，COOLS等和SARKAR等指出：将GIS与地表水和地下水进行耦合解决实际问题时，可以提高评价的精确性，减少在参数选择方面的主观性，从而增强地下水水质演变空间分布，时空特性的判断。在国内外在流域规模的地下水水质分析与研究中GIS已经成为分析计算不可缺少的工具。由于GIS可以很容易地实现图层叠加处理，将GIS和综合评价指数及机理模型进行耦合就能够实现模拟地下水污染物的运移规律和转化过程。因此，GIS成为实现流域地下水污染时空模拟分析、数据存储和可视化显示的最为有效的技术。GIS与模型的集成研究更为流域环境管理和决策分析提供了方法学的支持。同时，由于GIS能够直观图形化显示流域规模地下水环境污染的状况，解决了区域空间综合分析评价中因方法不当造成的误差问题，为决策分析系统提供理论依据和有效支撑。在GIS组件开发下，逐步实现流域水环境的信息系统化建设，形成无缝集成GIS功能模块和流域水环境模型于一体的地下水水质运移以及演变的全监控。

在流域规模地下水水质与GIS方法结合的拓展应用中，还可以为流域土地或环境规划的战略环境评价（SEA）提供量化分析方法，实现不同规划方案对地下水环境影响的情景分析，为SEA人员提供技术支持。我国关于流域规划的战略环境评价研究还处于初级阶段，需要进一步的形成统一、完善的理论体系，也缺乏一定的系统、有效的方法等。GIS强大的图形、数据库管理、处理、综合分析、建模等功能使得地下水敏感性分区图得以实现，利用GIS技术主要使用于大中区域地下水水质分析中的应用。地理信息系统的应用以及先进的地下水监测手段的出现目的都是为了实现信息的最大化；最大限度地获得信息，最大限度的利用信息和最大限度的实现地下水水质的监测与管理是地下水水质分析与研究一直追寻的目标，最终目的是能够实现地下水水质的模拟与预测。近年来，人们正在试图建立区域水质模型从而用有效解决地下水水质的模拟与预测等问题。由于天然含水层的非均质、人类活动的影响以及水动力弥散理论的不完善等方面的限制，使得地下水水质模型的建立存在困难，简单模型也受到应用上的限制。根据地下水的水量与水质两者相互影响不可分割，地下水水质模型多是从地下水水量模型延伸出来的。水量模型多是以渗透流速的 Darcy 定律为基础，渗透流速是一个在多孔介质的骨架和空隙上平均化了的假想流速，忽略多孔介质骨架结构、通道形状等复杂的微观情况，在实用上达到流量等效。而在水质模型中，隙内流速不同，同一孔隙内横断面上各质点流速不同，骨架的阻挡使水流质点垂直于平均流向波状起伏，这三种作用都对纵向水质的分布弥散有贡献，而横向弥散主要取决于第三项的波动情况。有限单元法和有限差分法也是常用的求解溶质运移问题的主要数值方法，对于以弥散为主或对流不占优势的情况下的对流—弥散方程而言，有限单元法和有限差分法的解的精度是足够的。而在对流—弥散方程中的对流项占主导地位时，有限单元法和有限差分法都会遇到困难，求解方程时会产生"过量"及"数值弥散"。"过量现象"是指在浓度锋面附近数值计算的浓度超过最大浓度值 1 和最小浓度 0，这种结果违背了基本的物理意义；而"数值弥散"是指对纯对流弥散采用有限差分逼近时其解的结果却呈现似有弥散的存在，这不是水动力弥散所致，而是有限差分逼近而形成的。为了从根本上解决"过量现象"及"数值弥散"，许多研究者通过理论分析或实践计算，找到了一些特殊的计算方法，包括上游加权法、特征值法、动坐标系方法与网格变形法、随机步行法以及引入人工扩散量法，从而建立起来可用于地下水水质分析的机理模型，实现地下水水质演变的模拟与预测。

# 第八章  环境地质

## 第一节  中国环境地质研究进展

地质环境是支撑人类生存和发展的重要基础。随着世界人口剧增和经济迅速发展，人类活动深刻影响了地质环境，全球性的环境地质问题频发，社会影响大。我国近 30 年来工业化、城镇化快速推进，国土结构急剧变化，土地、地下水、矿产等资源开发力度加大，地下水资源衰减、地质灾害、矿山环境地质问题、环境污染等问题较突出。截至 2016 年底，全国有 24 个省（区、市）存在不同程度的地下水超采，现有地下水降落漏斗 191 个，面积约 $8.4 \times 104 km^2$；有 21 个省（区、市）的近 102 个地级以上城市发生了地面沉降；2011 年以来我国突发性地质灾害造成直接经济损失超过 310 亿元，依然是制约经济社会发展的重要因素；地下水和土壤质量状况总体不容乐观，部分耕地和工矿废弃地土壤环境问题突出。这些问题加剧了资源、环境和人口之间的矛盾，威胁人类生存和可持续发展。在新形势下，我国社会经济发展和环境保护对环境地质工作需求越来越迫切。按照我国"五位一体"发展布局和生态文明建设要求，正确认识人类活动对地质环境的影响，掌握区域环境地质问题的特征和规律，是新时期地质工作的重要使命和重大课题，对于合理开发利用资源和保护地质环境、促进人类与地质环境的协调发展具有重要的现实意义。本书在简要回顾环境地质发展历程的基础上，通过梳理国内外环境地质研究主要进展，探讨未来环境地质研究的发展趋势和方向，有助于确定我国新时期环境地质工作重点，更好地服务于社会经济发展、资源环境保护和环境地质学科发展的需要。

## 一、环境地质研究的历史回顾

环境地质学作为人地关系发展的产物，以人—地相互作用和相互关系研究为核心，旨在服务于人与自然可持续发展，已成为当今国内外地质学界关注的热点。从学科内涵而言，环境地质学有广义和狭义之分。广义的环境地质学包括环境水文地质学、环境工程地质学、环境地球化学、生态环境地质学等，属于环境科学的范畴（徐绍史，2010）。狭义的环境地质学主要涉及与人类活动相关的地下水、地质灾害、矿山地质环境、水土环境等研究领域。本书立足于我国主要环境地质工作，从狭义角度总结国内外环境地质研究和学科发展进程，分析未来环境地质学科的发展方向，进而推进相关环境地质工作的开展。

## （一）环境地质研究起步阶段

环境地质学起源于 20 世纪 60、70 年代，是为减缓人类活动对自然的破坏、满足社会发展的需要而诞生的（哈承祐，2006）。当时美国、英国、西德等工业发达国家，已感到环境地质问题的迫切性，开始把地质灾害、资源开发利用等列为环境地质研究的范畴。Flawn（1970）较早对环境地质概念和研究范畴进行了探讨。Burton（1978）、Alexander（1983）等提出环境地质研究的主旨是了解地质环境与人类活动的相互作用，认识地质灾害的特征和规律，并预测其趋势。该时期为环境地质研究的起步阶段，我国在这一阶段对环境地质问题的认识和关注度总体较低，主要是为满足城市建设和经济发展需求，部署了少量水文地质、工程地质、地球化学等专项调查工作，并在地下水资源开发利用、地面沉降、地方病等方面开展了相关研究。

## （二）环境地质研究发展阶段

进入 20 世纪 80、90 年代，可持续发展得到世界各国的共识。随着《环境与发展宣言》、《21 世纪议程》等重要文件的出台，国际科学界启动了《国际地圈—生物圈计划》、《国际减灾十年》等重大国际计划。环境地质学以环境和灾害为主题，得到国际地学界广泛关注，逐步发展为地质学的一个分支学科，并推动了环境地质研究快速发展。在此期间，Keller（1982）定义了环境地质学是一门应用地质学，利用地质理论和方法研究人类活动与环境的相互作用，旨在减少人类活动对环境的负面影响，并提出解决方案。随后，西方国家相继启动了环境地质填图计划、地下水资源和水质评价计划等，服务于地质灾害风险评估和防控、土地利用评价和环境保护规划、地下水资源保护和水质改善、危险废物处置场地及重要工程选址，以及矿产资源开发和环境影响评价等。该时期的环境地质研究主要集中在地质灾害（地震、火山喷发、滑坡、地面塌陷、放射性物质和有毒废物危害）、海岸带环境问题（海岸线变迁、湿地退化、海湾和河口污染、洪灾等）、地下水资源保护和管理、能源开发及其对环境的影响、生态系统保护和农业发展，以及城市环境地质问题等。我国环境地质研究始于 20 世纪 80 年代，是面向国家改革开放时期重大工程建设和城市快速发展的需要而产生的。国内一批学者相继引入环境地质理念，并进行了深入讨论和研究，形成如下共识：① 环境地质是地质科学中一门新兴的应用学科，是环境科学的重要组成部分；② 环境地质学是应用地质科学、环境科学及其他相关学科的理论与方法，研究地质环境的基本特征、功能和演变规律及其与人类活动之间相互作用、相互影响的学科；③ 环境地质学研究对象广义上为人类社会与地质环境组成的复杂系统，即岩石圈与大气圈、水圈、生物圈的相互关系；④ 环境地质学着力为可持续发展战略服务。

在此期间，我国地质部门的改革和一系列工作计划任务极大地推动了环境地质学科的发展，特别是 1988 年原地质矿产部（1998 年以后为国土资源部）被赋予地质环境保护的职责，进一步将地质环境保护拓展到地质灾害等领域。该时期，我国环境地质研究主要集中在区域性环境地质调查与编图、水资源开发与生态环境问题研究、地质灾害防治等方面，先后开展了全国大江大河和重要交通干线沿线地质灾害专项调查、全国重点地区水资源与地质环境论证、以供水和工程建设及地质灾害防治为主线的重要城市环境地质调查等，编制完成了长江流域和黄河流域环境地质图系、以地下水和地质灾害等为主题的环境地质图件，初步建立起全国地质环境监测网，为国民经济建设和社会发展做出了重要贡献。此外，矿山环境地质研究也得到了重视和发展。

## （三）环境地质研究快速发展和完善阶段

21 世纪以来，全球和区域合作成为环境地质研究的重要组织形式，主要研究内容包括全球性气候、全球性海平面变化、全球物质和能量循环等。环境地质研究进入快速发展和完善阶段。美国、欧洲等国家逐渐确立了以问题为导向、以需求为研究目标的工作思路，环境地质研究在气候与土地利用变化、水资源利用和保护、地质灾害预警预报、城市环境地质、矿山环境地质、环境健康、生态系统等领域不断完善和深化。各种先进的物探、化探、遥感、地理信息系统、大数据等技术在环境地质研究中得到广泛应用，全球性和区域性的监测网络已经建成。

我国在此阶段确立了走可持续发展道路，将保护环境列为一项基本国策。在此背景下，国土资源部中国地质调查局组织实施了国土资源大调查计划（2000—2012 年），围绕国家发展和资源环境保护需求，先后部署开展了全国地下水资源与环境评价、城市环境地质调查与评价、大江大河（长江、黄河）环境地质调查、东南沿海及重要经济区环境地质调查、地面沉降调查与防治、地质灾害防治预警预报、矿山环境地质调查、地下水污染调查与防治等多项环境地质调查工作，基于工作成果编制了全国及地方环境地质图系，基本摸清了我国主要环境地质条件及问题；地下水、地面沉降、突发性地质灾害、矿山地质环境、水土地质环境等专业监测网形成并完善，监测预警能力显著提高；开发了各类环境地质信息系统，地质信息服务能力显著提升。近年来，围绕京津冀协同发展区、长江经济带、"一带一路"绿色发展以及集中连片贫困区脱贫攻坚等重大需求，中国地质调查局以"瞄准重大需求、解决重大问题、聚焦重大目标、形成重大成果"为导向，部署了重要经济区和城市群综合地质调查、地下水调查和监测、地质灾害调查和防治、矿山地质环境调查、资源环境承载能力评价与监测预警、地质数据信息服务等工程，编制出版了一系列支撑服务重要经济区和城市群规划建设的环境地质图集等，并形成一系列政策建议报告。基于以上工作，我国形成了环境地质研究的重点领域：城市环境地质、水资源合理利用和保护、地质灾害防治、矿山地质环境、环境污染和人类健康、农业可持续发展等。

## 二、国内外环境地质研究主要进展

结合国内外环境地质工作，重点从地下水开发相关的环境地质问题、突发性地质灾害、矿山环境地质、水土环境污染、地质环境承载能力等方面总结当前国际环境地质研究进展。

### （一）地下水开发相关的环境地质问题研究

水资源保护和合理利用是环境地质领域研究的重点和热点。20世纪以来，美国、日本、中国、欧洲及东南亚国家地下水开采量大幅增加，导致严重的地下水水位和水质下降、地面沉降、地裂缝等环境地质问题。基于此，国内外地下水研究重点逐渐从含水层调查与水量评价转向地下水环境评价、地下水资源保护和管理。目前，美国在水资源管理、地下水储量的人工补给、地下水污染防治等领域走在世界前列。此外，迫于地面沉降问题的严重性，联合国教科文组织成立了地面沉降工作组，显著推动了地面沉降成因机理、监测和损失评估、沉降发展过程模拟预测及防控技术等领域的研究，为地面沉降防治做出了重要贡献。我国自20世纪80年代以来开展了两轮全国地下水资源评价工作，编制了中国地下水资源与环境图集，评价了全国地下水资源开发利用潜力以及地下水资源开发相关的环境地质问题，提出了地下水资源可持续利用建议；开展了东、中部重点地区和城市地下水水质和污染调查评价，基本查明地下水质量和污染状况；开展了国家级及地方地下水监测工程，建立了国家、省、地（市）、县四级地下水监测网络，共计2万多个监测井，监控面积达$350×104km^2$。根据2016年底数据，全国约有一半监测区地下水位保持稳定，约有1/3监测区水位下降。全国地下水水质的发展变化趋势总体也不容乐观。

针对地面沉降和地裂缝问题，2000年以来主要开展了长江三角洲、华北平原、汾渭盆地、江汉—洞庭湖平原、京津冀等地区地面沉降地裂缝调查和监测等工作，建立了华北平原、长江三角洲、汾渭盆地地面沉降专业监测网，对地面沉降和地裂缝的形成机制、模拟预测、监测预警技术方法等进行了深入研究，基本掌握了地面沉降分布与演化特征，有效服务于全国地面沉降防灾减灾规划落实、重要城市群地质环境保障以及全国重大工程规划布局等决策管理。当前，国际地面沉降研究更注重理论模型探索和监测新技术新方法的应用，如多学科（包括数值方法、断裂力学、损伤力学等）融合，模型可视化技术和功能耦合模型建立，基于3S技术和地球物理勘探技术等完善监测预警、分级评估和防治措施的辅助决策体系等。我国在这些方面还需进一步加强研究。

### （二）突发性地质灾害研究

突发性地质灾害研究对象主要包括崩塌、滑坡、泥石流、地面塌陷等，一直是国际环境地质研究的重点。国外发达国家非常重视滑坡灾害减灾防灾的理论、方法和技术研究，特别是2000年以来，在特大滑坡成灾模式研究、高精度监测预警技术、风险评估方法、防治技术研发等方面取得了明显进展。在滑坡监测预警方面，美国、日本、意大利、德国、法国等研究水平较高，在监测传感器、数据采集、传输与分析等领域取得了很多先进成果。美国地质调查局在全国建立了多处滑坡体水文实时观测基地，并与气象机构合作建立早期监测预警系统；日本在滑坡观测试验和预测模型研究方面处于世界领先地位；德国利用雷达卫星数据进行干涉数据处理，监测精度可达到毫米级，在滑坡监测中发挥了巨大作用。近年来，许多国家把滑坡风险评估研究作为限制滑坡影响区发展的强有力工具，发布了滑坡风险评估指南，用于指导滑坡灾害综合防灾减灾管理。关于自然灾害保险，法国、挪威、英国等建立了较完善的巨灾保险机制以及具有一定强制性的保险制度，但滑坡灾害保险尚未普及。

我国是世界上突发性地质灾害最严重的国家之一，防灾减灾形势依然严峻。2000 年以来，我国相继部署开展了重大工程建设项目的地质灾害评估、全国地质灾害调查与区划、地质灾害群测群防体系建设、典型地区地质灾害专业监测预警示范、全国地质灾害数据采集与监测预警等工作，加强了地质灾害调查评价、监测预警、应急处置和工程治理工作，建立了较完善的地质灾害综合防治体系；编制了全国及地方地质灾害发育分布、易发性、危险性评价等图集，基本掌握了地质灾害类型及其发育分布特点，建立了地质灾害监测预警体系，开发了全国地质灾害信息系统。地质灾害减灾防灾科学技术研究取得了明显进展，在特大型滑坡识别、应急救灾关键技术、监测预警预报、灾害强度与风险快速评估技术等取得了一系列成果，建立了从地质灾害调查、监测预警和防治为一体的减灾防灾研究体系和基地，培养了大批人才，具备了良好的产学研结合基础，为国家地质灾害减灾和公共安全提供了技术支撑。特别是三峡库区、地质灾害多发山区研究形成的技术理论、方法及应用，促使我国地质灾害防灾减灾的科技水平整体居于国际先进地位。

面对极端条件的频繁出现，地质灾害变化多端，滑坡—碎屑流、滑坡—涌浪等灾害链频发，已有的地质灾害理论与技术方法仍不能满足防灾减灾严峻形势的需要。与国外发达国家相比，我国在滑坡灾害防治的基础研究、关键技术研发方面仍存在一定差距，主要表现在：特大滑坡失稳机理和演化过程的基础研究不足；滑坡灾害快速识别的新技术应用程度不高；复杂环境下的监测预警技术不能满足需求；地质灾害链空间预测与风险评估技术尚处于探索阶段，风险评估的精确性有待提高；商业保险还没有成为地质灾害风险补偿的重要手段；地质灾害治理工程的风险理念和技术标准等还有待进一步完善。

## （三）矿山环境地质研究

矿山环境地质主要研究矿产资源开发活动与地质环境之间相互影响与制约关系，在合理开发利用矿产资源的同时，减少和减轻矿山环境地质问题，促进矿业健康发展。早在20 世纪 70 年代，美国、加拿大、澳大利亚、德国等矿业发达国家就十分重视矿山环境的保护和治理。近十几年来，矿产资源开发与环境保护一体化已成为当前国际矿业发展的重要趋势。

　　我国矿山环境地质研究主要集中在矿山环境地质问题的形成机理、环境影响评估、土地复垦和生态环境修复、矿山地质灾害防治、固体废物堆放填埋和处理、环境污染治理等。2002 年以来，我国组织开展了两轮全国矿山地质环境摸底调查、重点矿区矿产资源开发遥感调查与监测、矿产资源集中开采区和青藏高原生态脆弱区矿山地质环境详查等工作，覆盖 11 万多个矿山，初步查明了我国矿山地质环境现状，编制了全国性和地方性矿山环境地质图系，建立了全国矿山地质环境调查数据库及信息系统；在湖南、湖北等地区建立了矿山地质环境监测示范区，探索了矿山环境监测技术方法。这些工作为全国矿产资源规划编制、矿山地质环境保护与恢复治理、矿山"复绿行动"等提供了重要的决策依据。

## （四）水土环境污染研究

　　水土环境污染研究内容主要包括污染预防、风险管控和治理修复，目的是改善环境质量。其中，水土污染修复研究作为国际前沿，已被提到保护人类健康和社会持续发展的高度。20 世纪 80 年代以来，美国、日本、澳大利亚、欧洲各国制定了水土污染修复计划，涵盖调查评估、方案设计、修复工程、设备制造、药剂研发应用等方面。美国先后部署了针对地下储油库污染清理项目、污染场地超级基金清理项目、针对废弃或闲置的污染场地的棕色土地清理项目以及针对美国国防部军事污染修复项目等，研发了物理、化学、生物修复技术和设备，并开展了一系列的修复工程。基于此，美国构建了完善的水土污染修复技术体系以及行业产业链，走在世界前列。

　　我国水土污染修复工作起步较晚，相关技术和经验与欧美国家相比还存在较大差距。2000 年以来，水土污染修复列入国家高技术研究规划发展计划，截至 2016 年底，我国共部署相关项目 142 项，其中 863 计划 37 项，973 计划 10 项，科技支撑项目 56 项，公益性行业项目 39 项。经过十多年发展，我国初步建立了持久性污染物、石油与挥发 / 半挥发有机污染物及重金属污染场地修复技术体系、成套设备和集成应用系统，研发了水泥窑协同处置、土壤洗脱、热脱附技术、原位加热、固化 / 稳定化、化学氧化 / 还原、可渗透反应墙等技术，污染场地修复技术向多样化、复核化、一体化快速发展。但是，目前仍然缺乏水土污染修复的相关规范以及工程应用，并且还未能将土壤及地下水作为有机整体进行综合治理。值得一提的是，2015 年以来，国务院先后颁布实施了《水污染防治行动计划》、《土壤污染防治行动计划》，这两个计划的出台是我国水土环境管理领域的一个标志性事件，将极大地推动我国水土污染修复发展。

## （五）地质环境承载能力研究

　　资源环境承载能力既是一个区域性问题，也是一个全球性问题，作为衡量人地关系协调发展的重要判据，是衡量区域可持续发展的重要指标之一。美国、日本等国家已将资源环境承载能力的理论应用于环境规划与管理，进而指导社会经济发展。国内外研究热点大多集中在要素承载能力方面，如水资源、土地资源、环境承载能力研究等，同时在资源环境综合承载能力研究的理论、方法和应用方面也取得了一定进展。我国继 20 世纪 90 年代三峡库区移民迁建新址重大地质灾害防治研究以及 2008 年汶川灾后重建选址地质安全与水土资源保障程度综合评价研究之后，资源环境承载能力评价首次作为基础性科技支撑工作，为库区迁建和灾后重建规划提供了科学依据和技术支撑。其中，地质环境作为资源环境承载能力评价的要素，被纳入资源环境承载能力体系，并成为一个新的分支。地质环境承载能力评价在玉树、舟曲、芦山灾后恢复重建规划和重建工作，以及环渤海地区国土规划编制中得到应用，为我国国土空间规划和社会经济发展规划提供了重要决策支撑。在中共中央要求"建立资源环境承载能力监测预警机制，对水土资源、环境容量和海洋资源超载区域实行限制性措施"的背景下，国土资源部中国地质调查局部署开展了全国资源环境承载能力调查评价、全国地质资源环境承载能力评价与监测预警等工作，编制了《国土资源环境承载能力评价技术要求》（试行），并在全国、省、市、县域尺度开展实证研究。2016 年，国家发改委、国土资源部等 13 部委联合下发"关于印发《资源环境承载能力监测预警技术方法（试行）》的通知"，要求各地和有关部门参照执行。我国资源环境承载能力评价和监测预警研究进入全面试行阶段。目前，北京、上海等地区正在组织开展支撑土地利用规划的地质环境成灾能力评价，以及地质环境承载能力评价监测预警等工作。

## 三、中国环境地质研究展望

当前，我国正致力于"富强、民主、文明和谐的美丽中国"建设，生态文明建设作为中华民族永续发展的千年大计，已上升为新时代要求的重要组成部分。无疑，环境地质研究已经成为生态文明建设和可持续发展的重要基础性工作。面对"强化水污染防治、土壤污染管控和修复；实施重要生态系统保护和修复重大工程，强化湿地保护和恢复；加强地质灾害防治；建立以国家公园为主体的自然保护地体系"等迫切需求，我国环境地质工作面临新的挑战和机遇，必须朝着服务城市发展、统筹谋划水资源可持续利用和管理、加强地质灾害综合防治、服务和支撑生态地质环境管理、加强地球关键带相关问题研究等方向发展。基于以上考虑，未来我国环境地质研究的重点领域和工作方向主要包括以下方面：

（1）在城市环境地质方面，聚焦重要经济区和城市群建设的重大问题和需求，开展全要素城市环境地质调查、城市地下三维地质结构探测和建模，加强工程建设和地下空间开发适宜性评价，评估城市地下空间资源潜力和利用前景。构建多要素的城市地质环境综合监测网以及评价技术方法，评价资源环境综合承载能力。建立城市地质信息服务平台，包括三维可视化地质模型及综合地质信息系统研发，基于平台实现地质信息的共享与服务，探索为城市规划、建设和运行管理全过程提供精准服务的表达形式和应用服务机制。

（2）在地下水资源利用和保护方面，统筹谋划开展新一轮全国地下水资源评价，评价全国地下水资源开发利用潜力及相关环境地质问题，提出地下水资源可持续利用方案建议。围绕国家生态保护需求，开展典型区水文地质环境地质调查，研究湿地系统等生态水文演变过程和驱动机制，以及地下水开发利用与生态环境调控。基于国家级地下水监测工程，健全完善各级地下水监测网，提升自动化监测能力建设，增加监测要素和数据参数，实现实时传输和快速响应。

（3）在地质灾害综合防治方面，加强威胁城镇、重要交通干线和水电设施、重要矿山的地质灾害调查与评价，开展复杂条件下地质灾害致灾机理与时空演化规律研究，研发地质灾害链动态预测及智能互联监测预警技术，开展基于环境因素变化的滑坡动态定量风险评估研究，探索地质灾害保险机制并提出相应的技术标准。同时，完善各级地质灾害信息网络，提高地质灾害评估和预警的及时性和准确性，健全地质灾害应急反应体系和响应机制。

（4）在生态环境地质方面，进一步开展地质遗迹调查和评价，加强地质遗迹成景机制、模式及景观保护分级研究，明确保护与开发利用的主次。促进地质遗迹研究成果转化，推动地质文化村镇建设，探索地质遗迹资源、特色农产品、民俗文化和人文景观等资源相互融合机制。

（5）在地球关键带相关问题研究方面，加强以土壤、包气带、含水层为重点的地球关键带的综合调查监测，研究关键带的物质流和能量流传输，尤其是化学物质、污染物的迁移转化过程和相互作用，充分融合地质科学与地理科学、海洋科学、气象科学、水文科学、生物科学等相关学科，解决更综合、更复杂的生态问题。

环境地质问题已引起全球广泛关注。本书在简要回顾环境地质学科发展历程、梳理国内外典型环境地质问题的基础上，着重总结了近十余年来国际环境地质研究的主要进展。结合我国生态文明建设需求，提出了未来环境地质研究的发展方向和重点领域：服务城市发展、统筹谋划水资源可持续利用和管理，加强地质灾害综合防治，支撑生态地质环境管理，加强地球关键带相关问题研究等。

未来环境地质研究仍然应以人 - 地相互关系为核心，精准服务社会可持续发展。同时，更加关注生态环境的系统保护和管理，强调学科交叉和新技术新方法研究；结合生态文明建设和发展需要，进一步拓展学科研究领域，不断丰富环境地质理论体系和应用实践。

# 第二节 生态环境地质

## 一、今天的环境观

人类居住的地球是一个由大气圈、水圈、生物圈、固体地球以及"人类圈"等构成的复杂巨系统。几大圈层之间相互联系、相互作用、相互依存、相互协调与发展，显示了我们这个蔚蓝色星球的蓬勃生机，并构建了人类生存与发展的"摇篮"。然而，随着经济的发展和社会的进步，人类活动的空间和规模在迅速增大。今天的人类活动已成为地球上最为活跃的因素，对岩石圈表层环境的影响与改造日益剧增，成为与自然地质作用并驾齐驱的营力，某些方面甚至已超过自然地质作用的速度和强度，在当今全球变化中起着巨大的作用，成为影响环境的重要力量。这种影响的具体结果就是地质灾害的屡屡发生，强度与频率增大，人类辛辛苦苦所创造的财富蒙受损失。人类在影响和改变地质环境的同时，也在影响和改变着水圈）生物圈环境，最为典型的表现就是森林的集中过度采伐，采充失调，森林生态系统遭到破坏。其结果一方面是加剧了水土流失，另一方面则使地质环境失去了良好的庇护，加速了地质环境的退化，致使滑坡、泥石流等地质灾害频繁发生。可见，今天人类赖以生存的环境应该是由地球岩石圈表层地质环境、大气圈环境、水圈）生物圈环境、人类圈环境共同构成的复杂体系。这些圈层或环境系统相互渗透与交织、相互联系与作用，构成人类生存与发展的环境总体，地质环境更构成了水圈）生物圈环境的载体。个圈层中任意一二个圈层的变异均将造成总体环境平衡状态的破坏，从而导致环境的变化，乃至恶化，不同程度地威胁着人类的生存与发展。这就是今天的环境观。人类活动与地质）生态环境之间相互作用的问题，是一个自然过程与社会发展互馈的问题。调查、研究这些人类活动与地质）生态环境的相互影响效应，提出评价、预测和控制的方法与途径，以规范人类活动行为，提高生态）地质环境质量，减轻环境灾害对人类的威胁，这就构成了今天我们开展生态 " 环境地质调查的主体。

## 二、生态环境地质的基本概念与体系构架

据上述环境观，地质环境与生态环境有着最为密切、最为直接的联系，它们构成了一个相对完整的概念，构成地球环境巨系统中一个既相互作用、相互影响、相互制约，又相对统一的整体，对它们任何一者的研究与评价都离不开另外一方面。我们将这个相对完整的系统称之为生态地质系统，这个系统相对"人"这个主体而言，就构成了"生态地质环境""生态环境地质"调查与研究的主要目标是查明人类活动与生态地质环境的相互作用和相互制约关系，通过规范人类活动行为和制定合理的措施，实现对生态地质环境的妥善保护、合理开发与科学重建。从这个意义上来理解，生态环境地质调查与评价的最终目标是协调人 " 地 " 生关系，提高生态地质环境质量，促进生态环境保护与重建，减轻和避免环境灾害风险，从而促进社会经济的可持续发展。

"生态环境地质"的提出使环境地学工作者从更高、更系统的层次上来认识地球环境，更直接地参与环境问题的解决，并进一步拓展其工作领域。从生态地质环境系统本身来看，这个由生态环境与地质环境相互关联形成的相对统一的整体具有以下特点：

（1）地质环境是生态环境的载体。在地球环境系统的各个组成部分中，地质环境是最为基础的，不仅生态环境，其他环境，如水圈环境、人类圈环境等都是以其作为承载体的。

地质环境的不稳定性必然带来其他环境条件的改变，受影响最直接的、表现最突出的就是直接附着其上的生态环境。地质环境的基本条件及其优劣，直接影响到生态环境的质量。

（2）生态环境是地质环境的"屏障"。生态环境，尤其是森林生态环境对地质环境的保护作用是巨大的。

（3）相对生态环境而言，地质环境具有不可恢复性。

从生态地质环境的上述特点来看，"生态环境"与"地质环境"两者之间存在一种动态的平衡关系。一方面，我们要努力做到生态环境与地质环境的协调发展，另一方面，在把握地质环境与生态环境的关系上，要始终把生态环境放在主动的地位上。因为，生态环境的恢复与控制具有相对的可操作性，同时，生态环境与人类活动的关系更为密切。从这个角度来理解，我们现阶段开展的生态环境地质调查，也可以理解为服务于生态建设与生态环境保护的地质调查，这是生态环境地质调查有别于其他传统地质调查的不同之处。

根据以上讨论，我们可以构建生态环境地质工作的基本构架，其工作目标如下：

①获取能全面反映调查区生态环境地质条件的各类信息，并通过编图，以生态环境地质图系的方式进行表达。

②对生态环境地质条件进行综合评价（包括环境系统脆弱性评价）。

③专题评价。包括：生态环境恢复的地质适应性评价、地质环境质量评价、生态地质环境容量评价、土地资源利用与开发评价、水资源与水环境评价。

④风险评价与成本 " 效益分析。包括：土地资源开发的环境灾害风险分析、流域开发的成本效益分析、地质灾害的风险评价、水资源开发的成本 " 效益分析、退耕还林的成本 " 效益分析。

⑤风险控制与管理。根据对生态地质环境的评价及人类活动的风险分析（或成本效益分析），建立基于风险管理的地区生态地质环境保护措施与控制对策。

# 三、生态环境地质调查、评价的程序与技术支撑体系

生态地质环境的复杂性、人类活动的多样性、灾害过程的随机性和结果的非确定性，致使生态地质环境评价不仅是一个信息高度集中，而且也是一个在决策上对信息依赖程度很高的领域。实际上，在整个生态地质环境评价和管理决策中，都必须有高度发达的信息技术为支撑，这一点，随着当今环境问题的突出而表现得愈发强烈。根据国内外在这一领域及相关领域的发展状况和中国目前的实际发展水平，我们构建了生态环境地质调查的基本程序及相应的技术系统。作为一个全面的支撑系统，它包含了以下几部分或子系统。

## （一）现场数据采集与信息获取技术系统

现场数据采集是生态地质环境调查的基础工作。这个系统所涵盖的信息一般包括两个部分：即生态地质环境条件信息和随时间变化的动态息。前者是通过一定比例尺的地质调

查或测绘获得的，包括诸如测区的地形地貌、地层岩性、地质构造、水文地质条件、地震烈度背景、降雨强度空间分布、植被发育、土地类型、地表水文、气象及人类活动状况等；后者主要靠实时监测获取，如植被的变化、土地利用的变化、气候的变化及人类活动的变化等。

## （二）建模分析与评价系统

这个系统的目标是在上述信息系统的基础上，根据不同的目的，按一定的规则或数学模型对各种信息进行综合处理与分析，从而实现生态环境地质综合评价和各类专题评价的环节。

与分析评价相关的另一依赖数据信息的重要技术就是"三维可视化建模"，尤其是"虚拟现实"技术的开发。近几年数字摄影测量的发展，已经能够在计算机上建立可供量测的数字虚拟技术。当然，当前的技术是对同一实体拍摄相片，产生视差，构造立体模型，通常是当模型处理。进一步的发展是由三维数据通过人造视差的方法，构造虚拟立体图像。将虚拟现实技术与环境调查信息相结合，可以逼真地再现环境形成，并预演其未来发展过程。

## （三）风险评价与风险管理决策系统

生态地质环境评价的最终目标是消除或降低环境灾害对人类活动的威胁。这里的"威胁"实际上包含了"风险"的概念，因为，"威胁"的存在总是相对的，是相对可能的财产损失和人员伤亡而言的。如果环境灾害发生在人口稠密或重要的经济区带，尽管这个灾害的规模较小，但其威胁是大的，在这种情况下，灾害的风险水平就较高。上述情形反之亦然。因此，确定环境灾害的风险（风险评估）是灾害防范决策的基础依据。只有在风险评估的基础上，进行与灾害防治相关的"成本"和"效益"分析，即"费 % 效"比分析，才能为环境的科学管理提供决策依据。这方面的工作国外一般称为"灾害的风险管理"。

生态地质环境的风险管理是一项复杂的工作，它不是一个纯技术决策问题，而是集技术决策、政府管理（政策）、社会参与、法律制约及成本核算、效益分析等为一体的综合决策行为，是生态地质环境管理的高级阶段。加拿大、美国和中国香港特别行政区是开展这项工作最早的，也是最为成功的国家和地区。但中国大陆目前这项工作还做得很少，基本上没有形成完整的体系和方法；而实施这项工作，对我们实现环境的科学管理具有十分重要的意义。

## （四）网络通信与成果发布系统

通过计算机网络将前述生态地质环境评价的成果按不同层次的需要实时地向决策机构、政府部门及公众等发布。一方面，为政府决策提供强有力的技术支撑，另一方面，满足社会及公众对信息资源不断增长的需求。

# 第三节　环境地质调查

我国的地质环境复杂,不同类型地区如黄土高原、岩溶地区、西北戈壁沙漠及青藏高原、沿海三角洲平原等均具有典型特征,分别存在不同的环境地质问题,特别是人类经济工程活动所引起的环境地质问题如铁路滑坡、水土流失、地表、地下水的污染等一系列问题。

我国环境地质调查是随着国民经济发展逐步开展起来的,同时也是水文地质工程地质调查工作发展到一定阶段的必然产物,因此环境地质工作的发展与水文地质工程地质工作的开展有着密切的联系。

我国环境地质事业与水文地质工程地质事业一起经历了坎坷曲折的道路。20世纪50年代初我国水文地质工程地质事业开始创建与初步发展;50年代末—70年代中期水文地质工程地质工作受到"大跃进""文化大革命"严重的打击;十一届三中全会以来环境地质调查工作与水文地质工程地质工作一起走向了健康发展的道路,进入了振兴开拓的大发展时期。

改革开放以来经过二十多年的发展,无论是环境地质调查的研究内容与范围还是理论与方法都得到了大力发展并取得了许多丰硕的成果,但从整体来看我国环境地质调查工作还处于起步阶段,各项工作都需要不断提高与创新。为了能更好地把握环境地质调查工作的发展方向,尽快缩短与社会需求和国际环境地质调查工作整体水平的差距,需要我们在认真学习、借鉴国外先进研究成果的同时要清楚的了解我国环境地质调查工作自身的发展历程并从中总结出其发展规律。

## 一、历史分期研究及划分依据

本书所讨论的我国环境地质调查工作发展的分期问题,是以环境地质工作在国民经济发展中的地位逐步提高为主要依据,通过国家五年计划中对水文地质工程地质工作几次重大调整以及理论与方法的重大变化为转折,环境地质方面几次重大工作部署为主要标志,大致把我国环境地质调查工作的开展分为四个发展阶段即1952—1972年初始与动乱阶段;1973—1986年振兴开拓阶段;1987—1997年全面发展阶段;1998年至今,为繁荣阶段。

### (一)初始与动乱阶段(1952—1972)

这一时期可称为环境地质调查工作的初始与动乱阶段。1952年中央人民政府地质部成立,在地质部地矿司下设立工程地质组开始创建水文地质工程地质事业。

解放初期为了尽快摆脱洪水灾害,首先把根治水害、开发水利列为一项重要任务。地质部与水利部门合作陆续完成了大型水库坝址的工程地质勘探,为初步控制洪水灾害做出了贡献。地质部与铁道部合作共同进行了铁路新线的工程地质勘察。1956 年为适应国家第一个五年计划建设的要求地质部召开了第一届水文地质工程地质协作会议，提出为了国家工农业发展的需要地质部门把重点从工程地质工作转向水文地质工作，明确了水文地质工程地质工作的方向，突出了区域水文地质工程地质普查工作，这是水文地质工程地质工作的一个重要转折点。

在这一时期的水文地质勘察中环境水文地质工作得到了初步发展，但是在之后的"大跃进"时期受到了挫折，20 世纪 60 年代初期经过重新调整环境地质事业出现了大好形势，但是好景不长 1966 年开始的国内动乱使环境地质工作又受到了打击，全部工作长期陷入停滞状态。

虽然这一时期我国处于国民经济发展初期阶段和社会发展不稳定时期，环境地质调查工作还只是零星的，不成系统的调查工作，成果不多但是意义重大，为后来环境地质事业大发展时期奠定了坚实基础。

## （二）振兴开拓阶段（1973—1986）

20 世纪 70 年代初，特别是 1973 年 8 月，国务院在京召开第一次全国环境保护会议，提出了"全面规划、合理布局、综合利用、化害为利；依靠群众，大家动手；保护环境，造福人民"的环境保护方针，指明了我国环境保护工作的方向，推动了我国环境地质事业的发展。北京、上海、武汉、沈阳、西安、包头等几十座大城市相继有计划地开展了环境水文地质调查和地下水污染监测。

1977 年 7 月国家地质总局在长春市召开了第一次全国环境水文地质工作经验交流座谈会，确定了以地下水污染调查监测和地下水环境质量评价为中心的城市环境水文地质工作方针，对我国全面开展环境地质工作起到了积极的促进作用。

1978 年召开的党的十一届三中全会是建国以来党的历史上具有深远意义的伟大转折。环境地质工作随着水文地质工程地质工作一起进入了一个新的发展时期，其主要标志是根据中央"调整、改革、整顿、提高"的方针地质部认真贯彻了坚持以地质—找矿为中心的指导思想调整，提高了水文地质工程地质环境地质工作的地位，与矿产地质工作摆到了同等位置。经过调整全国水文地质工程地质环境地质队伍有较大发展，地质系统由 3 万人增加到 5 万人，有的省、市、自治区地质局为了加强水文地质工程地质环境地质工作，由原来的一两个水文地质工程地质环境地质队增加到三个或三个以上。

这一时期水利电力、铁道、冶金、煤炭、环保等部门也都建立了兵种齐全并具有相当规模的水工环地质专业队伍，特别是环保部门与水利部门发展较快。为了适应国家战略布局要求，在任务部署上把能源基地、经济开发区、沿海开放城市及国家重大工程项目的勘察工作作为环境地质工作的重点。在污染调查的基础上开展了地下水环境质量评价工作。

随着改革开放，这一时期社会经济建设得到大力发展，在西方新技术方法和计算机技术不断引进的同时国内也加快了新技术新方法的探索与试验工作。环境地质调查工作从中得到了巨大发展。其中最突出的就是环境水文地质方面的调查工作，已经由局部工作进入到全面发展，对城市环境水文地质由现状调查评价进入到趋势预测评价，由现象研究深入到机理机制的研究，由数理统计分析进展到数字模型的建立和微电脑技术的应用，使环境水文地质工作进入到一个蓬勃发展的新阶段。同时我国已初步开始开展包括环境地质调查在内的城市基础地质调查工作。

## （三）全面发展阶段（1987—1997）

这一时期，大量环境地质问题的出现，国家建设对地质工作在地质环境开发和保护方面要求的提高，以及国际环境保护、交流工作的加强，为我国环境地质学的发展提供了客观的机遇和条件，也对我国环境地质工作提出了艰巨任务和具体现实要求。为推动我国环境地质调查研究工作的开展和环境地质科学的发展、交流活动，我国先后成立了环境地质或与此相关的学术机构并在我国举行了一系列国际、国内学术会议。如1987年3月中国地质学会正式成立环境地质专业委员会并召开了全国第一届环境地质学术交流会议，着重对区域环境地质、城市环境地质、地震地质灾害、环境水文地质和环境地质制图以及新技术、新方法在环境地质调查研究中的运用等进行了交流讨论。这次会议是新中国成立以来首次比较系统地对环境地质调查工作及环境地质学的讨论，为环境地质调查工作的全面开展具有重大的历史意义，标志着环境地质调查工作进入全面发展新时期。

1988年政府机构改革中，国务院赋予原地质矿产部以地质环境保护的职责，表明我国已将环境保护扩展到人类活动涉及的岩石圈表层的范围，从而更科学、系统、全面反映了自然环境的内涵。

七五—九五计划期间为环境地质调查工作发展的重要时期，这一时期国家的环境地质研究项目增多，环境地质调查工作的工作任务与方法也发生了重大改变。这一时期是环境地质工作的大发展时期，其工作方法和工作任务都发生了根本的变化。在环境水文地质方面，由于地下水系统论和非稳定流理论的输入，以数值解或解析解为代表的现代应用数学以及计算机系统的广泛应用，使地下水资源的研究和范畴发生了根本性的变化，把调查的主要目标逐渐转向如何合理开发、利用、调控和保护地下水资源，使之出于对人类生活与生产最有利状态。

由于国内许多大型工程项目先后上马，相关的调查工作也相继开展。如沿海城市、三峡库区、大河流域等环境地质调查。国家开始重新重视工程地质工作，环境工程地质调查工作此时得到了充分发展。在技术方面基于GIS的地质环境空间分析模型的开发研制，水工环空间数据格式与图式图例标准的提出，使地理信息系统在环境地质调查中的应用进入实验阶段，至此地质工作的信息时代即将到来。

同时随着可持续发展观念的提出，给地质科学的发展提出了更高的要求。国际上地质科学新理论、新技术的交流与合作变得日益频繁，大大加快了环境地质调查工作与学科发展的步伐，为迎接新世纪所面临的新环境地质问题和新挑战奠定了坚实的基础。

### （四）繁荣阶段（1998 至今）

1979 年形成"以地质—找矿为中心"的方针，大体上延续到 20 世纪末期。在新旧世纪之交，可持续发展被确立为中国的基本战略。地质工作也重新定位为经济、社会可持续发展的支柱性、基础性工作。为增强地质工作对经济、社会可持续发展的保障能力并谋求地质工作自身的可持续性，我国地质工作的重心由以找矿为主转变为资源与环境并举，推动地质工作向多目标、多功能方面战略转移。这一时期环境地质调查工作进入到繁荣阶段。

1998 年 4 月，国务院以国发［1998］05 号文件下达关于撤销地质矿产部的通知，由原地质矿产部、国家土地管理局、国家海洋局、国家测绘局组成国土资源部，原地矿部地质环境管理司改为地质环境司，次年成立中国地质调查局。根据国民经济和社会发展对国土资源的需求，经国务院批准国土资源部组织开展了新一轮国土资源大调查并制定了《新一轮国土资源大调查纲要》和《国土资源大调查"十·五"规划》。新一轮国土资源大调查不同于前次区域大调查，其采取新机制、新思路，运用新理论、新技术，认真组织实施，计划实施"一项计划、五项工程"，新一轮国土资源大调查属于基础性、公益性和战略性的工作范畴，是一项巨大而复杂的系统工程，主要包括了区域地质与矿产资源调查、区域性综合生态环境地质调查（水工环境地质调查的总称）与地质灾害多发区的灾害地质调查。

随着 21 世纪我国可持续发展战略的提出，如何合理调整人类的活动方式，促使经济发展与人口、资源、环境相协调，是实行可持续发展战略的先决条件和基本任务。作为国土资源部开展新一轮国土资源大调查的重要内容之一的环境地质调查，其研究范畴随着环境地质问题日益复杂和综合而延伸到更广的领域。如矿山地区环境地质调查、生态环境地质调查等工作的开展就是很好的证明。

## 二、环境地质调查工作近期的进展

我国开展环境地质调查研究的前身是 20 世纪 50 年代中后期所开展的省（区）级水文地质区划和工程地质区划，它们除反映地区水文地质、工程地质特征和工程地质区划外，着重研究、反映了与工农业规划布局有关的区域水文地质、工程地质条件。自改革开放以来专门性或与环境地质有关的调查研究工作得到了全面的开展并取得了丰硕的成果，内容十分广泛。按调查研究区域的大小、调查研究性质、服务对象与任务的不同，环境地质调查研究大致划分为区域环境地质调查、城市环境地质的调查、地方病与水土污染的调查、重大工程建设地质灾害的调查和矿山环境地质的调查、生态环境地质调查等。

### （一）区域环境地质调查研究

这项工作主要是为国民经济规划布局服务，结合编图所进行的一项区域性综合研究工作。根据目的与要求的不同大致分为 5 大类：

### 1. 编制全国性的图系或图集

为配合"国际减灾 10 年"及迎接第 30 届国际地质大会（1996），由地质矿产部中国水文地质工程地质勘察院组织各省共同编制出版了《中国环境地质图系》、《中国分省地质灾害图集》以及相当文字说明的专著《中国地质灾害》。其中《中国环境地质图系》由地质基础图组、地质资源图组、地质灾害组和环境地质评价与合理开发利用和保护图组组成，包括 18 个图幅，比例尺 1 ： 600 万，分两次完成，1991 年通过国家验收 11 份图件，1992 年出版了由段永候主编的 1 ： 600 万《中国环境地质图系》，图系以工程地质内容为主，1996 年完成剩余 7 份图件并验收，图系以环境地质内容为主，研究方法采用先进的 GIS 技术，将我国水工环领域长期积累的丰富的、有使用价值的综合性研究成果图资料由传统的纸介质产品转换成既有空间关系又含属性特征的数字化产品。重点反映了滑坡、崩塌、泥石流、土壤侵蚀、岩溶塌陷、地面沉降、海水入侵、土地沙漠化、盐泽化、沼泽化、特殊类土等主要地质灾害类型，形成、分布、发育规律，有的图幅还对灾害损失评估和发展趋势做了预测，具有较高的科学性、实用性，对国土规划、合理开发利用矿产资源、地质环境的保护具要重有的价值，亦是教学，科学研究重要的参考资料。图系在第 30 届国际地质大会上展讲，受到国内外同行的好评。

此外地矿部地质环境管理司与国家计委国土规划司编辑出版了《全国国土综合开发重点地区水资源和地质环境评价》，其比较系统地论述了我国 17 处重点经济区的地质环境概况与存在问题。

### 2. 按省、市、自治区编制出版的图系或图集

"八·五"期间原地质矿产部开展了分省 1 ： 50 万环境地质调查，历经 3 个五年计划，累计完成了 29 个省（区、市），基本涵盖了我国陆域范围，取得了丰富的、系统的、海量的环境地质信息资料。分省（区、市）环境地质调查填补我国环境地质调查空白，这项调查在国际上也尚无先例，其内容主要包括：①《省（自治区）环境地质调查基本要求（比例尺 1 ： 50 万）（试行）》、《（省、自治区）环境地质调查空间数据格式与图式、图例标准（试行）》；②北京等 29 个省（区、市）1 ： 50 万环境地质调查报告；③北京等 29 个省（区、市）环境地质调查评价图件 133 张，包括环境地质图、地质灾害分布图、地质灾害发育强度分区评价图、地质灾害危险程度分区预测和环境水文地质评价预测图。

在此基础上 2002 年中国地质调查局启动了全国 1 ： 50 万环境地质调查信息集成及综合研究工作，最终出版《中国主要环境地质问题》一书，本书分别在全国和省（区、市）级两个尺度上论述了岩土位移、地面变形、土地退化等环境地质问题。本书总论在概要论述我国环境地质背景的基础上分别论述了各主要环境地质问题的概念内涵、发育分布规律、主要危害、形成条件与影响因素、历史演化与发展趋势并提出了防治对策；分论除概述省（区、市）域范围内主要环境地质问题特征外还进行了地质灾害发育强度分区评价、地质灾害危险程度预测评价和环境地质分区及评价。

### 3. 按流域编制的图系和相应的文字报告

1985—1987 年地矿部环境司组织有关省区水文地质队合作，结合流域规划分别编制了长江流域和黄河流域比例尺为 1 ： 200 万的环境地质图系及说明书。

其中长江流域环境地质图系是我国第一套按大流域编制的环境地质图系，主要是为长江流域综合利用规划服务，为我国区域性环境地质图系和各专门性图件的编制进行了探索提供了成功的范例。

### 4. 按经济区编制的图系或图集和相应的文字报告

按经济区编制的图系或图集和相应的文字报告以我国东北经济区、华东经济区、京津唐地区环境地质图系为代表。东北经济区环境地质图系和环境地质论证的研究范围包括辽宁、吉林、黑龙江三省和内蒙古东部的三盟一市，图系包括地质基础、工程地质、水文地质、区域稳定性等系列图件。论证报告对区内交通、能源、土地、水资源等状况和城市环境与规划等作了较详细的研究与评价，对松辽平原、三江平原、松嫩平原、下辽河平原、哈尔滨—长春地区和沈阳、大连、长春、哈尔滨、大庆等 14 个大中城市的自然资源和主要环境地质问题进行了研究、评价和预测；对城市地下水资源与开发利用进行了重点研究，认为它是制约东北经济发展的重要因素并提出了解决问题的对策。

"八·五"期间京津唐地区地质灾害防治实验研究和地质灾害预测防治计算机辅助决策系统的研究首次系统完整地建立了以京津唐地区地质灾害为背景条件的地质灾害经济评价指标体系和参数集，提出了一系列新方法新理论，在深层次上取得了突破性进展，研发了在 Windows 环境下地质灾害防治专家系统，以及 2000 年地质—自然灾害系统发展趋势预测和对策研究，把研究重点集中在预测预防方面。

### 5. 为特殊要求或专门目的所编制的区域性图系

这类图集包括第二松花江及长江中下游环境背景值图系、北方岩溶图系、为开发滨海地带以及为建设三边防护林编制的图系、为北方能源基地建设以及为黄淮海平原综合治理编制的图系。此外，还有与环境水文地球化学有关的甘肃、内蒙古、吉林、云南等省区的地方病图集、中国地方病与环境图集等。

## （二）城市环境地质调查研究

城市是人类活动最强烈、最复杂的地区也是活动的正、负效应最为明显、集中的地区。近年来我国主要城市特别是沿海开放城市普遍开展了以水资源短缺、水质污染、地面沉降与熔岩塌陷、海水入侵、生态环境恶化引起的滑坡、泥石流等为内容的环境地质调查研究，大多城市都编制了城市环境地质图系，开展了环境质量的综合评价并建立了环境地质监测系统，开展了城市环境地质问题的预测防治工作。在此基础之上地矿部地质环境司组织各省编制出版了《中国主要城市水资源及环境地质问题研究》（1991），该专著分为总论和分论两部分。总论部分除水资源外系统分析了水污染的现状、成因与趋势预测并分别论述了我国城市存在的主要环境地质问题与整治对策，分论部分分别论述了 77 个大中城市的主要环境地质问题。

上海市为控制地面沉降自 20 世纪 60 年代起就进行了调查研究工作，查明地面沉降与地下水开采、地下水位下降关系密切，提出了一系列稳定和提高地下水位防治地面沉降的措施，如控制地下水开采和采用人工回灌的方法使地面沉降得到了有效控制。为了配合浦东的开发，地质矿产部"八·五"科技攻关项目中开展了"上海浦东、厦门的环境地质研究"，建立了浦东地区三维流地下水多层越流含水层系统的水流模型和地面沉降计算模型，为上海市地面沉降防治决策与管理提供了科学依据，对我国其他城市地面沉降灾害防治提供了范例。

重庆是我国山地灾害最为严重的大城市，现已查明市区 130 平方公里范围内有大、小滑坡、崩塌和危崖 125 处，在查明其特征和稳定状况的基础上现已进入治理阶段。

"七·五"期间地质矿产部为配合沿海地区经济建设专门设立了《我国沿海重点建设城市及经济特区环境地质研究》课题，调查研究的城市和地区包括秦皇岛市、南通市、宁波市、湛江市和闽南三角开发区五处。该课题主要调查研究内容包括编制环境地质图系、评价区域稳定性、岩土工程地质特性、水资源和水环境、地下热矿水，港口、海湾人类活动引起的地质灾害以及第四纪地质和海陆变迁等，还根据不同城市和地区特点选择了深入研究的重点问题。

在城市建设中地下工程日益增多，如北京、广州、上海等大城市正在修建的地铁，已建成的浦江越江隧道，正在规划中的海口越海隧道以及一般城市的地下商场或地下车库等，都需要水工环综合地质条件的评价。随着城市化建设的不断加快今后地下工程建设将成为城市环境地质工作的重点研究对象。

近年来不少旅游城市由于水资源开发造成旅游资源的严重破坏。如济南的趵突泉、太原的晋祠泉、敦煌的月牙湖、杭州的西湖、昆明的翠湖等都已经引起相关部门的关注。因此城市旅游资源的保护已成为城市环境地质工作中的一个重要课题。

## （三）地方病与水土污染调查研究

我国是一个地方病流行较严重的国家。地方病分布广、病情重、受威胁人口多不仅严重危害了病区人民的健康而且也阻碍着当地经济的发展。目前我国主要的地方病有克山病、大骨节病、地方性氟中毒、地方性甲状腺肿和克汀病等。对于地方病方面的调查研究工作我国是世界上开展地质、地球化学与健康和疾病关系研究最早、取得最大成绩的国家之一。早在 20 世纪 60 年代末 70 年代初在刘东生院士的倡导下中国科学院地球化学研究所建立了环境地球化学研究室，开展了克山病、大骨节病、地方性氟中毒的环境地球化学研究。中国学者在这一领域内证明了克山病、大骨节病与地质、地理、地球化学环境的关系，证明了这两种疾病与环境和人体硒的缺乏有关；在氟中毒的研究上证明了中国西南地区的氟中毒是因为室内燃煤污染造成的而与饮水无关；在碘缺乏性疾病、砷中毒和乌脚病、地方性铊中毒的研究方面也都取得了令国际学术界瞩目的成就。前长春地质学院地方病科研组在林年丰教授领导下自1968年开始进行了20多年的综合考察[24]，对我国东北、西北、西南、华东、华南等十几个省区进行了克山病、大骨节病、癌症、地方性甲状腺肿、地方性氟中毒、地方性砷中毒、伽师病以及其他的生物地球化学地方病进行了专题调查研究，建立了医学环境地球化学的理论体系。1990年杨忠耀主编的《环境水文地质学》就有一章专门论述原生环境水文地质条件与地方病。1989年中共中央地方病防治领导小组办公室与中国科学院环境科学委员会主办出版了《中华人民共和国地方病与环境图集》，其中综合性地、系统地分析了我国已经积累的珍贵资料，全面展示了我国地方病的地理分布规律、流行特点及其与生态环境特别是化学生态环境的关系。最近出版的《中国生态环境地球化学图集》展示了环境地球化学背景及影响生态地球化学系统的主要因素和相关因素，揭示了浅层地下水微量元素迁移集散规律及其健康效应。

由于工业"三废"过度排放所造成的水、土污染已成为工业基地以及城市最突出的环境地质问题。早在1959年北京率先开展对西郊首钢水污染调查监测研究，及时提交了监测报告。首钢等有关部门自1973年开始就对水污染进行处理，使污染得到了控制。20世纪70年代中期呼和浩特、上海、长春、沈阳、西安、武汉等十几座大中城市都先后系统地开展了地下水污染现状调查并提出了调查报告，为进一步开展监测工作和采取防治措施创造了条件。从20世纪70年代后期大部分大中城市都从污染现状调查进入到环境质量评价阶段。

自20世纪70年代以来地质、环境、水利、地理等部门对全国100多座城市进行了不同程度的地下水污染调查和地下水环境质量评价，对6个地区进行过区域性地下水环境质量评价。通过调查对我国地下水污染现状及其造成的基本原因有了全面了解。

引污灌溉区造成地下水污染也相当普遍。如西安市北郊、北京市东南郊均为城市的水排放和污水灌溉地区，造成大量有害离子严重超标，使这些地区地质—生态环境遭到严重破坏。重庆市的废渣、废水排入长江和嘉陵江，兰州市的废渣、废水则排入黄河均使市区河水污染段达数十公里。调查表明造成地下水污染的原因很多，其中未加工处理的"三废"的任意排放和不合理利用是主要原因。根据1981—1982年对全国61座主要城市的调查统计，对其环境质量进行了分区与评价，为日后地下水污染机理的试验研究，地下水保护和污染治理提供了科学和理论的依据。

综上所述，我国20世纪50年代末开始地下水污染现状调查和监测；70年代中期开展环境质量评价；80年代初开始地下水污染机理的试验研究并在各个阶段提交调查报告或科研成果。除此之外1989年我国颁布了《中华人民共和国环境保护法》，提出"经济建设、城乡建设、环境建设同步规划、同步实施、同步发展"的方针，使污染防治走上了法制轨道。

### （四）重大工程建设地质灾害调查研究

各行各业都有特定的工程活动类型，这里主要是指水利水电、交通、核电站等基本建设工程。目前已开展的环境地质调查研究工作大致分为：①建设前期的论证、规划环境地质调查研究；②设计、施工阶段的环境地质调查研究；③运用阶段的环境地质调查研究三种类型。

近年来对我国已建或正在规划中的重大工程建设，如宝成、成昆等铁路线，黄河上游刘家峡、龙羊峡水电站，以及已经基本完工的三峡水库等，开展了以地质灾害问题为主的环境地质调查，取得了不少重要成果。

宝成铁路是我国20世纪50年代末建成的一条连接西南与北方广大地区的交通大动脉，初步改善了"蜀道难"的状况具有重要经济和战略意义。但在建设与运营期间均遭到滑坡、崩塌、泥石流等地质灾害的危害，对铁路运营造成巨大损失，仅1981年用于修复铁路的资金就达3亿元以上。经铁道部与地质矿产部联合多年调查研究已初步查明地质灾害的发育特征和规律。现在，一方面筹划、实施现有宝成铁路地质灾害的全面治理工程，另一方面已开始勘察、规划、建设宝成铁路的复线工程。

长江三峡工程是举世瞩目的巨大水利枢纽工程。为配合三峡工程建设自工程经中央批准，从设计阶段进入施工阶段以来，至少进行过三次库区环境地质调查（包括葛洲坝水库）。"七·五"期间，《长江三峡工程环境地质评价与预测》被列为科技攻关课题之一。地质矿产部门参与开展了"库区迁建城市环境地质的研究"和"三峡库岸稳定性研究"，全面分析了各迁建城市的主要环境地质问题，为城市的合理规划提供了重要依据，对库岸变形的形成机制和大型滑坡体的稳定性做出了初步预测与综合评价。"八·五"期间又进一步开展"三峡工程地质与地震及长江开发重点地段环境地质问题研究"，先后完成"移民区平缓斜坡成因类型及其稳定性宏观判据""移民区不同地段地质环境开发模式与地质环境容量评价研究""移民区开发的地质环境质量损益经济评价"等重要研究成果，为移民区的合理开发提供了科学依据。此外还完成了库区重大崩塌滑坡监测预报及减灾对策的研究、重点地段重大环境地质研究、三峡名胜古迹旅游资源环境保护与开发研究等。这些研究成果不仅具有实际意义，而且在很多内容上都开拓了环境地质研究的新领域。其中值得一提的是对三峡库区几处重大地质灾害多发区的多年详细勘察与长期监测，进一步开展了防灾治理工程并取得了成功经验。如对新滩滑坡事先发出预报，大部分居民安全撤离避免了一场悲剧的发生，挽回了巨大的经济损失，这是地勘队伍长期以来只搞地质勘查不搞防治工程施工设计的一个重要突破，为今后实行勘查、设计、施工、监测一体化探索了一条正确途径，为建立一个新的学科"地质工程学"奠定基础。

### （五）矿山环境地质调查研究

我国矿产资源丰富，矿山地区环境地质问题多而复杂。特别是在矿山开发阶段会造成地形破坏、地面变形、区域水质污染、水土流失、滑坡、崩塌等地质灾害。近年来随着人口、资源、环境可持续发展战略日益受到重视，国家对矿区环境地质工作日益重视，特别对岩溶充水矿床的环境地质问题进行了研究。如1987—1989年由地矿、煤炭、冶金三个部门共同进行的研究课题《中国北方岩溶地下水资源及大水矿区岩溶水的预测、利用与管理的研究》已经全部完成。

对矿区生态建设和恢复工作也做了大量工作。为此在矿山地区还开展了专项生态环境地质调查。2002—2006年首次系统开展了全国矿山地质环境调查与评估，这是中国首次全面系统地对所有矿山进行地质环境问题摸底调查。通过调查摸清全国矿山地质环境现状查明存在的主要环境地质问题及潜在危害，为合理开发矿产资源、保护地质环境、整治矿山环境、恢复与重建矿山生态系统、实施矿山地质环境监督管理提供基础资料。其中2001—2006年对西北地区不同类型矿产开发进行环境地质研究发现矿业开发中存在矿产资源破坏与浪费严重、资源利用率低等问题，矿山环境地质问题整体严重。调查成果提出了矿山地质环境保护与恢复治理对策建议以及近期重点恢复治理区和重点矿山。建立了矿山环境地质问题综合评价指标体系为矿山环境地质调查提供了评价依据和技术平台。通过不断补充、更新该区环境地质数据实现，为实施矿山环境地质的动态监测、制定矿山环境保护与恢复治理规划提供了科学依据。2004—2006年先后在晋、陕、内蒙古能源基地开展了矿山环境地质调查，针对土壤沙化、水土流失、地下水富水性、矿山开发引起地面塌陷程度等要素，对工作区环境地质质量进行了综合评价，提出了防治措施。矿山环境地质调查方法和评价体系的形成对进一步开展类似的调查具有一定的指导意义。

## （六）生态环境地质调查研究

1999年新一轮国土资源调查的实施开辟了我国环境地质调查工作的新领域—区域性、专题性生态环境地质调查。以水文地质工程地质基本理论为指导，以查明环境地质条件为目的，重点调查了大江大河流域、沿海地区、矿山地区等区域的主要环境地质问题及其产生原因、变化趋势，目前已取得丰硕的成果。

在大江大河流域生态环境地质调查方面，主要开展了长江上游地区生态环境地质调查、长江中游水患环境地质调查、长江三角洲地区环境地质调查、黄河源区生态环境地质调查和黄河中下游主要环境地质问题调查评价。以长江为例，把岷江和安宁河流域定为试点开展生态环境地质调查，指明了区内的主要生态环境问题，对人类工程活动干扰下的地质环境改变对生态环境的影响进行了分析和预测，为长江上游生态屏障建设和保护提供了基础环境地质资料，同时探索出一套有针对性、实用性和可操作性的生态环境地质调查评价方法。在GIS平台上将遥感资料和生态地质环境信息数据进行组织、管理、统计、检索和处理。

在沿海地区环境地质调查方面，开展了环渤海地区地下水资源及环境地质调查评价、福建沿海地区生态环境地质调查、珠江三角洲环境地质调查和海南省生态环境地质调查。根据生态环境地质调查不同地区有不同的要求的特点对该区域的调查工作侧重点各不相同。如福建沿海地区侧重晋江、九龙等 6 个水系的地表水资源和地下水资源的状况调查；珠江三角洲侧重城市环境地质调查，开展了地质环境脆弱性、人类活动引发的环境地质问题调查；海南省把工作区划分为城市、海岸带、热带农业、热带雨林 4 个侧重不同的区。该调查应用了多学科知识，经过调查研究得出海南岛生态环境地质质量总体良好的评价。

在矿山地区生态环境地质调查方面，主要开展了矿山专项生态环境地质调查，主要涉及西北地区不同类型矿产开发环境地质研究，晋、陕、内蒙古能源基地矿山环境地质调查，具体情况详见上节矿山环境地质的调查研究。除以上区域性生态环境地质调查之外，我国开展的专项生态环境地质调查工作主要有北方荒漠化环境地质调查评价、西南岩溶石山地区石漠化遥感调查、黑龙江省中俄界河塌岸环境地质调查等。查清了我国特定的地质环境问题的现状、产生原因、变化趋势，提出了具体的防治方案和近、中、远期规划。

# 三、环境地质调查技术方法的应用与发展

世界各国环境地质调查工作的技术方法都最早引自水文地质工程地质调查技术，我国也不例外。早在 20 世纪 50 年代中期环境地质调查工作兴起之前，我国水文地质工程地质调查技术方法就已经得到发展，为环境地质调查技术方法的应用提供了基础。经过半个多世纪科学技术的飞速发展，在步入信息时代的今天，环境地质调查技术方法已经得到了质的飞跃。

鉴于研究的侧重点不同，本书仅就各种技术方法的应用与发展作一下概括的介绍。

## （一）我国环境地质调查理论方法的产生与演变

我国环境地质调查工作起步晚于国外发达国家，建国初期在没有现成的理论与方法指导地质工作的情况下许多先进理论与方法都引进于国外。

20 世纪 50—60 年代我国水文地质学工程地质学主要受苏联学术思想的影响。全盘学习苏联的理论与工作经验，奠定了我国环境水文地质学的基础。50 年代中期，我国邀请许多苏联著名水文地质专家来华协助工作，许多有关水文地质勘查工作的规程、规范和技术方法开始系统的传入国内。这一批杰出的专家有最早来华的苏联水文地质专家鲁萨诺夫教授（1954 年）、阿加比耶夫（1956 年）、克里门托夫博士（1956 年）等。他们的工作都为我国日后水文地质科学的发展做出了巨大贡献。到了 60 年代，苏联专家全部回国，但我国各项地质工作和理论研究仍遵循苏联的道路摸索前进。

20 世纪 70 年代—20 世纪 90 年代，苏联水工地质工作的技术方法已经远远不能满足我国现代化建设的需要。1978 年趁着改革开放政策的大好时机我国加强了与西方发达国家的交流和合作，大量引进先进的技术方法与经验为我国环境地质学及工作的成长和发展发挥了积极的作用，使我国环境地质科学达到一个较高水平。

随着城市建设的迅速发展，环境水文地质问题逐渐成为 20 世纪 70 年代的主要研究课

题。在此期间国际的学术交流日益频繁，特别是与西方国家之间的相互访问逐渐增多，有关地下水环境质量评价理论、数学模型和水质模型方面的学说，以及计算机技术等开始引入国内。不少外国的专家学者参观访问我国。其中著名水文地质学家 G·凯斯汤尼博士为首的法国水文地质代表团进行回访，是西方国家到我国访问的第一个代表团，对我国环境地质工作的开展具有重要意义。从此两国之间建立了的友好合作关系。

20 世纪 80 年代以来，我国与西方科学家的交往更加频繁，因而许多新理论、新技术被介绍到国内。如关于非稳定流的理论、系统论与系统工程、地下水流动系统的新概念、数值方法与计算机技术、电模拟和数学模型及管理模型、同位素技术与遥感技术等在环境地质的研究或环境质量监测、评价及预测中得到普遍应用，环境物探方法在地质环境勘察工作中的应用、研究也得到迅速发展。

同时，我国正式参加了几个重要的国际组织，如每四年一次的国际地质大会（IGC）、国际环境与工程地质大会（IAEG）等，不少中国水文地质学家、工程地质学家、环境地质学家出国留学、参观访问或参加国际学术会议，大大促进了相互之间的交流与合作。

在 21 世纪里，随着我国综合国力的增强、科技的进步、人才的辈出、技术的创新，我国逐渐在世界的舞台上找到自己的位置，展现出了惊人的实力和潜力，打破了以往只能依靠引进国外先进理论与技术的局面，为促进经济建设与人口、资源、环境协调发展的可持续发展道路做出贡献。

## （二）主要技术方法在环境地质调查中的应用与发展

由于环境地质工作中对地质环境和地质灾害系统监测的重视，使物化遥、信息系统和计算机技术得到了广泛的应用。为此，中国国家科委把"遥感、地理信息系统及全球定位系统技术综合应用研究"列为"九·五"国家科技攻关重中之重项目，并且在近几年取得了较大发展，成为环境地质工作产业化的主要支柱和动力。鉴于环境地质调查技术方法的应用范围广，多年来国内公开发表的论文和报道已对有关的技术系列和应用做过详尽的介绍，以下仅具有代表性的传统技术的改进、新技术的应用与发展作一简单介绍。

### 1. 物探技术

总体上来说用于石油勘探的地球物理技术都可以用于环境地质勘查，只需要针对浅层的特点在技术上作一些必要的改进。由于物探技术能提供多种描述地质材料的物理参数并具有速度快、成本低和不破坏地质环境的优点，在水工环勘查的历史上已经得到了广泛的应用。

我国对物探技术方法的研究工作始于 1952 年地质部成立之初，1953 年组成了十二个物探分队分赴全国各地从事以固体矿产勘查为主野外生产试验性的物探工作，所用的方法有地震法、磁法、电阻率法和自电法。

1958 年地质部组建我部第一个专业水文物探大队（目前水文地质工程地质技术方法研究所的前身），这标志着我国物探技术正式应用于水工环地质工作中了。而物探技术真正在环境地质领域的应用普及则是在 90 年代。这一时期水文物探技术、工程物探技术为环境物探技术的形成和发展提供了成熟的经验。如地震勘探技术为地面放射性、滑坡、泥石流、风化带、地裂缝、地表沉降等污染和地质灾害调查提供了先进的技术支持，为监测、治理提供了大量科学依据。90 年代才引进我国的探地雷达被广泛用于地质环境污染调查，改进后的电法技术广泛用于地质环境污染评价工作，磁法勘查为废物场地选址提供了勘查过程更环保、设备成本更节约、基础地质资料更全面的新技术，有效防止了废弃污染物对地质环境的污染。近些年层析成像技术在地质灾害勘查的应用已经得到国内外地质学家和工作者的重视。

### 2. 遥感技术

我国遥感技术起步于 20 世纪 70 年代。我国国土资源面积大、类型多，所以遥感技术在国土资源动态监测上具有相当大的优势和潜力。下面就介绍一下几个重要的应用领域：

在国土资源调查方面，我国从 1980 年就开始利用陆地卫星 MSS 数据进行了全国范围内小比例尺的土地资源调查，1984 年采用了航片和地面实地测量的方法开展了全国范围大比例尺的土地资源详查。

"八·五"期间随着环境地质研究项目的增多，这一时期遥感技术在环境地质调查中得到了广泛的应用。1992—1995 年我国采用当时最先进的陆地卫星 TM 图像和国内多颗资源调查卫星的高分辨率图像，完成了全国资源环境调查，建立了一个完整的资源环境数据库，其中在大兴安岭、秦岭、横断山脉一线以东选用 1 ∶ 25 万比例尺，此线以西采用 1 ∶ 50 万比例尺进行遥感图像判读、制图及数据库建立工作。

在城市环境地质调查方面，自 20 世纪 80 年代开始中国的北京、上海、长江中下游地区等城市和地区开展了类似的城市环境地质调查工作。1983 年《北京航空遥感综合调查》就是代表之一，之后包括北京在内的天津、上海、广州等大城市都开展了 1∶5 万城市环境地质调查工作。

在自然灾害动态监测和评估方面，对重大灾害进行动态监测和灾情评估，减轻自然灾害所造成的损失是遥感技术应用的重要领域。自 20 世纪 80 年代起，遥感技术已经被应用到我国各种灾害调查评价中了，其中仅泥石流、滑坡遥感调查面积大约覆盖 10 万平方千米的国土。随着与 GIS 技术的结合，大大改进了地质灾害的遥感调查方法。值得一提的是以张祖勋教授为首的研究小组将自主研发的先进全数字摄影测量软件 VIRTUOZO 与空间数据处理、管理工具地理信息系统结合，在建立数字模型基础上实现了对地质灾害定量评价和预测，而对区域地质灾害的风险评价则是依靠统计模型来完成的。

除此之外，20 世纪 80 年代末开展的"三北"防护林带综合遥感调查、"黄土高原水土流失遥感调查"以及"西藏自治区土地利用现状调查"等项目都是比较重大的遥感工程。

总体来说，遥感技术在地质工作中走过了从定性评价到半定量、定量评价；从指示要素分析到计算机模型模拟，从单一解译到"3S"集成技术方法互补阶段，充分显示了其信息量大、宏观、快速、节省经费，且具有多时相动态监测等优势，被广泛用于区域稳定性评价、地质灾害调查、评价预测及地质环境评价预测等领域。

### 3.GIS 技术

我国地理信息系统的研制与应用始于 20 世纪 80 年代初期，它的发展基础是计算机制图、计算机技术、计量地理和遥感技术。我国的 GIS 技术研究工作起步于 20 世纪 70 年代初期，期间主要是进行舆论准备、提出倡议、组建队伍和实验研究。20 世纪 80 年代进入应用试验阶段，期间主要是借鉴国外 GIS 应用经验，采用国外的 GIS 软件。90 年代国内一些科研机构和院校也开始结合国内 GIS 需求，组织 GIS 的开发和研制工作并尝试应用于各个领域，近 30 多年来 GIS 技术也在环境地质调查领域形成了系统的应用方法和技术体系。

GIS 作为一种应用技术是以计算机技术和处理空间数据为基础的，而其特点决定了使用 GIS 技术的优越性，从而使该技术在区域环境地质调查工作中的各个环节得到广泛应用，实现了区域环境地质调查工作全过程信息化，从根本上改变了使用纸质地图、记录本、笔、目视定位、人工解释和制图的传统工作方式。在野外数据采集方面，我国对以描述性为主的野外数据采集信息化的尝试始于 20 世纪 80 年代末，由于技术条件不成熟没有取得实质性的进展。90 年代中期，计算机辅助区域地质调查系统正式列入国家"九·五"计划，开始与野外地质队合作研究野外数据采集的标准，在手提电脑上开发了野外数据采集的原型系统。"十·五"计划期间国家重点在原有基础上研究基于掌上电脑开发野外数据采集系统。21 世纪初期，掌上电脑技术、GPS 技术、可运行在掌上电脑上的 GIS 技术、数据库与手写输入特别是屏幕显示阳光下可读技术的出现使支持野外数据采集信息化的技术日趋成熟。

在计算机辅助制图方面，我国 20 世纪 80 年代开始研究计算机辅助制图技术，80 年代末基本实现了除彩色之外的各种二维勘查图件的计算机辅助编绘，三维勘查图件的计算机辅助设计技术至今仍处于研究、试验阶段。我国彩色地质图的计算机辅助出版系统的开发始于 20 世纪 80 年代末，目前已大量用于旧的地质图修编、存储工作，同时还完成了一系列 1：100 万、1：200 万、1：400 万的环境地质图在内的全国或区域地质图的制图任务。2004 年中国地质调查局发布文件，要求以后所有区域地质调查都采用数字填图技术，通过野外数据采集系统与室内系统的接口实现了野外数据采集、室内数据整理与分析以及成果输出全过程的无缝连接。在依赖于 GIS 技术的空间数据库建设和专题信息系统开发方面，我国起步较晚，研究程度较低，但也取了一些重要进展。如为配合"1：50 万省（市、自治区）环境地质调查"工作的展开，原地质矿产部水文地质工程地质研究所和全国地质监测总站合作相继完成了"省（市、自治区）环境地质调查空间数据库标准"和"省（市、自治区）环境地质调查信息系统"的研究工作，形成集图形 / 属性编辑、数据信息查询、空间模型分析、信息输出于一体的集成专题信息系统，具有很强的应用推广价值。国土资源部 1998 年底展开的新一轮国土资源大调查与评价的科学技术试验工作中完成了"地质灾害信息系统及防治决策支持系统"专项开发的试验研究。此系统的建立与应用，加强了国土资源的信息建设、信息管理、信息服务，加快了国土资源的信息化、社会化、产业化。

# 第四节　城市环境地质研究

## 一、城市建设中环境地质工作的重要性

地质环境是环境保护的重要组成部分。自然环境好坏与人类生存发展有着密切的关系，其主要由水环境、生态环境、大气环境及地质环境组成，上述不同组成部分之间互相影响、互相促进，时刻进行着物质与能量的交换，并且对于污染物也起着良好的净化作用，为人类提供更加舒适干净的生存土壤。地质环境作为自然环境系统重要的组成部分，遵循环境—自然环境—地质环境的分级模式，是地质环境中自然环境属性的表现。环境保护不仅是我国的一项基本国策，在世界上超过 100 多个国家也将环境保护作为一项基本国策，体现了环境保护的重要的性，而针对地质环境保护是环境保护整个系统中重要组成部分，由此也凸显了环境地质工作的重要性。

环境地质工作对于我国城镇化建设具有重要的推进作用。随着我国城镇化建设步伐逐渐加快，在未来一段时间内，城镇化建设进程依然处于高速发展时期。据国家统计局相关数据表明，2016 年末，我国的城镇化覆盖率已经达到了 57.35%，从《国家新型城镇化规划（2014—2020 年）》显示的数据来看，截至 2020 年，我国城镇化覆盖率将有望超过60%。而在城镇化进程发展过程中，城市环境地质勘查发挥着重要的作用，城市地下空间监测为城市发展提供了有力的安全保障。随着城市发展日益深入，逐渐告别了传统粗放型发展模式，开始在发展过程中注重更加科学合理的规划，主张城市地上、地下空间综合利用，这也是城镇化发展的必经之路，同时也是有效解决城市空间拥挤的有效手段，环境地质工作在地下空间开发利用方面起着重要的作用，其能够促使城市地下空间利用更加合理，有效避免地质灾害对人们造成的安全威胁，对于我国城市化建设发展具有重要的现实意义。

## 二、城市建设中存在的环境地质问题

### （一）水资源短缺加剧了地质灾害

目前，水资源短缺已经逐渐成了城市发展建设中普遍面临的问题，导致水资源短缺的

原因有很多，客观原因为我国水资源本就匮乏，且分布不均衡，沿海城市水资源分布较多，西部内陆城市用水则比较紧张；主观原因主要包括以下几点，一是大中型城市人口较为密集，集中用水量较大，造成水资源严重短缺；二是水质浪费问题，很多城市污染物排放严重，导致水质遭受大面积污染，属于"水质型缺水"；三是水资源浪费问题较为严重，人们在日常生活中缺乏对水资源保护的重视程度，例如水龙头没有拧紧造成长时间滴水，生活用水没有实现一水多用等，另一方面，据关数据统计，我国约25%的生活用水器具存在漏水问题，每年浪费水资源高达4亿m3。水资源短缺致地下水被过度开采，从而引发大规模地质灾害问题，比较典型的是因地下水过度开采引起的城市地面沉降，土质疏松，从而对城市未来发展造成了严重影响。

## （二）水污染增加了环境地质压力

从我国当下城市建设发展来看，水污染问题形势依然严峻，同时也是当下环境地质工作开展亟待解决的问题之一。水污染不仅会导致城市环境地质造成进一步的恶化，对于人类生存发展也会造成严重的影响。据《中国环境状况公报》（2016）相关数据显示，在我国6124个地下水质监测点中，接近60%的水质监测点显示当地的地下水质为较差或极差，对于当地水文地质状况发展造成了严重的威胁，致使城市环境地质问题日益加重。

## （三）环境工程建设引发的地质环境问题

城市发展离不开工程建设，然而在实际进行工程建设过程中，由于预先没有对施工场地进行规范的地质勘查，致使在实际施工时对地质结构造成严重的破坏，导致地基稳定性变差，容易造成建筑塌陷问题。另一方面，在进行一些大坝等水利工程设施建设时，由于对地质环境勘查不到位，也很容易引发地质盐碱化问题。

# 三、改善城市建设环境地质问题措施

首先，在看待地质环境问题上，应立足长远发展目光，建立人与环境地质协同共生、和谐发展的关系，在城市建设规划中，遵循可持续发展理念，切忌城市发展建设以牺牲环境为代价，走绿色环保城市建设发展之路，实现人与环境的和谐发展。其次，应增加地质环境容量，促进环境质量得到进一步的改善。在实际进行城市发展建设中，需要对地质环境容量进行充分的考虑，严禁盲目建设规划，尽最大可能的降低城市建设活动对地质环境带来的影响。针对已经发生的环境地质问题，需要采取针对性的措施加强质量，促使地质环境容量得到有效的恢复与提升，例如针对地下水位下降问题，需要统一加强对城市水资源管理，做好水资源的合理调配使用；与此同时，还要加强对水资源节约保护的宣传力度，鼓励一水多用。

最后，构建全新的自然资源监测平台。从生态系统的整体性加以考虑，并与当下环境地质监测机制相结合，建议立足于国土资源监测平台，构建全新的自然资源监测平台，实现自然资源全领域覆盖，有效实现地质灾害安全监测、土地调查监测、地下水基土地监测等统一的整合，促进监手段优化，并与森林、草原、地表水等不同平台的监测数据接入整合，构建全新的评估模型及方法，在环境地质监测上是以自然区域为单位，而不是以某个资源为单一目标，实现统一的监测、评估及预警，提升环境地质工作开展水平与质量。

# 四、城市环境地质调查信息化建设

## （一）城市环境地质调查信息化建设的总体框架

城市环境地质调查的目的是为城市规划和城市地质环境管理提供依据。城市环境地质调查主流程信息化体现为数据采集、数据管理、综合评价、成果编制、社会化服务等过程中的数字化形式。针对这些过程研制相应的计算机分析处理系统，使得贯穿该过程主要环节的数据连续传输，建立信息化工作环境，有效地提高城市环境地质调查、评价、服务的效率，实现整个调查流程的信息化工作过程。城市环境地质调查信息化建设的总体框架设计充分考虑了如下因素：

（1）力争在数据采集、数据管理、数据处理、数据服务等阶段实现数字化工作的衔接，充分发挥数据库建设的基础作用。

（2）正确面对计算机 PC 机环境的广泛应用，把整个城市环境地质调查信息系统工作的重点放在 PC 机环境下的软件开发上，把数据库管理和基于数据库的分析系统在微机上全部实现。

（3）适当考虑网络环境的信息化应用，力争建成基于局域网的数据库管理与应用分析系统，从而建立城市环境地质问题调查的信息化综合工作环境，同时实现基于 Internet 的数据信息发布机制与应用服务，落实地质调查工作的公益性特点。

从提供全程支持城市环境地质调查评价主流程信息化的技术手段出发，在统一的数据库标准前提下，需要基于大中型数据库来满足大规模的城市环境地质调查数据信息的管理，在城市环境地质调查评价的各个阶段，需要与之对应的应用系统来实现工作的数字化。需要研究各个阶段工作数字化的连贯一致性，实现无缝结合，同时也需要研究各种单因素评价和综合评价模型及方法，快速地提供城市规划和建设所需要的成果。城市环境地质调查信息化环境是一个多模块的复合系统构成的数字化工作环境，包括各种硬件设备和支撑软件。本次工作重点是研制为调查评价各过程服务的相应计算机分析处理系统，即城市环境地质调查评价信息系统。它是城市环境地质调查信息化环境的重要组成部分，是围绕城市环境地质调查评价空间数据库的建设和应用进行设计和开发，由多个可独立运行的子系统构成。

城市环境地质调查评价信息系统组成、功能及应用模式研究应考虑系统的整体性和子系统的独立性，并和现代信息技术的发展实现紧密结合，按全流程信息化设计，在不同的阶段使用不同的应用系统和应用模式。

（1）野外调查阶段：建立基于平板电脑（或掌上电脑）、GPS、GIS 和 RS 的城市环境地质问题调查野外数据采集系统，直接实现野外数据获取的数字化过程。数据录入方式依据数据建库标准表格进行，针对不同的数据类型，提供不同的数据录入方法。

（2）数据整理与数据库建设阶段：建立数据综合整理与数据录入系统，面向的数据对象是以前工作中已形成的数据资料，适用于大规模的数据综合整理与数据录入过程。配合目前正在开展的全国主要城市环境地质问题综合评价计划项目，实现各种相关数据信息的录入、编辑、管理、浏览和汇总等功能，为调查工作提供信息存储、管理、检索等过程的计算机处理软件工具；建立数据库检查验收系统，为数据库建设质量控制提供辅助工具。

（3）资料分析、研究、成果编制阶段：建立城市环境地质调查信息应用系统，以城市为单位对某一城市环境地质问题调查产生的数据信息及其相关成果进行综合管理，具有数据输入、存贮、管理、查询、检索、统计、显示和更新、模型分析等功能，是整个城市环境地质调查信息系统的核心软件。

（4）调查评价成果为社会服务阶段：开发城市环境地质调查综合成果管理系统，旨在应用数据库技术、多媒体技术、GIS 技术实现城市环境地质调查综合成果数据信息的管理，包括调查的原始资料数据库、评价形成的综合成果数据库、技术文档资料的管理，并提供浏览、查询和输出功能；开发基础调查数据共享服务应用系统，对全部环境地质问题调查产生的数据信息及其相关成果通过 Internet 对外共享，包括调查评价数据、各种专题统计数据、各城市评价结果等数据内容，具有数据浏览、查询检索等功能。

## （二）城市环境地质调查评价空间数据库

城市环境地质调查评价空间数据库是城市环境地质调查评价信息系统的重要组成部分，也是城市环境地质调查评价信息系统的基础，包括空间（图形）数据库和外挂属性数据库，通过内外属性表的结合应用，实现图形数据与属性数据的有机关联。

### 1. 空间数据库组成

城市环境地质野外调查数据基本是野外点状调查，所获得的数据对应的是野外空间调查点。从关联关系上来讲，用于描述一个空间图元的属性信息可以是简单的一个属性表，也可以是并列的多个属性表。由于城市环境地质野外调查数据的时间动态性和调查内容的多样性，导致同一调查点涉及多类数据表或有多条记录，出现多重结构的树枝状多表复杂结构。

### 2. 图元编码方案

图元编码是图元的唯一标识，在属性数据库中作为关键字（主键）处理，要求同一图层内的所有图元编码不能重复出现。根据城市环境地质调查空间数据模型的基本思路，对点图元数据进行编码规定，线图元和多边形图元因不存在外挂属性表问题，使用软件系统给定的内部编码。

点图元的编码方案采用复合坐标方式，以保证这些野外调查点编码的唯一性。

## （三）城市环境地质调查评价信息系统开发

城市环境地质调查评价信息系统是地理信息系统技术在城市环境地质调查评价中的应用，是一种运用计算机硬件、软件、数据库及网络技术，实现对城市环境地质调查评价用的各种空间、非空间地质数据和信息的采集、输入、存储、管理、查询检索、处理分析、显示和应用，以处理城市各种空间地质实体及其关系为主的技术系统。城市环境地质调查主流程信息化体现为数据采集、数据管理、综合评价、成果编制、社会化服务等过程中的数字化形式。针对这些过程研制的城市环境地质调查评价信息系统由多个可独立运行的子系统构成，包括野外数据采集系统、数据综合整理与数据录入系统、城市环境地质调查信息应用系统、综合成果管理系统、基于数据库的社会化服务系统等子系统。

### 1. 野外数据采集系统

由桌面系统和采集子系统两部分组成。桌面系统负责维护地下水资源野外数据采集数据库，为采集系统提供历史参考数据，准备地理底图，同时也接受和汇总野外采集的数据入库；采集系统以调查点数据采集为主，实现主要工矿企业排污情况调查、入河排污口情况调查、地下水质现场测试、取岩土样、取水样、垃圾场调查、污染源调查、地面塌陷调查、崩滑流灾害调查等信息的野外现场采集。系统支持多尺度多源参考底图，包括：Google Le Map 交通图、卫星影像图、1：20 万水文地质图、标准图幅的 DRG 图等。

### 2. 数据综合整理与数据录入系统

数据综合整理与数据录入系统是专门为属性数据的录入而设计开发，面向的数据对象是以前工作中已形成的数据资料，适用于大规模的数据综合整理与数据录入过程）。城市环境地质调查数据录入系统是配合目前正在开展的全国主要城市环境地质问题综合评价计划项目，实现各种相关数据信息的录入、编辑、管理、浏览和汇总等功能，为调查工作提供信息存储、管理、检索等过程的计算机处理软件工具。

从用户需求上，既要满足各基层单位进行数据库建设的需要，又要满足上级部门进行数据库汇总和集成的需要。系统设计采用 C/S 结构，Windows 多文档风格的界面，由标题条、菜单条、工具条、状态栏、数据信息的目录管理区、数据编辑浏览区等部分组成。其中，数据信息的目录管理区、数据编辑浏览区两区域的大小可通过鼠标拖拽区域边界改变。

工具栏可以停靠和浮动，工具栏上提供了增加记录、删除当前记录、保存记录、记录定位、显示当前统计编号等功能，这些是数据录入过程必需的常用功能。

数据信息的目录管理区提供城市环境地质调查数据表的目录树方式管理。目录树中的数据项对应数据库中的表，目录树也体现了数据库各数据表间的层次关系。数据信息的目录管理区也是数据表浏览和编辑的入口。

数据编辑浏览区是显示和编辑城市环境地质调查数据的区域。以卡片或表格方式显示数据及其录入界面。数据编辑浏览区可针对数据的关联关系，以分视的形式显示上下关联表，也可以活页卡片界面方式显示同一级别的多个数据表。

### 3. 城市环境地质调查信息应用系统

城市环境地质调查信息应用系统以城市为单位对某一城市环境地质调查数据信息及其相关成果进行综合管理，具有数据输入、存贮、管理、查询、检索、统计、显示和更新、模型分析、成果图编制等功能，是整个城市环境地质调查评价信息系统的核心软件。

城市环境地质调查信息应用系统的运行基础是调查评价空间数据库。在系统的设计与功能结构关系的处理上，强调数据信息管理是系统设计的主题，实现对空间数据库数据的编辑、浏览与管理，提供多功能的数据检索与查询服务。模型分析评价子系统主要从该数据库获得数据，并将处理与评价结果交给数据管理子系统管理。

根据《城市环境地质调查评价规范》提出的技术方案，考虑计算机辅助评价计算的可行性，开展地下水质量综合评价、地下水污染现状评价、地下水防污性能评价、地质灾害危险性分区评价、垃圾处置场地适宜性评价等分析模型的研制工作。模型评价界面采用非模式对话框方式实现。

### 4. 城市环境地质调查综合成果管理系统

实现城市环境地质调查综合成果的有机管理，包括调查原始资料数据库、评价形成的综合成果数据库、技术文档资料的管理，并提供浏览、查询和输出功能。

系统通过信息项目索引、信息内容索引来实现数据索引管理。信息项目索引采用目录树形式管理信息项目。信息项目包含四大类：技术文档资料、多媒体演示、电子图集、图片集。通过双击信息项目索引下的目录树项，系统将根据该索引搜索并打开相应的信息内容，在信息内容索引区显示出来。对于电子地图，采用目录树方式显示，单击某目录树项可以打开或关闭对应的地图，其他内容采用数据列表方式显示，双击数据列表某项，可打开所选内容。

### 5. 网络数据管理与共享服务

建立运行于网络环境的城市环境地质调查信息化工作环境，实现数据库和软件资源的共享，达到协同工作之目的。

（1）基础调查数据共享服务应用系统

基础调查数据共享服务应用系统是对全部环境地质调查产生的数据信息及其相关成果通过 Internet 对外共享，包括调查评价数据、各种专题统计数据、各省市评价结果等数据内容，具有数据浏览、查询检索等功能。

（2）综合数据成果查询服务

主要数据对象是经过加工的综合成果图形和技术文档资料，提供目录和内容查询服务，在必要的情况下可直接下载。

（3）用户注册管理及访问限制系统

根据国家的相关规定以及部门级到对数据共享的要求，设定不同用户权限级别。对不同用户群体的可访问内容采用不同级别的控制，包括注册、审批、角色指定、访问限制等。

# 第五节　环境地质中地下水资源开采

21世纪以来，随着人口的增加，用水问题出现在很多城市。地下水一度成为不少城市解决用水困难的主要途径之一。但是随着地下水资源长期开采，环境地质问题频发，已经开始影响到人们的生活。

## 一、地下水资源开发对环境地质的影响

随着经济发展，人们对水资源的需求与不断增加，地下水资源长期以来都是人们用水重要来源之一。当前我国已经有很多城市出现了地下水资源匮乏情况，水资源矛盾更加突出。从地下水资源利用角度分析，北方干旱地区水资源是唯一来源，尤其是华北地区，开采程度很高。统计资料显示，我国每年地下水资源开采量都在一千亿 m³ 以上，地下水资源越来越少，对环境地质产生的影响也更加明显。我国可开采的地下水资源主要有裂隙水、岩溶水和孔隙水，其中裂隙水和岩溶水资源量最大，分布也最为广泛，利用率普遍较高，国内多数城市的地下水资源都是孔隙水。在我国很多区域和城市，虽然整体上水资源的开采量没有超过允许值，但是这是平均值，局部区域开采强度很高，形成地下水降落漏斗。如在河北石家庄区域中，存在大量工业，地下水开采量很大，而且长期开采下，地下水降落漏斗更加严重，已经开始出现了区域水水温下降。在西峰市，水资源利用量超标严重，允许开采量每年在 24.7m³，但是实际开采量能够达到 206m³，引起了各种环境地质问题。地下水资源开采引起的环境地质问题主要可以分为四个方面。地面塌陷是常见问题之一，地面塌陷是指各种作用下引起的塌陷现象，这是地下水过度开在常见问题。一般发生在岩溶水含量较高的区域。据统计，当前国内出现塌陷现象的城市已经达到了 20 多个，塌陷点有 800 多个，严重威胁人民生命安全。造成地面塌陷的根本原因就是岩溶区地下水过度利用。

地面沉降也是地下水资源过度开在引起的环境地质现象常见类型，是指在地下水资源开采引起土体压缩，进而导致地面大面积沉降的情况。目前出现地面沉降的城市有很多，如西安、上海、天津等，这些城市规模大，但是水资源利用缺乏管理，长时间过度开采，因此地下水压力下降，进而引起地下沉降问题。不完全资料统计显示中国华北地区地面沉

降量超过 200mm 的区域已经达到了 6 万 km²，面积达到了华北平原的 50%，尤其是北京区域。

地下水资源过度开在很容易引起水质恶化问题，虽然这种问题发展过程很慢，但是一旦出现将会难以恢复。地下水资源过度开采后，将会引起水位下降，隔水层被破坏，因此污染物将会渗透到地下水中。其次地下水开在引起水量减小，地下水净化时间缩短，引起水质恶化。一般而言，地下水质恶化是一个渐进过程，不定期检测难以发现水质问题。引用受污染的地下水将会严重威胁生物健康。而且水质恶化还会影响到土质问题，造成环境地质问题。如果利用这些水来浇灌庄稼，还会引起二次污染。

海水入侵也是地下水资源开采引起的环境地质问题之一。在 2011 年，我国滨海区域就发生了地下水海水入侵情况，导致地下水含盐量增高，引起不同程度盐渍化。这是因为地下水资源过度开采，海水深入地下水后，淡水资源就会被污染。

## 二、防治措施

针对环境地质中的地下水资源开采引起的问题，建议加强水资源开采监督，从源头做好方式措施。相关部门应高度重视地下水过度开在问题，积极制定相关约束和规范等，建立相应的计划，成立管理机构，保证地下水资源合理开采。同时实时动态监督地下水资源状况，提高事故处理能力。另外相关部门应尽快建立信息管理系统，及时记录地下水资源开采情况，避免出现扎堆开采，保证水资源的总体平衡。同时监督地面沉降、地面塌陷等问题，以免出现重大安全事故。

针对地下水资源污染问题应从源头进行防治，从引起水污染源头开始实施，严格控制污水的排放，对污水进行二次利用合作合适处理后排放，不得将其直接排入到地下水中。如果污水难以处理，需要定制专门排污渠道，避免地下水资源与污水直接接触，引起地下水污染加重。针对地下水过度开展问题，可以考虑采用回灌方法解决，尽快恢复地下水水位，但是这种方法需要水量很大。在地下水人工回灌实施中，应因地制宜选择最为合理的防治措施。人工回灌方法相对简单，也能够起到蓄水储能的效果。回灌水中应创建良好的条件，保证水质。如果各含水层之间水力联系较好，可以采用回灌河水或者是雨水的方式进行补充。最后地下水资源开采过程中，应建立科学、合理的工作方案，保证水资源开采科学合理。在经济控制方面，建议适当提高地下水资源标准，提高大众节约用水意识。鼓励采用雨水回灌方式，降低地下水使用量。在技术方面，应改造地下水应用技术，提高地表水利用效率。创建合理的地下水开采结构，在保证人们日常用水基础上，积极利用雨水等地表水资源。

# 第六节　环境地质灾害现状与防治

由于我国地域辽阔，不同地区在地形地貌上均存在一定差异，同时，地质灾害在我国各个地区均有发生，对当地社会及经济的发展造成了严重影响。在这样的背景之下，针对地质灾害防治措施进行研究是非常有必要的。结合现有数据来看，我国最为常见的地质灾害主要包含崩塌、滑坡、泥石流等几类，这些灾害的发生都将对当地居民的生命财产安全造成极大的威胁。本书将首先对这几类常见的地质灾害进行介绍，并在此基础上对其成因进行分析，最后提出具体的防治策略。

## 一、现阶段发生频率较高的地质灾害

### （一）崩塌

崩塌主要是指重力作用下，比较陡的斜坡（坡度在 60°—70°）上出现母体崩落、滚动并堆积在坡脚的现象。这种地质灾害常见于新构造活动频度及强度比较大的地区，如：强震区、人类活动强度较大的地区、暴雨比较集中的地区等。

### （二）滑坡

滑坡主要是指在重力作用下，斜坡自身的稳定性受到破坏，进而导致岩体或其他碎屑沿着一个或多个破裂滑动面向下做整体滑动的过程。相比较来说，滑坡对于当地居民生命财产安全的影响可能是毁灭性的，在相关新闻事件中，房屋被砸埋、通信设施被切断、道路出现杂物拥堵等状况并不鲜见，而这些问题的发生必然会对当地工农业生产活动的正常开展造成影响。

### （三）泥石流

泥石流主要是指山区沟谷中，在暴雨、雪融水等的作用之下，大量的泥沙和石块滚落而下的状况。常见的泥石流形态可以被分为标准型泥石流、河谷型泥石流、山坡型泥石流三类。若某地山体比较陡峭、水资源较为集中且上游有大量的固体物质堆积，当这些区域短期内有大量的水流来源时，那么，就很有可能出现泥石流。结合以上内容不难看出，泥石流的出现具备一定的周期性，通常集中在暴雨较多的夏秋季节，针对泥石流的防治工作也应结合这一特性来展开。

## 二、导致地质灾害出现的原因

### （一）自然因素

地理位置、气候类型、地质条件等因素都会对地质灾害的出现频率及强度产生一定影响，而这些因素所诱发的地质灾害大都存在难以预测、不可更改的特性。以我国的自然特点来进行说明，我国大部分地区都处于热带和寒温带两大气候地带的过渡地段，气候以季风气候为主，在这两点内容的影响之下，这些地区必然会出现夏季多高温暴雨、冬季较为寒冷干燥的状况。在这样的气候特点长时间的作用之下，旱涝灾害、水土流失、滑坡等地质灾害出现的频次自然会有所上涨。从另一方面来说，由于我国境内分布着多条不同的地震带，当某一地震带进入活跃期时，崩塌、滑坡等地质灾害发生的频率也会有所升高。从数据上来看，在四川等地震发生频率较高的地区，其他环境自然灾害出现的频率也相对比较高。

### （二）人为因素

结合现有数据来看，近年来我国的地质灾害发生频率一直处于不断上涨的状态之中，而除了自然因素所带来的影响之外，人为因素是导致地质灾害发生频次难以有效控制的主要原因。在很长一段时间内，我国政府相关部门及企业都没有将过度开发、开垦等对环境的影响重视起来，而人为的搬运、挖掘对当地的地形地貌必然会产生一定影响，进而导致地质灾害多发。例如，由于煤矿开采而引起的地面裂缝、塌陷、由于过度开垦而导致的泥石流、滑坡等。对这些问题进行分析不难发现，人为因素同样会导致地质灾害出现，如果不加以控制和管理，那么在人为因素的影响之下，地质灾害对当地经济发展所产生的影响自然也会更为严重。

## 三、环境地质灾害的防治措施

### （一）加强对环境地质灾害防治工作的重视程度

政府对于环境地质灾害防治工作的重视程度将直接对这一工作的开展成效产生影响，因此，政府相关部门应能在地质灾害防治方案的实施过程中发挥自身职能，切实地将这一工作重视起来。

为了更好地确保地质灾害防治工作的展开能达到预期目标，政府相关部门及人员应从以下几方面进行辅助：

（1）针对地质灾害防治制定相应的法律法规。结合上文中的内容，过度开发、开垦是导致地质灾害出现的主要原因之一，如果政府不能通过相关的法律法规加以限制，那么这样的状况必然会越演越烈，最终对自然环境造成严重影响。针对这一问题，政府应在原有的管理办法中增设责任制，由开发单位或人员负责恢复当地原有的自然环境面貌。

（2）政府应做好针对地质灾害的宣传工作。上文中已经提到，泥石流、山体滑坡等地质灾害的出现对于当地居民生命财产安全所造成的影响可能是毁灭性的，因此，政府应周期性的向当地居民宣传地质灾害发生时的应急措施及针对部分可预估的地质灾害应如何判断。通过此类宣传工作的展开，地质灾害对当地工农业所带来的负面影响必然能够大幅降低。

（3）成立环境地质灾害专项基金。除了采用一定方法进行预防之外，地质灾害发生后的应急措施也是衡量当地政府能否有效发挥作用的关键，对于这一点来说，政府可以组织成立环境地质灾害专项基金，以此来避免地质灾害发生后的恢复重建等工作中出现资金紧缺的问题。同时，这一基金还可被用来作为地质灾害防治技术的研究资金，由于各个地区的自然环境特点都各不相同，常见的地质灾害种类也存在一定差异，而在当地政府的支持之下，相关研究工作自然能够更好地展开。

## （二）提前做好地质灾害防治规划

环境地质灾害防治是一项长期的工作，同时，这一工作中也将涉及大量的人员、单位和企业，因此，相关负责人员必须结合当地的自然环境特点、发展需求等做好规划，以此来确保地质灾害防治工作的展开能更好地达到预期。

在实际工作之中，地质灾害防治规划的完善应从以下几方面入手：

（1）充分考虑环境的最大承载能力。地质环境是一种资源，针对这些资源的合理开发和利用能有效地促进当地经济及相关行业的发展，但同时，地质环境是一种有限的资源，政府及相关部门必须结合实际状况对当地环境的最大承载能力进行预估，并在这一因素的限制之下完成开发、开采等工作，避免不加节制的开发导致地质灾害出现。

（2）针对自然因素导致的地质灾害以预防为主，并与避让及治理相结合，针对人为因素诱发的地质灾害以"谁诱发谁治理"为原则进行规划。对于前者来说，自然因素所导致的地质灾害难以进行精确预估，因此，相关工作人员在确定防治规划的过程中应将重点放在针对此类灾害的预防上，将地质灾害发生后的避让办法和治理方式当作辅助手段，以此来最大程度的保证人民群众的生命财产安全不会受到侵害。对于人为因素所诱发的地质灾害来说，"谁诱发谁治理"原则的应用能有效控制过度开发状况的出现，进而从根本上避免人为因素对当地自然环境的影响。

（3）以建立起完善的地质灾害防治、监督、管理体系为目标进行规划。通过这一体系的构建，当地政府对于地质灾害发生的应急响应速度将能得到大幅提升，同时，通过长期的数据收集，针对某一特定地区的地质灾害预警也能更为精确。在这一目标的指导之下，当地政府及相关部门应在实际工作中引入更多的专业人才，确保这一体系的建立能满足社会需求。

## （三）合理利用高新技术完成地质灾害防治

不能针对地质灾害进行有效预估是导致地质灾害发生后出现大量人员伤亡及财物损失的主要原因，针对这样的状况，当地政府及相关部门应及时通过高新技术的引入和应用来提升地质灾害防治工作展开的有效性。结合现状来说，遥感技术、定位技术、卫星云图等技术都能在地质灾害防治过程中发挥一定作用，而为了确保这些技术的应用能达到预期效果，相关人员应从以下几方面入手：

（1）利用高新技术进行数据观察和探究。由于传统技术的限制，许多自然环境数据都不能得到有效的探测和记录，而通过上文中提到的遥感技术、卫星云图等技术的应用，相关人员将能实时的针对某一地区的自然环境数据进行监测，在深入的对这些数据进行分析的基础之上，地质灾害防治工作展开的有效性将能得到更好的保障。

（2）利用互联网技术展开灾后救援工作。在地质灾害发生后，政府相关部门的响应速度关乎着当地居民的生命财产安全，对于这一点来说，网络技术的应用能有效提升灾后救援工作展开的效率。在互联网技术的支持之下，救援人员将能更快地掌握地质灾害影响范围、持续时间等信息，并结合这些内容制定出更为有效的救援方案。

# 第九章 工程地质及水文地质勘察

## 第一节 工程地质勘察中的水文地质危害

地质勘察工作是确保工程施工顺利进行的关键，直接影响整个工程的质量。在目前的地质勘察工作中，水文地质问题经常出现在工程的施工过程中，对施工造成了一定的危害。因此，在进行地质勘察时，必须要全面分析水文地质存在的问题，明确水文地质相关参数，找到科学有效的对策对其进行防治，从而保证工程施工的顺利进行。

### 一、水文地质勘察的内容

水文地质勘察主要是通过对水文地质进行详细的测量考察从而保证工程质量的勘察工作。在进行水文地质勘察的过程中，通常包括以下两个方面的内容：对地下水的分布情况结合实际工程施工中可能受到的影响综合分析，通过科学合理的分析找到有效的对策减少地下水给施工带来的影响，提高工程质量；在实际的勘察过程中必须要依据建筑工程的施工要求有效的低水文地质条件进行分析。

### 二、工程地质勘察中水文地质的重要性

在进行水文地质的勘察过程中，地下水问题是水文地质危害的主要体现，在不同地域、不同环境中的工程建设，地下水所带来的影响也并不相同。以解决地下水问题为基础强化地质勘察工作，才能确保建筑工程施工的顺利进行。

#### （一）熟悉地质环境

在建筑工程的施工过程中，地下水的实际情况对工程的稳定性起到了决定性作用。因此，在进行实际的施工之前，必须做好水文地质的勘察工作，充分掌握地理环境以及水文地质等相关信息，从而使得工程的设计得到合理的优化，促进工程施工的顺利进行。

## （二）改善测绘施工图纸

在工程的实际施工过程中，必须依照施工图纸进行施工流程以及施工技术的选择，因此施工图纸对施工的顺利进行意义重大。工程施工前进行的地质勘探工作则可以直观、清晰的展现出实际施工环境及情况，使得施工图纸的设计更加准确，减少误差，从而为工程施工提供便利。

## （三）防范工程结构危害

在建筑工程的施工过程中，如果收到地下水的冲击，则会使得地基沉降及渗漏等情况出现，严重危及建筑结构的稳定性。因此，在地质勘察过程中，有效地对水文地质进行勘察，可以发现地下水存在的安全隐患，进而做到良好的预防，避免在工程施工过程中因地下水冲击所带来的结构受损。

# 三、工程地质勘察中的水文地质危害

## （一）地下水位下降

通常情况下，地下水位下降可以由多个因素造成，人为因素是其中的主要原因，由于人们对地下的不合理开采，从而导致地下水位下降。地下水位下降给工程带来了极大的危害。第一个方面是地下水位下降会导致木桩的腐烂速度尽快，木桩受到严重影响；第二个方面是岩土的密度会受到地下水位下降的影响而导致密度增大，引起岩土发生沉降，导致坍塌的情况出现；第三个方面是石膏层的溶解速度会随着地下水位下降而加快，从而使建筑物出现偏离的情况；第四个方面则是工程地质中的膨胀性岩层会在地下水位下降的过程中产生变化，使得建筑物的稳定性受到极大的影响。

## （二）潜水位上升带来的危害

潜水位上升是水文地质中经常发生的情况，并且带来极大的危害。造成潜水位上升的原因比较普遍，一方面可能是由于建筑周围的河流及湖泊在雨季中水量有所上涨而造成的潜水位上升，另一方面也可能是由于工业废水的大量排放或者水管道的渗漏导致的潜水位上升。一旦出现潜水位上升，首先，建筑地基周围土层之中的含水量则会随之增加，严重影响地基的稳定性；其次，岩土结构的力学性能会受到一定的影响而致使河岸出现滑移等现象，破坏岩土结构；最后，由于潜水位上升会致使地基在含水量增多的情况下出现软化，岩土的强度受到破坏，直接影响建筑的稳定性。

## 四、防治水文地质危害的对策

### （一）规范地质勘察工作的实施

在工程施工之前的地质勘察工作一直是保证施工顺利进行的关键环节，直接影响建筑工程的质量及使用寿命。地质勘察工作不仅工作内容十分复杂，并且对专业性的要求极高。为了更有效地落实地质勘察工作，必须要建立完善的制度规范地质勘察的操作，确保工程的顺利施工，在制度中应该包括地质勘察任务以及勘察结果评价等流程的规范操作，为勘察工作提供依据与保障。

### （二）改善勘察技术

在地质的勘察过程中，科学合理的勘察技术是保证勘察结果的前提，伴随着科学技术水平的不断提高，对勘察技术进行合理的改革与创新可以促进地质勘察工作的顺利进行。在对勘察技术进行改善的过程中，第一点是要加强对相关工作人员的培训教育，培养技术创新的意识；第二点要积极主动学习先进性技术，对传统勘察技术进行改进，同时可以引进国外的先进设备，充分提高勘察技术水平；第三点是要做好对水文地质危害的防治工作，提高抗灾害能力；第四点则是必须要有效的结合实际情况制定出科学合理的水文地质危害防范措施。

### （三）提高勘察人员对水文勘察工作的重视度

勘察人员是保证水文地质勘察质量的核心，因此，必须要认识到水文地质勘察的重要性，提高重视度。在进行勘察工作中，必须严格依照相关制度规定进行现场的勘察工作，全面掌握水文地质状况。同时，在不断的工作中积累经验，找到最佳的勘察方式。定期对相关勘察人员进行专业知识及技能的培训，提高专业素养，为勘察工作的顺利实施提供保障。

# 第二节　工程地质与水文地质勘查相关问题

## 一、工程地质勘察中的水文地质评价

水文地质的评估工作是工程项目建设中十分重要的环节，在很大程度上直接决定着整个工程项目建设的安全性与可靠性。在传统工作中，我们没有重视地下水对岩土层的不利影响，也没有考虑施工现场地下水活动会带来的各种影响。项目区域内的自然环境、地理地质情况以及周围环境条件等，这些因素都会对工程项目建设产生很大影响，如果依旧采用传统的工作方式，就会导致施工中产生很多问题，严重威胁着人们的生命财产安全。因此，我们需要对工程地质勘察工作中的水文地质评价进行分析。

第一，在水文地质勘察评价过程中，传统的评价标准没有将地下水文对岩土层的影响纳入其中，也就是说没有综合分析与考察施工现场地下水的特性与内在规律，进而在施工中引起很多安全事故。因此我们总结了以往的经验与教训，根据工程项目的具体要求与实际情况制定了一套防护方案，减少各方面因素对施工建设的不利影响，以此保证勘测工作的顺利开展。

第二，深入分析地下水向下运动情况，研究地下的岩土情况。由于地下水的区域经历水体较长时间的淋浴作用，进一步导致其周围土层上稳固性增强，这对于地质层的拉力上也会有一个明显的提升，使其在一定程度上变的更加坚实稳固，需要将与之有关的水文地质数据指出来作为借鉴与参考，最终得出可靠的结论。

第三，综合分析地下水对工程施工建设带来的不利影响，我们可以了解到地下水改变工程的地质层力学性质体现在地质层的稳固性和连接力状况上，并针对岩土结构的差异进行深入探究。

## 二、工程地质勘察中水文地质应用的基本要求

### （一）认真研究自然地理条件

在水文地质勘察中，需要深入分析气象水文特征以及地形地貌，了解工程所在地属于热带气候、亚热带气候或季风气候的等地域条件，明确工程所在地位于平原、高原或盆地等地形地貌，全面掌握地形地貌的侵蚀程度。只有认真分析和掌握自然地理条件，进一步提升水文地质勘察工作成效。

### （二）加强分析工程地质环境

在认真研究自然地理条件的基础上，还需要加强对地质环境和地下水位的分析，在对地质环境进行分析时要结合工程所在地地质构造特点和基底构造，明确地层岩性和新构造运动情况，并认真分析工程所在地近 5 年内水位变化趋势，将地表水对地下水位造成的影响找出来，最大程度的减少因地下水位变化而对工程造成的影响。

### （三）保证水文地质参数正确

一是在施工现场将渗透系数通过抽水试验、注水或者压水试验测定出来。针对不同的土层根据实际情况采用不同的试验，例如对压水试验进行硬质岩石测定；二是含水层的厚度可通过隔水层和含水层埋藏的条件确定，含水层的埋藏深度可通过水位变化趋势确定，

含水层的分布情况可根据地下水的流向、类型等确定。通过精心准备水文地质参数，进一步水文地质的全面勘察提供数据支持。

## 三、岩土水理的性质

岩土工程勘察工作是工程建设中十分重要的环节，为了确保工程质量与安全，必须掌握与了解岩土水理的性质。由于岩土受到地下水影响，就会出现各种各样的性质与形式，这就是岩土的水理性质。我们在进行工程地质勘察工作中，必须以工岩土水理性质为核心，对岩土工程勘察中存在的常见问题进行探究，掌握岩土地质情况。

首先是地下水的存储形式。我们生活中所使用地下水，主要是重力水、结合水和毛细管水组成的，地下水以这种状态存储在岩土深处，具有显著的赋存特征。

其次是岩土的水量性质。岩土工程勘察由于其自身的特点，它具有一定的区域性，受到区域限制。从本质上讲岩土工程勘察工作的主要内容是通过各种技术或方法对工程项目的岩体环境、地质情况等周围环境进行实地考察与分析。由于岩土受到水的长时间浸湿，就会使其力学强度明显降低，岩土就会呈现出软化性的特征。并从多个角度将软化性强弱作为评价岩石的指标，在评价岩土的耐风化程度与耐水浸性能时，需要将上方软化系数作为依据。

对工程项目的影响因素做出分析与评估，从而得出可靠科学的数据信息。

## 四、地质勘察中水文地质存在的问题

### （一）给基坑开挖造成的影响

在水文地质勘察工作过程中，地下水与岩土的相互作用是工作的重要内容，尤其地下水的特性与内在规律，都对岩土工程的整体质量有着至关重要的影响。而基坑支护工程是一项复杂、综合性比较强的系统工程，在实际施工中会涉及多方面的专业知识与技能。在进行基坑挖掘工作时，地下水会流到基坑的内部，不仅降低基坑挖掘的质量，还会引发一系列安全事故。为此针对岩土工程勘察工程的具体情况采用相应的措施，做好及时排水工作，防止不安全因素对基坑挖掘工程的不利影响，以免附近建筑物发生不均匀沉降。

### （二）给土质造成的影响

由于工程区域性较强，也就说每个地区的情况都不同，根据地区的实际特点有针对性的采取施工技术与设计方案。一般情况下，基坑中存有大量的地下水，如果没有及时处理很容易产生流沙或者管涌问题，不仅影响地质结构的稳定性，还会对施工建设带来安全隐患。因此我们要采取相应措施避免地下水带来的不利影响，保证施工建设的顺利进行。

## （三）地下水水文上升

地下水位上升的因素主要有环境影响、人类活动以及地质变动等，如果地下水位在升降上出现了异常变化的情况，就会导致其区域内的地质层遭到破坏，进一步导致其孔隙率的提高，不利于地质层结构上的稳定性，使其遭到一定的侵蚀作用。在岩土工程施工中，一旦地下水位发生变动，会给工程施工建设带来严重影响，甚至出现崩塌、滑移等现象，严重威胁着人们的生命财产安全。

## 五、地质勘察过程中水文地质问题的注意事项

开展岩土工程的水文地质勘察工作时候，根据所承担的建设项目现状以及进行预测评估工作之后得出的数据信息，了解与掌握各种水文地质问题，并保证水文地质参数的准确性与可靠性，对被评估地区内的工程地质条件以及一些工程地质灾害发生的频率、工程项目建设中存在的各类安全隐患进行深入分析与评定，不仅要分析水文地质状况，还要强化风险意识，了解施工地区的水文地质情况，岩土结构以及地下水的运动情况。此外，开展工程地质水文勘察工作过程中，如果土层内含有地下水，则需要深入分析与探究地下水的性质以及相关参数信息，为后续工程项目施工提供科学依据，并采取相应的防范措施降低未来可能发生的危险性与危害程度，最大程度地保证人们的生命财产安全。

# 第三节　水文工程地质与环境地质的地质构造

环境及水文等方面地质研究中包含了对地质构造的分析与研究，从而为国家基础建设事业提供服务，在国家发展建设中发挥着不可替代的重要作用。改革开放以来，社会经济迅速发展，社会需求不断增加，在这种环境背景下不仅推动了人们生活质量与生活水平的提升，同时也对社会经济发展与建设起到了积极促进作用。但是众所周知这种现象会严重影响生态环境，甚至对人们的身体健康产生威胁，尤其是近些年来，频繁出现地质灾害问题，严重影响了人们的日常生活，同时还对生态环境产生了负面影响。

## 一、环境地质与水文工程地质的地质构造重要性及科技化

### （一）水文地质

在地质学科中水文地质是其中十分关键的组成部分，研究水文地质的根本目的是为了调查分析并深入研究地下水在自然界中的运动情况及一系列变化。在研究水文地质问题时

可以分为两种方式：找水方式与治水方式。找水主要是通过分析地质结构构造之后，了解地层水在岩土体中的赋存分布情况，并且确定含水层位置，在后续工作中提出针对性的有效控制措施。治水是在勘测地质过程中，分析不同类型的人类工程活动可能对环境地质产生的干扰影响。这两种方式的实施很大程度上能促进水资源整体利用率的提高，与此同时还能尽可能减少地下水给人们工程建设的不利影响。

## （二）环境地质

20世纪中叶最早出现了环境地质这一概念，最开始主要是为了有效解决滑坡及地面沉降等多种不良地质问题而提出的全新理念。在环境地质研究具体实施中主要针对一些影响程度较大、范围较大的人类活动及自然灾害地质等进行调查与深入分析。分析国民经济整体发展情况后能够得出，在一些交通运营线路及特殊地点的规划方面，评估这些情况时能够采取针对性措施实施地质测量，并将其看成一种基础部分。通过分析当前我国国内环境地质的具体实施情况不难看出，在开展土壤、地面水源以及启动污染治理等工作时，基本上能够获取较好的实施效果，从而为后续环境地质工作的展开奠定坚实基础。

## （三）工程地质

工程地质是为了工程建设提供相关服务措施，其研究方法与研究方向随着工程建设方向而发生一定变化，其中一些地表岩体自身稳定性及地震等成为实践过程中的研究重点内容。若突然在实践中采取相应措施研究工程地质，则为了确保整个研究结果的准确性，可以应用先进技术与先进科学仪器，研究一些细节部分。一方面能够支持工程实施中的有针对性的意见，另一方面能够确保工程自身的安全性与合理性。

## （四）科技化分析

当前很多学科发展中科技化成为倡导的新型方向，结合我国现阶段实际发展情况能够看出，目前我国环境地质与水文工程地质的地质构造研究已经开始朝着科技化方向发展。这是一种必然发展趋势，同时也在实践过程中引起了人们对其的广泛关注与高度重视。实践过程中不仅应用了一些先进设备与科学技术等，还必须将政府职能与环境地质、水文工程地质应用之间建立一定联系。在确保法规作用与政府职能履行的基础上，提出针对性措施有效监测环境地质与水文地质，从而有效保护环境。除此之外在众多学科开展中要结合实际情况，将学科自身延伸看作环境地质与水文地质中的重要一部分，很大程度上对于整体研究中有效准备方向的提供起到了引导与支持作用。

# 二、水文工程地质与环境地质的地质构造研究实例

## （一）水文地质

### 1.区域水文地质条件

区内地下水的埋藏与分布，主要受地质构造、岩性、地形地貌、古地理及气象条件等综合因素的影响与制约。矿区处于低山区，海拔高程1380—1710m，相对高差100—300m，山势陡峻，切割较强烈，切割深度100—150m。矿区北部为一条较大的冲沟；矿区南部冲沟较发育，其规模不一、形态各异。

### 2.含（隔）水层

含水层。区域内主要分布有第四系全新统松散岩类孔隙潜水和基岩裂隙水；隔水层。主要为分布在矿区中的岩体和岩脉，岩体和岩脉较完整，裂隙不发育，为隔水岩体或岩墙；透水不含水层。主要分布在区域内地形低洼地带，为第四系残坡积层，结构较松散，透水但不含水。

## （二）环境地质

### 1.矿区地质条件

（1）地质构造。因为矿区具有极为复杂的构造，主要是由大型断裂导致的断块山，大量岩浆在构造断裂活动影响下会渗入断块山区。

（2）矿区对应地震基本烈度为6度，地震动峰值加速度为0.05g，地震动反应谱特征周期为0.35s，通过上述参数能够得出矿区处于地震活动微弱区域。

（3）工程地质条件与水文地质条件。矿区大多为坚硬岩或者半坚硬岩，局部为软弱岩，岩石较为完整且矿区不存在活动性断裂及软弱夹层。矿区地下水主要为第四系孔隙潜水，具有较好的水质，基岩裂隙不具有较强的富水性，裂隙与矿体含水层直接接触，沿着构造断裂带及风化裂隙，裂隙水直接进入矿坑，导致矿床冲水。

（4）矿区环境地质类型。矿区附近无污染源，废石以及矿石无法进行有害组成成分的分解，整体矿区具有较好的地质环境质量。

### 2.环境地质影响及土地植被影响

矿区内地下水与国家饮水标准相符合，基岩裂隙水主要在构造裂隙及风化裂隙中分布，具有较高的静止水位；第四系孔隙潜水主要分布在地势较低沟谷中。矿区开采活动过程中如果出现了废水直接排放的情况会导致地下水污染的问题发生。所以采矿单位需要对矿坑水等废水的生产配方，与相关排放标准相结合，净化处理并回收矿坑水等废水，最大程度提升矿区的水质。除此之外，在矿山开采中因为堆放了大量矿石与矿渣，会对矿区生态环境平衡性产生破坏，同时也对植被生存质量产生严重影响。基于此，开采单位需要尽可能

选择地势较为平坦的区域进行废石与矿石的堆放，从而降低其对生态环境以及周围植被的不良影响。

### 3. 矿山开采产生的影响

首先，影响水源。因为矿山开采中地下水若降至120m时则会在矿区周围形成一个漏斗，以至于周边地下水会流入矿区，降低了周围水位，这种情况会直接影响人畜饮水、农业用水以及自备水井等。其次，矿渣影响水环境。在降水淋滤下采矿中的矿渣会渗入到地下水而对矿区水环境造成污染。最后，影响矿井。因为含水层的压力较高，加上地下水量极为丰富，因此在采矿过程中若开采到地下水位会造成矿坑突水情况的发生，对矿井生产安全产生严重威胁。

# 第十章　水资源系统

## 第一节　水资源的概念

### 一、水资源的基本含义

根据世界气象组织（WMO）和联合国教科文组织（UNESCO）的《INTERNATIONAL GLOSSARY OF HYDROLOGY》（国际水文学名词术语，第三版，2012 年）中有关水资源的定义，水资源是指可资利用或有可能被利用的水源，这个水源应具有足够的数量和合适的质量，并满足某一地方在一段时间内具体利用的需求。

根据全国科学技术名词审定委员会公布的水利科技名词（科学出版社，1997）中有关水资源的定义，水资源是指地球上具有一定数量和可用质量能从自然界获得补充并可资利用的水。

### 二、重要性

水不仅是构成身体的主要成分，而且还有许多生理功能。

水的溶解力很强，许多物质都能溶于水，并解离为离子状态，发挥重要的作用。不溶于水的蛋白质和脂肪可悬浮在水中形成胶体或乳液，便于消化、吸收和利用；水在人体内直接参加氧化还原反应，促进各种生理活动和生化反应的进行；没有水就无法维持血液循环、呼吸、消化、吸收、分泌、排泄等生理活动，体内新陈代谢也无法进行；水的比热大，可以调节体温，保持恒定。当外界温度高或体内产热多时，水的蒸发及出汗可帮助散热。天气冷时，由于水储备热量的潜力很大，人体不致因外界寒冷而使体温降低，水的流动性大。一方面可以运送氧气、营养物质、激素等，一方面又可通过大便、小便、出汗把代谢产物及有毒物质排泄掉。水还是体内自备的润滑剂，如皮肤的滋润及眼泪、唾液，关节囊和浆膜腔液都是相应器官的润滑剂。

成人体液是由水、电解质、低分子有机化合物和蛋白质等组成，广泛分布在组织细胞内外，构成人体的内环境。其中细胞内液约占体重的40%，细胞外液占20%（其中血浆占5%，组织间液占15%）。水是机体物质代谢必不可少的物质，细胞必须从组织间液摄取营养，而营养物质溶于水才能被充分吸收，物质代谢的中间产物和般终产物也必须通过组织间液运送和排除

在地球上，人类可直接或间接利用的水，是自然资源的一个重要组成部分。天然水资源包括河川径流、地下水、积雪和冰川、湖泊水、沼泽水、海水。按水质划分为淡水和咸水。随着科学技术的发展，被人类所利用的水增多，例如海水淡化，人工催化降水，南极大陆冰的利用等。由于气候条件变化，各种水资源的时空分布不均，天然水资源量不等于可利用水量，往往采用修筑水库和地下水库来调蓄水源，或采用回收和处理的办法利用工业和生活污水，扩大水资源的利用。与其他自然资源不同，水资源是可再生的资源，可以重复多次使用；并出现年内和年际量的变化，具有一定的周期和规律；储存形式和运动过程受自然地理因素和人类活动所影响。

# 三、淡水来源

## （一）地表水

地表水是指河流、湖或是淡水湿地。地表水由经年累月自然的降水和下雪累积而成，并且自然地流失到海洋或者是经由蒸发消逝，以及渗流至地下。

虽然任何地表水系统的自然水来源仅来自于该集水区的降水，但仍有其他许多因素影响此系统中的总水量多寡。这些因素包括了湖泊、湿地、水库的蓄水量、土壤的渗流性、此集水区中地表径流之特性。人类活动对这些特性有着重大的影响。人类为了增加存水量而兴建水库，为了减少存水量而放光湿地的水分。人类的开垦活动以及兴建沟渠则增加径流的水量与强度。

当下可供使用的水量是必须考量的。部分人的用水需求是暂时性的，如许多农场在春季时需要大量的水，在冬季则丝毫不需要。为了要提供水与这类农场，表层的水系统需要大量的存水量来搜集一整年的水，并在短时间内释放。另一部分的用水需求则是经常性的，像是发电厂的冷却用水。为了提供水与发电厂，表层的水系统需要一定的容量来储存水，当发电厂的水量不足时补足即可。

加拿大拥有世界上最大的水量补给。

## （二）地下水

地下水，是贮存于包气带以下地层空隙，包括岩石孔隙、裂隙和溶洞之中的水。

水在地下分为许多层段便是所谓的含水层。

### （三）海水淡化

海水淡化是一个将咸水（通常为海水）转化为淡水的过程。最常见的方式是蒸馏法与逆渗透法。就当今来说，海水淡化的成本较其他方式高，而且提供的淡水量仅能满足极少数人的需求。此法唯有对干漠地区的高经济用途用水有其经济价值存在。至今最广泛使用于波斯湾。

不过，随着技术的跟进，海水淡化的成本越来越低，其中太阳能海水淡化技术日益受到人们的关注。

早已有几个计划提出要利用冰山作为一个淡水的来源，但迄今为止仅止于新颖性用途，尚未能顺利进行。而冰川径流被视为是地表水。

# 第二节　水资源系统

## 一、水资源系统调度研究

### （一）水资源系统与水资源系统调度

#### 1. 水资源系统

水是生命之源和人类与一切生物赖以生存和发展的基本条件。水资源是生态环境的基本要素，是生态环境系统结构与功能的组成部分，是国民经济和社会发展的重要物质基础。水资源系统是一种多目标、多层次的，不断发展的，具有大量相互关系和作用单元及因素的开放复合大系统。

#### 2. 水资源系统调度

水资源系统调度是水资源系统管理的有机组成部分。为满足国民经济和社会对水资源治理和利用的要求，按水资源系统运行调度的基本原则，利用一定的优化理论方法制定和实现对系统内水资源及其他有关资源的最优化控制和利用方式，寻求水资源系统的最优化调度方式、最优策略和最优决策。

### （二）国内外水资源系统调度研究进展

国外对水资源系统调度的研究，始于 40 年代，Masse 提出了水库优化调度问题。1962 年 MassA 等人合著的《水资源系统设计》中，首次论述了水资源工程的系统设计思想和方法及应用问题。体现了水资源系统调度的思想。1977 年，HaimessY.Y. 的《水资源系统递阶分析》，介绍了大规模复杂水资源系统的模型建立、分析和优化的系统方法理论。我国在水资源系统调度方面的研究起步较迟，但发展很快。20 世纪 60 年代就开始了以水库优化调度为先导的水资源系统调度的研究。

近 40 多年来，水资源系统调度领域最引人瞩目的进展之一，是系统分析方法在水资源系统调度中的研究与应用。1985 年，G.Yeh 对系统分析方法在水资源系统调度中的研究和应用曾作了全面综述。他把系统分析法在水资源系统调度中的研究和应用归纳成如下四种类型：线性规划、动态规划、非线性规划、模拟技术等。

贝尔曼（R.E.Bellman）最早提出了将动态规划应用于多目标水库（群）的优化方法。动态规划以其解决多阶段优化问题的有效性，在水资源系统调度领域引起了广泛重视。增量动态规划、离散动态规划、增量和连续逼近相结合的动态规划、微分动态规划都是在传统动态规划基础上，为了解决所谓动态规划的"维数灾"问题提出的。这方面的有效方法还有 M.Ozden 于 1984 年提出的二元动态规划算法，其基本思想是从一初始策略开始，以二值离散状态空间策略迭代递推的优化方法。在众多的算法中，H.R.Howson 和 N.G.F.Sancho 于 1975 年提出的逐次逼近算法 POA，是一种非常有效的算法。运用此种算法把一个复杂得多阶段序列决策优化问题，转化为一系列的二阶段极值问题。H.R.Howson 和 N.G.F.Sancho 还研究了 POA 的收敛性，即当目标函数为凸函数时，POA 算法将收敛于问题的最优解。A.Turgen 成功的应用 POA 算法求解了梯级水电站水库的短期优化调度问题。张玉新、冯尚友（1985）利用 POA 的基本原理，提出了一种求解多目标动态规划问题的逐次迭代算法，为解决多维、多目标动态规划问题的"维数灾"提供了捷径。谢新民和周之豪（1994）研究和提出一种基于大系统理论和传统动态规划技术的水电站水库群，优化调度模型与改进目标协调法。有效地克服了动态规划的"维数灾"问题。

随机动态规划最具影响的是 D.J.White1963 年提出的，动态规划与马尔柯夫链及其策略逼近算法。使随机动态规划在水资源系统调度领域得到广泛推广。施熙灿等（1982）研究了考虑保证率约束的马氏决策规划，在水电站水库优化调度中的应用问题，建立了马氏决策规划模型。1997 年，RodrigoOliveira 将遗传算法应用于水库群优化调度系统，取得了良好效果。在水资源系统优化调度中提供了一种新解法。1983 年，吴信益率先把模糊数学方法引入水库调度领域，制定了乌溪江水电站水库的模糊调度方案。他将调度规则的面临时段状态：来水季节、水库水位、电站出力、水库水情预报等因素用模糊子集描述出来，然后设计模糊语言控制规则，建立起调度条件和出力决策的关系。张勇传等（1984）把模糊等价聚类、模糊映射和模糊决策的基本概念引入水资源系统调度中，解决径流预报和运行决策问题。王本德、周惠成（1985）根据模糊推理的基本原理，探讨了多个影响因素的水库与井群联合经济运行模糊推理模式，应用特征展开模糊推理法解决了多因素推理计算中遇到的困难。并进一步将模糊推理模式应用到补偿调节水库放水决策中。王本德、张力（1991）提出一种寻求满意决策的多目标洪水模糊优化调度模型及解法，并将该模型用于大伙房水库多目标防洪优化调度研究。SamuelO.Russell 和 PaulF.Campbell（1996）认为，目前，只有相当少量的水库优化调度规则应用于实践的主要原因之一，就是调度人员对复杂的优化模型不适应，对没有完全理解的调度规则不愿接受。模糊逻辑规则鲁棒性好，且易调整，好理解，能够反映专家意见，因此适宜推广应用于实践。作者将模型应用于入库径流和电价可变的单目标水电站的调度模拟，取得好的效果。郑德凤等（2004）在运用相关分析与灰色关联分析法相结合建立地下水库调蓄能力综合评价的指标体系的基础上，引入基于遗传算法的投影寻踪评价模型，发展了多指标体系的地下水库调蓄能力综合评价方法。赵建世等（2004）基于新近发展起来的复杂适应系统理论，建立了流域级的水资源系统整体模型，用于分析研究流域的水资源管理和配置。结合整体模型框架的特点，提出了用于求解这个高纬度的非线性模型的嵌套遗传算法。并应用于黄河流域，分析了南水北调西线工程的合理调水量及其边际效益。

逐渐的人工神经网络渗透到了水资源系统优化调度领域中。韦柳涛等（1992）基于Hopfield模型，提出了梯级水电厂短期优化调度的神经网络模型。模型中依据水电厂短期优化运行数学模型的目标函数和约束条件，建立了梯级水电站群，短期优化调度神经网络的能量函数及相应的运动方程。利用神经网络模型学习能力强的特点，胡铁松等（1995）将神经网络BP模型用于水库群优化调度函数的拟合学习，取得了满意结果。胡铁松（1997）研究了Hopfield连续模型为基础，建立了一般意义下混联水库优化调度的神经网络模型。在此基础上，将模型应用于3个并联供水水库的调度问题。研究结果表明：水库群优化调度的Hopfield网络方法是可行的，计算结果是合理的，并能有效的克服用动态规划方法求解水库群优化调度问题存在的"维数灾"障碍。GaoHong等（1998）应用人工神经网络Hopfield模型解决了由4座水电站组成的水电站群联和优化调度问题，并应用模拟退火技术，以求得全局最优解。应当说，人工神经网络应用于水库优化调度的工作才刚刚起步，有很多问题需要进一步研究。如由于人工神经网络的高度非线性特点，不能保证得到全局最优解，有待于进一步探索有效的解法。

虽然清水水库的优化调度研究，在我国取得了较大的进展，然而多泥沙河流水库的优化调度的研究还很少。事实上，多泥沙河流水库优化调度比清水河复杂得多，除了满足防洪、发电、供水等综合利用外，必须解决好水库库区淤积、翘尾淤积和下游河道减淤等问题。因而，由于模型中考虑泥沙冲淤计算，大大增加了状态变量的维数和计算量。因此，积极开展多泥沙水库水沙调节优化调度，具有重要意义。王海军等（2004）认为：多泥沙河流水库汛期运行关键，在于排沙和发电的优化。根据三门峡水库汛期"洪水排沙、平水发电"的运用模式，分析在调节库容小的情况下如何发挥水库的排沙作用，恢复有效库容，在平水期利用电网运行规律优化发电运行，减少平水期弃水。

## 二、水资源系统优化配置研究

### （一）水资源系统优化配置内容及其作用

水资源系统优化配置泛指通过工程和非工程措施，改变水资源的天然时空分布。开源与节流并重，兼顾当前利益和长远利益；利用系统科学的方法、决策理论和先进的计算机技术，统一调配水资源；注重兴利与除弊的水资源系统优化配置就是遵循公平性、有效性和可持续性的原则，对特定流域有限的、不同形式的、不同水质的水资源，运用系统分析理论与优化技术，以水资源系统分析为基础，考虑水资源系统演化过程，综合分析水资源开发利用对社会经济、生活、生态的影响，采取各种工程措施和非工程措施，通过合理抑制需求、保障有效供给、维护和改善生态环境质量等手段与措施，对多种可利用水资源在区域间和各用水部门间进行最优化分配，以获得最佳综合效益，以及水质和水量的统一和协调。因此，水资源系统优化配置最终目的是实现以水资源可持续利用支撑国民经济的可持续发展，在保证社会经济、资源和生态环境的协调发展基础上，最大限度地发挥水资源的综合效益，其实质在于提高水的配置效率。

水资源系统优化配置是在水资源开发利用过程中，对洪涝灾害、干旱缺水、水环境恶化、水土流失等问题的解决实行统筹规划、综合治理；协调上下游、左右岸、干支流、城市与乡村、流域与区域、开发与保护、建设与管理、近期与远期等各方面的关系。在时间和空间上、水量水质之间使得供、用、耗、排等多层面相互交织的复杂系统进行合理调配使其能够协调统一。

### （二）国内水资源系统优化配置研究进展

国内学者在20世纪60年代就开始了以水库优化调度为手段的水资源分配研究。自80年代起，由于水资源规划管理的需要，采用系统优化和模拟进行水资源系统优化配置的研究逐渐受到重视。白宪台等等利用动态规划方法建立了平原湖区洪涝系统优化调度的大系统模拟模型。张世法等利用系统工程的分析方法建立了地下水和地表水联合优化调度的系统模拟模型。刘建民等在京津唐地区建立了区域可供水资源年优化分配的大系统逐级优化模型。吴泽宁等建立了多目标模型及其二阶分解协调模型，并用层次分析法间接考虑水资源配置的生态环境效果。王忠静等将宏观经济、系统方法与区域水资源规划实践相结合，形成了基于宏观经济的水资源系统优化配置理论，并在这一理论指导下提出了多层次、多目标、群决策方法，实现了水资源配置与区域经济系统的有机结合，也是水资源系统优化配置研究思路上的一个突破。吴险峰等探讨了枣庄在复杂水源下的优化供水模型，从社会、经济、生态综合效益考虑，建立了水资源系统优化配置模型。阮本青等针对近年来黄河下游连年缺水、断流等现象，研究了黄河下游水资源量的优化配置问题。刘丙军等以大系统分解协调理论作为技术支持，运用逐步宽容约束法及递阶分析法，建立东江流域水资源系统优化调配的实用模型和方法，并对该流域特枯年水资源量进行优化配置和供需平衡分析。不少学者结合当前发展需求和新技术研究了水资源系统配置的一些理论和方法。甘泓等、杨小柳等给出了水资源配置的目标量度和分配机制，提出了水资源配置动态模拟模型，研制了可适用于巨型水资源系统的智能型模拟模型。王浩等提出了水资源配置三次平衡和水资源可持续利用的思想，系统阐述了基于流域的水资源系统分析方法，提出了协调国民经济用水和生态用水矛盾下的水资源配置理论。赵建世等、冯耀龙等、尹明万等基于水资源系统分析方法结合计算机技术创建了不同的水资源系统配置模型并应用于大型复杂水资源系统的配置中。总体而言，国内学者对我国水资源系统优化配置理论和应用研究做了较多工作。但由于研究范围和投入力量的限制，各类研究通常以具体问题为导向，应用范围有限。对模型以及软件开发尚缺少必要的投入，与国外研究和应用水平尚有一定差距。

## （三）国外研究进展

国外以水资源系统分析为手段，水资源合理配置为目的研究始于 20 世纪 40 年代 Masse 提出的水库优化调度问题。以后的 30 年里，随着系统分析和优化方法逐渐被引入水资源领域，计算机技术的迅速发展，对水资源系统优化配置的研究出现了更多的方法与手段。最大的特点是一批基于运筹学算法和计算机模拟的模型出现。SharerJM 等，针对潮汐电站的特点，考虑多部门利益的相互矛盾，利用模拟模型对潮汐海湾的新鲜水量分配进行了模拟计算，展现了模拟技术的优越性；Watkins 等介绍了一种伴随风险和不确定性的可持续水资源规划模型框架，建立了有代表性的水资源联合调度模型。JhaMK 等考虑了水的多功能性和多种利益的关系，强调决策者和决策分析者间的合作，建立了 GuilderlandDolente 的水资源量分配问题的多层次模型，体现了水资源配置问题的多目标和层次结构的特点。ZsgonaA 等基于大系统理论建立了多水库联合调度模型。MKinney 等 [19] 等提出基于 GIS 的水资源模拟系统框架，作了流域水资源配置研究的尝试。

20 世纪 90 年代以来，水资源系统优化配置在模型模拟方面取得了更多的成果，开发的模型具有较高的应用价值，并且充分利用计算机技术完成系统化集成开发出一些实用软件。WMS 是美国杨百翰大学与陆军工程兵团共同开发的可用于流域模拟的软件，属于 EMS 软件系统的一个组成部分。

该软件重视水文学和水动力学机理，从宏观和微观两个层次同时反映流域水资源运移转换。Waterware 是奥地利环境软件与服务公司开发的流域水资源综合软件其功能包括流域的水资源规划管理、水资源配置、污染控制以及水资源开发利用的环境影响评价等。Aquarius 是由美国农业部（USDA）为主开发的流域水资源模拟模型，该模型以概化建立的水资源系统网络为基础，采用各类经济用水边际效益大致均衡为经济准则进行水资源优化分配，并采用非线性规划技术寻求最优解。MIKE-BASIN 是由丹麦水利与环境研究所（DHI）开发的集成式流域水资源规划管理软件。其最大特点是基于 GIS 开发和应用，以

ArcView 为平台引导用户自主建立模型，提供不同时空尺度的水资源系统模拟计算以及结果分析展示、数据交互等功能。相对而言，国外的模型及软件具有较高的应用价值，在模型的创建及软件开发方面处于领先地位。

## 三、水资源系统风险评估研究

水资源系统风险评估包括定义系统问题、风险识别、风险分析、风险计算和风险决策5 部分。水资源系统风险评估不仅能在一定程度上降低风险和灾害产生的损失，同时也能提高水资源配置效能。通过对风险评估进行科学合理的分析，定量评价水资源系统中存在的已知与未知的风险，采取有效的风险决策，才能更好地保证水资源系统风险评估理论与实践的完美结合，保障水资源系统的可持续发展。

### （一）风险评估指标体系

在水资源系统风险评估中，通过构建风险评估指标体系可完成风险识别和风险分析。目前，水资源系统风险评估指标研究已由单项指标选取向指标体系构建转变。Fiering 对水资源系统风险中可恢复性进行了深入研究，并给出 11 种系统可恢复性度量方法，为后续相关研究提供了参考；Hashimoto 运用数学思想定量表达了可靠性、可恢复性和脆弱性 3个风险评估指标，为水资源系统风险评估的模型建立奠定了基础。阮本清等针对区域水资源短缺问题，采用风险率、脆弱性（易损性）、重现期、可恢复性和风险度作为其风险评估指标，以此完成水资源短缺风险评估指标体系的构建。谢翠娜等在剖析自然灾害、城市干旱缺水、水环境的风险评估研究成果基础上，根据城市水资源的自然、生环境及水资源风险的形成原理，提出了一套由危险性、暴露性、脆弱性和防灾减灾能力组成的风险评估指标体系。该指标体系涵盖了中国大多数城市的基本水资源条件，是一套适合中国城市水资源综合风险评估的指标体系。

### （二）风险评估方法

在风险评估指标体系构建的基础上，通过选取适宜的评估方法，对系统运行发生风险的概率及其损失程度做出估计，可定量化评估水资源系统风险。风险评估方法的选择不仅决定着能否客观地反映系统运行风险，同时也影响着规避系统风险策略的制定。目前，风险评估诸多方法可归为统计学方法、系统分析方法和新方法三大类。

#### 1. 统计学方法

（1）概率论和极值统计学方法

概率论视系统风险发生为随机变量，以概率统计作为其数学工具，模拟系统的风险概率分布，进而实现系统的风险评估。该方法已被应用于水资源管理的不确定性分析中。其具有概念性强，简单易懂等优点，但当随机变量影响因素较多时，由于难以找到变量之间的概率关系，致使无法求得解析解或数值解，因此该方法在实际应用中对系统中变量的数目和关系要求较为严格。

极值统计学方法在处理样本容量极值（最大值和最小值）的基础上，组成最大值和最小值总体，以此利用极值概率分布的随机变量来模拟极值。其优点在于可以很好地模拟突发情况下的水资源风险，缺点是无法划分风险范围和风险强度。该方法在洪灾风险评估中应用较为广泛。

（2）重现期法

重现期法是从工程水文学角度提出的风险率计算方法，该方法基于两个前提假设：①各水文事件的发生是独立的；②各水文事件发生的概率相等。重现期法在计算风险上具有简单易行的优点，但也有其局限性。如重现期是由历史资料的统计和外延推得，故风险率计算会受到统计资料精度的限制。阮本清等在研究水资源短缺风险中指出重现期可采用平均值，但是在实际应用中需根据不同情况选择不同的重现期。

2. 蒙特卡洛模拟法

蒙特卡洛模拟法（Monte-Carlo，简称 MC）是用随机数发生器产生具有相同发生概率的随机数，将其输入模型进行模拟试验，经过不断的反复，得出风险变量的频率分布，再通过统计分析得到风险指标。MC 法计算精度高，常被应用于风险计算中，尤其对于非线性、不同分布及相关系统更为有效。但该方法依赖样本容量和抽样次数，不仅计算量大，而且计算结果精确度不高，因此，在可以选择其他简单方法时，应尽可能避免使用 MC 法，或仅以此方法作为一种参考对照。

3. JC 法

JC 法是由克拉维茨和菲斯莱等人提出的一种从一次二阶矩法、改进的一次二阶矩法发展而来的风险计算方法，其适用于随机变量为任意分布的情况。该方法不仅可以对非线性的状态方程求解，而且对状态方程中变量的分布不加限定，在计算同等精度时，JC 法的效率高于 MC 法，因此，该方法越来越受到学者的青睐。目前，JC 法已被广泛应用于水库泄洪风险分析中。

# （三）系统分析方法

## 1. 模糊风险分析法

由于水资源系统的不确定性，并在其不断发展及演变过程中，受到来自诸多因素的影响，致使系统表现出不稳定、模糊或混沌等现象，这些都是水资源系统客观存在的模糊现象，因此，在研究水资源系统风险时可采用模糊分析法。该方法的优点是模糊理论研究较为成熟，不足之处是隶属度函数的构建没有统一的标准，在建立模型或是选取指标时主观性比较强。阮本清等、王红瑞等、罗军刚等均采用了模糊方法对区域水资源短缺风险进行了综合评价。Schmucker 提出了用合并子系统的方法来计算整个系统的模糊风险；Simonovic

将风险用模糊集方法加以定义，并对水资源管理中的不确定性来源进行了分类。

### 2.灰色风险分析法

水资源系统被定义为复杂的巨系统，其复杂性体现在系统结构的影响因素众多，研究时人们只能把握部分，而不能了解全部的信息量。在这种信息部分已知、部分未知的情况下，将系统变量视为灰变量，可采用灰区间预测的方法来度量系统的不确定性，以此强调对风险率的灰色不确定性的描述和量化。鉴于在研究水资源系统风险巨大信息量的同时，不可避免地会遇到信息量的缺失或未知，而灰色风险分析法正弥补了这方面的空缺。在实际应用中，灰色风险分析法的局限性较小，适用范围较广。目前，该方法已被广泛应用于堤坝决口的可行性分析、河流重金属污染的风险评估、水资源系统灰色不确定因素风险评估中。

### 3.层次分析法

水资源系统风险评估是由多指标组成的、具有一定层次结构的复杂系统，研究过程中的重点和难点在于指标权重的计算，为此我国学者探讨了将层次分析作为指标权重计算的工具，最终根据权重的取值来评价风险的大小。基于层次分析的水资源系统风险评估，在建立风险评估指标体系的基础上，利用层次分析法确定各风险指标的相对权重并建立综合评估模型，最后综合各种风险指标值对水资源系统进行风险评估。层次分析法是从定性分析到定量分析综合集成的典型的系统工程方法，具有较强的推广和应用价值。

## （四）新方法

### 1.支持向量机法

支持向量机是一种基于结构风险最小化的新型机器学习技术，也是一种具有很好泛化能力的回归方法，同神经网络一样，具有逼近任意连续有界非线性函数能力的一种回归方法。黄明聪等阐述了支持向量回归机的原理：首先选取风险评价指标，再通过给定的估计函数，利用对偶原理、拉格朗日乘子法和核技术，最终得到支持向量机的水资源短缺风险评价模型，并将其成功应用于闽东南地区水资源短缺风险评价中。支持向量机方法在水资源风险评估领域的研究尚属尝试，其应用过程比较公式化，适用范围尚无明确限定，还有待学者们进一步深入研究。

### 2.最大熵风险分析法

无论是模糊还是灰色风险分析法，对其应用都源于水资源系统的不确定性，风险与不确定性是紧密联系的，这是水资源系统的一大显著特性。熵是随机变量不确定性或所含信息量的度量，故可采用熵来计算水资源系统的风险程度。最大熵原理是指对于"不适定问题"（指求解问题时由于数据不完全，在给定的条件下，不足以推求该问题的确定解），在其所有的可行解中，当满足一定的约束条件时，应选择熵值最大的一个。熵最大意味着此时的解所包含的主观成分最少，因此，该解最客观，误差最小。在水资源系统风险评估中，可通过最大熵原理得到风险变量的概率特性，然后应用统计方法计算水资源系统风险率。韩宇平等建立了最大熵原理的风险评价模型，通过实例分析，评价出了水资源短缺风险的高低以及需要采取行之有效的管理措施；邹强等］针对复杂洪水灾害系统中随机、模糊、灰色等各种不确定性，以最大熵原理为基础，建立了基于最大熵原理的洪水灾害风险模型，并将该模型应用到荆江泄洪区洪水灾害风险分析中；杜朝阳等根据地下水系统不确定性的特点和影响因素，构建了基于最大熵原理的地下水开采降深风险分析模型，并将其应用到水源地下水开采风险分析中，同时验证了该模型具有较好的可行性。虽然熵理论与方法还不完善，不能自成体系，但是由于熵对不确定性高层次的描述与刻画，用其来研究不确定性问题的有效性还是值得推广和学习的，因而具有广阔的应用前景。

### 3. 界壳的泛系观控法

界壳论是研究系统周界（界壳）的一般性系统工程理论，该理论专门研究存在于系统周界中的共同规律，研究目的在于更好地选择界壳的结构、功能及其行为，通过界壳对系统与环境的保护和交换作用，实现系统与环境的协调发展。界壳论将系统分为系统周界（界壳）和系里两部分。例如：在水资源系统中，可将各流域、区域间的分界线，或是为之制定的管理制度及法律法规等视为该系统的周界，将流域干流及支流等视为系统的系里。由于周界处于系统的外围，因此在维护其系统内部的同时还与外部环境进行交流，根据交流信息匹配出与系统相适应的界壳结构、功能及相关参数，更好地配合系统与环境间的交换工作，以此实现系统与环境间的有序交换和协调发展。因此，界壳被定义为"处在系统外围能卫护系统且与环境进行交换的中介体"。泛系观控是关于广义观测与控制及其一般机理的研究，是泛系理论的重要组成部分，其以泛系理论为基础，以观控风险分析技术为核心，将理论与技术有机结合，为研究系统的风险评估提供了有效方法。

界壳的泛系观控模型是将界壳论与泛系观控相结合，借助观控风险分析技术，将该模型应用于水资源系统风险评估中，研究风险与收益间关系这一实际问题上。界壳的泛系观控法克服了模糊风险计算模型中需要决定较多未知因素的难题，或是蒙特卡罗风险估计方法中需要大量的样本信息、计算量巨大的弊端，建立界壳的充分可观控的泛系观控模型，并将其应用到水资源系统的风险评估上，势必会带来新的研究思路。然而现有研究均是围绕着黄河流域水资源调控模型风险评估开展的相关研究，这一极具新意的风险评估方法亟待学者们在其他领域进行应用，以此验证其评估系统风险的有效性。

# 第三节　水资源现状及可持续发展

## 一、我国水资源面临的主要问题

伴随着社会经济的快速发展和全球气候变化的影响，我国乃至全球均面临着愈来愈紧迫的水资源问题的挑战。我国的水资源问题主要表现在：

### （一）人均水资源量少，时空分布不均匀，水资源配置难度大

我国水资源总量 2.8 万亿 $m^3$，人均 $2173m^3$，仅为世界人均水平的 1/4。降水年际变化大，且多集中在 6—9 月，占全年降雨量的 60%—80%。空间分布总体上呈"南多北少"，长江以北水系流域面积占全国国土面积的 64%，而水资源量仅占 19%，水资源空间分布不平衡。由于水资源与土地等资源的分布不匹配，经济社会发展布局与水资源分布不相适应，导致水资源供需矛盾十分突出，水资源配置难度大。

### （二）水资源短缺及利用率低，供需矛盾突出

我国水资源短缺的状况仍然相当严重，正常年份全国每年缺水量近 400 亿 $m^3$，北方地区尤甚。且存在水资源利用率偏低，我国农业灌溉水的利用效率只有 40%—50%，而发达国家可达 70%—80%。全国平均单方水实现 GDP 仅为世界平均水平的 1/5；单方水粮食增产量为世界水平的 1/3；工业万元产值用水量为发达国家的 5—10 倍。同时由于用水结构的不合理和浪费严重，以及水管理体制不顺、多龙治水、条块分割、利益冲突、管理落后等原因导致主要流域的水资源供需关系矛盾日益突出。

### （三）全球变暖和人类活动加剧了我国水资源的脆弱性

我国水资源系统对气候变化的适应能力十分脆弱，全球变暖可能加剧我国年降水量及年径流量"南增北减"的不利趋势，在气候变暖背景下，区域水循环时空变异问题突出，导致的北方地区水资源可利用量减少、耗用水增加和极端水文事件，加剧了水资源的脆弱性；影响我国水资源配置及重大调水工程与防洪工程的效益，危及水资源安全保障。另一方面，经济和人口增长、河流开发等人类活动进一步加剧，不仅增加需水量，也加剧了水污染，显著改变流域下垫面条件，对水资源的形成和水循环多有不利影响。未来我国水资源发展态势不容乐观，水资源脆弱性将进一步加大。

#### （四）水污染日益加剧和水资源过度开发导致生态环境恶化

污染和过度开采导致的水质和环境恶化对我国水资源安全的影响非常严重。目前全国多数河流湖泊都存在不同程度的水污染情况，其中黄河、辽河为中度污染，海河为重度污染。西北内陆河流域因水资源过度开采导致荒漠化面积扩大，华北地区和部分沿海城市地下水超采形成地下水漏斗和地面沉降，导致区域生态环境状况恶化。近20年来，我国水污染从局部河段到区域和流域，从地表水到地下水，从单一污染到复合型污染，水污染的扩展速度加快，水污染和水环境破坏程度加重，危及水资源的可持续利用，成为当前我国水危机中最严重、最紧迫的问题。

为了有效解决上述水问题，2011年中央一号文件强调了水利在国家的核心地位，明确指出水利不仅关系到防洪安全、供水安全、粮食安全，而且关系到经济安全、生态安全和国家安全，有着深刻的历史背景、现实意义，对国家未来发展具有重要的战略意义。纵观全球尤其是发展中国家，水资源短缺、水环境污染、水生态退化、水旱灾害已经严重威胁到全球经济发展、人群健康、人类生存环境和国家安全，也成为社会关注的热点和理论研究的重点，为此，本书将围绕上述问题对当前我国的水资源研究展开讨论。

## 二、水资源研究发展趋势

水资源安全问题已引起科技界广泛关注，本书结合当前国际水资源问题的诸多关注热点，重点针对水资源监测、水资源转化、水资源综合管理和水资源开发利用等方面做了深入细致的研究。加强对水文过程与能量循环过程的理解，在对其持续观测的基础上，提高地球水循环变化的监测能力，提高水资源利用效率和改善水资源管理模式，是减轻与水有关的灾害和保持人类可持续发展的关键。

### （一）水资源监测

伴随全球定位系统、遥感、地理信息系统、对地观测、同位素示踪、定点观测和监测、现代通信等高新技术的兴起，水资源监测领域得到长足发展。通过天地一体化的立体观测网络，对全球水资源形成和转化进行监测，了解人类河流、地下水管理导致的陆地水循环格局的变化，是各国宇航机构水资源部门发展计划的主要内容。

目前，美国宇航局NASA已建成了水循环观测网络，可以利用降雨雷达和微波辐射计观测降雨量，利用重力卫星GRACE观测百公里尺度的地下水月变化量，利用气象卫星获得大气参数和地表辐射平衡参数。未来NASA还将继续加强土壤含水量、冰雪和河川径流的观测。通过地表能量和水循环联合观测，将提高全球气候系统模式的预报能力，更好地揭示水资源和水循环的空间演变规律。欧空局发射的对地观测科学试验卫星SMOS，采用对植被有很强穿透能力和对土壤水分更为敏感的L波段，有望提供近期内精度最可靠的全球土壤水分观测数据。预计 2013 年发射升空的国际联合全球降雨计划 GPM 中心星，将携带全新的双频降雨雷达以及多频微波辐射计，与其他卫星形成的微波辐射计观测星群联合提供全球范围每 3 小时的降雨观测结果。近年来，同位素技术在水资源监测方面被广泛应用，国际原子能机构和世界气象组织一直致力于推动全球降水同位素站网（GNIP）的建设，现在 GNIP 的测验工作在研究环境和天气变化时越来越重要，2002 年又组建了全球河流同位素站网（GNIR），目前已在世界 17 条大江大河设立了常年观测站，其中 2003 年开始在我国长江设立河流同位素常年观测站。

大空间尺度水资源形成、转化研究，取决于是否能够在各种尺度上获得模型改进和标定所需的充分数据，上述卫星遥感监测活动，在此过程中扮演着关键角色。为有效利用这些先进监测系统和传统监测手段获得的数据，分析和模拟不同尺度水循环过程，需要具有对复杂陆地—大气—海洋数据进行耦合同化的能力。因此，未来全球水循环变化监测研究，将重点发展同化方法以实现卫星观测数据与地面观测数据的融合，将水量和水质监测结合起来，发展具有可方便存取节点的高性能的数据分发管理系统和存档系统。

## （二）水资源形成转化研究

在大气水方面，世界气象组织于 1988 年启动了全球能量与水循环实验（GEWEX），旨在观测和实验的基础上，研究气候变化条件下海洋—大气—陆面间能量与水分相互作用与转化及其对气候变化的反馈。其成果将用于改善对于蒸散发和降水的模拟能力，提高对大气辐射和云雾模拟的精度，最终达到改进气候模型的目的。全球能量与水循环实验现已在 5 个实验区（密西西比河流域、亚马孙河流域、马更些流域、波罗的海区域、亚洲季风区）完成了观测和试验，获得了能量与水循环领域的研究成果。在作物与森林水文方面，国际科学联盟理事会（ICSU）于 1990 年正式启动水文循环的生物圈过程（BAHC）专项，主要研究植被在水循环中所起的作用。BAHC 着重进行以下两方面工作：一方面通过野外观测实验，研究确定植被在水循环中的作用，研发不同时空尺度的土壤—植被—大气模式，模拟地表的能量和水汽通量，最终实现与大气环流模式的耦合；另一方面建立必要的生态、气象和水文数据库，试验和验证模拟的结果。

在地表水方面，对过去 50 年地表径流变化的研究结果表明，众多河流来源于高山冰川冰雪融水和山区降水，由于冰川对气候变化反映十分敏感，气候变化对水资源的最大影响表现在对河流源头冰雪储量的影响，进而影响出山河川径流量。因此，寻求新的理论和方法进行冰川融雪径流变化预测和对未来水资源影响的研究显得十分紧迫。

在水循环过程模拟方面，陆面水文过程涉及生物、土壤等一系列复杂的子系统及其相互作用的过程，较之大气过程更为复杂。BAHC 计划通过野外观测实验研究，确定了土壤—植物—大气系统水循环中的生物控制作用，建立了各种时间和空间尺度的土壤、植物、大气系统能量和水分通量模型。从联合国教科文组织牵头实施的国际水文计划（UNESCO/IHP）第六阶段（2002—2007 年）起，主题集中在水问题带来的危机与挑战。主要解决 5

个问题，即：气候变化和水资源、地表和地下水转化、陆地栖息地水文学、社会与水、水知识的传播与教育。同时，从 IHP 第六阶段开始，由 IAEA 主持设立了"国际同位素水文学合作计划（JIIHP）"。其目标是将同位素结合到水文研究中去。JIIHP 计划支持对于特殊水文过程和水资源管理方法的研究，并研究气候变化和人类活动对水资源的影响。事实上，同位素水文学是干旱半干旱地区水文学与水资源研究中不可或缺的手段。

近年来，UNESCO/IHP、IGBP 等大型国际科学研究计划研究中越来越注重气候变化和人类活动对水循环和水资源的影响，以期为水资源的形成转化及合理利用提供科学依据。如 UNESCO/IHP 目前已执行到第七阶段（2008—2013 年），其核心目标是：供需压力和社会响应下的水系统，计划提出了以全球变化背景下的流域和地下水系统管理为核心的系列焦点科学问题，包括供需压力下的水文过程及其反馈；气候变化对于水资源水循环的影响；洪水、水文极端事件和与水相关的灾害预警以及干旱与半干旱区的全球变化和气候分异。

## （三）水资源综合管理

世界各国主要采用 3 种水资源管理体制。一是按行政分区管理为主的水资源管理体制；二是按流域管理为主的水资源管理体制；三是流域管理与行政分区管理相结合的水资源管理体制。虽然世界各国的政治体制、经济结构、自然条件和水资源开发利用程度不尽相同，但各国政府在水资源管理方面却有一系列很相似的做法，包括强调水资源的公共性、实行流域水资源统一管理、实行水权登记和取水许可制度、将节水和水资源保护工作放在突出位置和加强水的立法。目前，国外通过改变水资源管理措施，如从供给管理到需求管理、实行累进制水价和季节价格政策、水权交易等，在工农业生产和日常生活需水量调节方面取得了显著效果。

水资源综合管理在 20 世纪 80 年代被提出，提倡水资源综合管理模式，以改变局部、分散和脱节的供给驱动管理模式，统筹考虑流域经济社会发展与生态保护要求，实现可持续发展的目标。在全球水伙伴 GWP 的倡导和推广下，得到各国的认同和有效实施。流域综合管理是水资源综合管理的一个子系统，是水资源综合管理在流域尺度上的应用，被定义为一个综合、系统的决策和管理流域内包括水资源在内的各种资源，运用多种综合手段，在流域尺度上实现为生态环境以及人类服务功能最大化的新型管理模式。目前"环境—经济—社会—水文"耦合系统的综合研究已经成为趋势，多目标决策方法、模型模拟技术、专家评判的综合决策支持系统得到发展和应用，促进水资源综合管理。当前国际特别重视水资源需求管理的研究，以水足迹为参考依据，兼顾社会经济—生态—环境效应，尤其是研究如何将市场机制（如水价和水权交易制度）引入水资源管理和分配中，通过发挥价格杠杆和激励机制的作用调节水资源的需求。

近年来，我国政府也在积极致力于推动水权理论研究与实践探索，加强水权制度建设，先后制定和出台了一系列与水权制度建设相关的政策法规和指导性文件，初步建立了水权管理的基本制度框架。

## （四）水资源开发利用

在水资源开发利用方面，越来越多地关注海水和苦咸水淡化、农业节水、雨洪利用等非常规的水资源开发利用。美国 2003 年通过的"脱盐与水净化研究计划"，总结了美国到 2020 年的供水将要面临的挑战，并针对这些挑战制定了《脱盐与水净化技术路线图》，指导美国今后的水资源开发利用的途径，进而指出支撑下一代污水处理厂发展的 5 个主要技术领域，分别是膜技术、替代性技术、热技术、浓缩处理技术和再循环再利用技术。我国 2005 年在《国家中长期科学与技术发展规划纲要（2006—2020 年）》中，提出在水资源优化配置与综合开发利用方面，重点研究开发大气水、地表水、土壤水和地下水的转化机制和优化配置技术，污水、雨洪资源化利用技术，人工增雨技术，长江、黄河等重大江河综合治理及南水北调等跨流域重大水利工程治理开发的关键技术等；同时提出在综合节水方面，重点研究开发工业用水循环利用技术和节水型生产工艺；开发灌溉节水、旱作节水与生物节水综合配套技术，重点突破精量灌溉技术、智能化农业用水管理技术及设备；加强生活节水技术及器具开发。目前，国际水资源协会（IWRA）、国际水文科学协会（IAHS）、国际水利与环境工程学会（IAHR）、国际水协会（IWA）致力于开展一系列科学计划推动水资源的高效利用。

# 三、国内研究现状与不足

## （一）现有工作和研究基础

我国分别在水循环监测、水资源规划管理、水利建设、农业节水、水土保持、水生态环境保护、水科学基础研究和水开发利用技术等方面，开展了大量工作，做出了重要成绩。

在水循环监测方面，我国在"十五"和"十一五"期间加强了与水相关的气象、水文观测系统的建设，并在科研系统新增了大量的自动气象观测站。在水循环要素遥感监测方面，也发展了大量的反演模型，取得了重要进展，尤其是在蒸散和土壤含水量遥感监测方面取得了一系列重要成果。除了水利和气象部门的观测监测系统外，中国科学院建有中国生态系统研究网络（CERN），包括诸多水平衡观测与试验的野外站，并建有水分分中心，专门开展不同类型生态系统的水分观测数据积累和质量管理。

在水资源规划管理方面，基于多年治水实践和经验教训，"十五"和"十一五"规划逐步提出了新时期的治水思路，从传统水利向现代水利、可持续发展水利转变的治水新思路。2002 年，由国家发展和改革委员会与水利部牵头，国土资源部、建设部、农业部、国家环保总局、国家林业局以及中国气象局等八部委局联合成立了全国水资源综合规划编制工作领导小组，全面启动了水资源综合规划的编制工作。该工作为实现水资源可持续利用的重大战略目标，为今后一个时期我国水资源开发利用、配置、节约、保护和管理提供了重要基础和依据。

在水利建设、农业节水和水土保持方面，在不同流域或区域，如黄土高原水土流失区、黑土区、南方红壤丘陵区等，开展了大量水土保持的研究。"九五""十五"和"十一五"科技攻关计划、国家"863""973"计划等重大科技项目，取得了一批重要研究成果，如"黄土高原水土流失综合治理工程关键支撑技术研究""中国主要水蚀区土壤侵蚀过程与调控研究"等。2005—2007年，国家水利部、中国科学院、中国工程院共同发起了"中国水土流失与生态安全综合科学考察"，是新中国成立以来水土保持领域规模最大、范围最广、参与人员最多的一次综合性科学考察行动，取得了丰硕的成果。

在水生态环境保护方面，"九五"以来，结合经济结构调整，积极推行清洁生产，加快城市污水处理厂建设。重点流域水污染防治取得了阶段性成果，淮河、太湖、巢湖水体中有机污染逐步降低。"十五"计划的前两年，国家组织编制并开始实施重点流域、海域、区域水污染防治"十五"计划。建立了跨省界水污染纠纷协调机制，制定了突发性水污染事件应急预案。以水环境功能区划和排污许可证发放为基础的水环境管理工作得到了强化。与此同时，国家环保部建立并完善了长江、黄河、珠江、松花江、淮河、海河、辽河、太湖、巢湖及滇池十大流域环境监测网络。我国在250条河流上设立了497个国控断面，在29个湖（库）设立了263个国控断面。2008年国家正式实施水体污染控制与治理科技重大专项，主要分为3个阶段，第一阶段目标主要是突破水体"控源减排"关键技术，第二阶段目标是突破水体"减负修复"关键技术，第三阶段主要突破流域水环境"综合调控"成套关键技术。水专项是新中国成立以来投资最大的水污染治理科技项目。

水科学基础研究方面，我国从"六五"开始在区域或流域尺度上开展了水资源研究，相继开展了华北水资源、黄河水资源、西北水资源等国家攻关研究项目。国家重点基础研究发展计划对"黄河流域水资源演化与可再生性维持"进行了立项支持。"十一五"期间，国家支持了一大批与水资源相关的部门支撑计划、行业水专项和"973""863"等重大科学计划。如投资额度达100多亿的"水体污染控制与治理科技重大专项""黄土高原水土流失综合治理工程关键支撑技术研究""东北地区水资源全要素优化配置与安全保障技术体系研究"和"南水北调工程若干关键技术研究与应用"等科技支撑计划；国家"973"项目"黄河流域水资源演化与可再生性维持机理""海河流域水循环演变机理与水资源高效利用"和"气候变化对我国东部季风区陆地水循环与水资源安全的影响及适应对策"及国家"863"计划项目"雨水资源利用技术"等。上述研究为在更深的层面和更广泛的领域解决国家经济与社会发展中与水资源相关的重大基础性科学问题，提高我国自主创新能力和解决重大问题的能力，提供了技术和理论支撑。

水资源开发利用技术方面，我国在水资源开发利用的众多领域积极开展了技术研发的实践和探索，并且越来越重视和强调技术的研发，在农业节水、海水淡化、污水资源化利用以及雨水利用等方面开展了大量技术研究。《国家中长期科学与技术发展规划纲要

（2006—2020年）》中特别指出了水资源优化配置与综合开发利用的重要地位，强调重点研究治污技术、雨洪资源化利用技术、综合节水技术。综上所述，我国当前对于水资源问题的研究已经形成初步规模，但是其仍存在不足，需要在今后一段时间乃至相当长的时间内，在现有的基础上进行深入研究，且当前的水资源危机及水问题也必须被重视，从而为社会经济发展提供源源不断的动力。

## （二）存在的问题和差距

目前，我国水资源的综合研究水平仍有待提高，在今后的工作中需要加强以下方面的研究：

### 1. 流域尺度的多元水循环过程研究

虽然流域水循环的大气、地面、土壤和地下过程分项研究都较为深入，但由于尺度转化、界面耦合等方面的困难，多元多尺度流域水循环系统研究相对仍较滞后，需要进一步开展流域水循环系统综合研究。

### 2. 气候变化和人类活动影响研究

在当前开展的工作和研究中，多数考虑自然状态下水资源问题，对于气候变化和人类活动影响的定量评估还没能有效开展并形成一套良好的评价方案。如我国水利水电建设，特别是跨流域调水等特大型工程，对大尺度的水循环系统及自然生态系统产生极大的扰动，天然水循环规律有很大的改变，其中许多科学问题需要深入研究，一些深层次的影响和后果亟待科学论证，而目前这方面的基础研究比较薄弱，国家投资和支持不够，重大水利水电工程的科学论证也不够。

### 3. 基于水循环的综合水资源研究

目前多针对单项调控研究，未能综合考虑水循环系统过程进行联合调控研究。如在节水调控研究中，常常忽略节水对于生态系统的影响研究。如在华北地区海河流域、西部地区石羊河流域开展了大量的农业节水工程措施，很大程度提高了农田渠系利用系数，增大了农田灌溉保证率，但这些节水措施并没达到实现"建设节水型社会"的目标，区域和流域的地下水位持续下降，生态环境问题依然存在。此外，在流域水资源实时调度研究与实践方面，以往的工作主要集中于部分河系、区域或部分工程，主要研究对象是地表水资源，决策目标相对单一，时空尺度相对较小，对干旱区基于生态安全的地表水、地下水资源联合运用技术与理论方面的研究相对较少，缺乏对全流域社会经济发展用水和生态系统需水的综合考虑和对高山区冰雪融水、山区森林带降水、地表水、地下水和土壤水资源之间关系的深刻认识，对流域尺度的水循环过程与水资源配置缺乏有机联系和深入研究。

### 4. 加强水资源管理体制和模式研究

我国涉水的管理和研究部门众多，包括水利部、农业部、环境保护部、国土资源部、住房和城乡建设部、中国气象局以及高等院校和中国科学院的涉水研究力量等。在管理上，

"多龙治水"、水资源的多部门管理已无法解决我国跨部门、跨地区、影响多个利益主体的水资源冲突与矛盾，水资源可持续利用及水安全缺乏可靠的制度保障。政出多门导致科学研究缺少统筹和协调，水资源观测数据与资料分散在各有关部门和行业，部门间存在着低水平重复研究的状况，更缺乏国家层面的陆地水系统和水资源变化监测、水危机的预警预报及风险管理系统，不能满足国家和重点区域水资源安全保障的基础信息支撑与预警预报要求。

# 四、"十二五"水资源研究的战略重点和重要方向

面向国家水资源战略需求和未来环境变化严峻的形势，未来5年，我国"十二五"水资源研究的科技发展思路以及战略重点和重要研究方向，应包括以下方面：开展全国尤其北方水资源研究、长江流域以及西南河流等的水资源研究，开展冰冻圈及国际河流等特殊水资源问题的研究，加强水资源工程的监测与评价技术体系研究，加强中国水资源安全预警预报服务平台的建设与综合集成研究，加强水资源与环境、生态学科的交叉研究，全面提升我国水资源研究和自主创新的能力，提高为国家水资源安全提供知识、技术支撑和决策服务的能力。

## （一）中国北方地区水循环与水资源高效利用及调控研究

随着经济社会高速发展和环境变化，近20年来，中国北方黄河、淮河、海河和辽河水资源总量减少12%，地表水资源减少17%，华北海河流域地表水减少41%，北方水资源短缺和供需矛盾十分尖锐，成为制约21世纪国家经济社会可持续发展的瓶颈。在全球变化条件下，如何平衡有限的水资源与区域社会经济发展和生态—环境保护对水资源的需求的矛盾已成为重要和紧迫的国家战略需求。

我们认为需要重点研究变化环境下（人类活动与气候变化影响）流域水循环演变和转化规律（降水—地表水—土壤水—地下水）、经济社会发展和生态保护的耗（用）水及其需求规律和支撑区域可持续发展的水资源优化配置与科学调控机理。为解决我国北方地区水资源制约下的产业调整、南水北调重大工程实施后的科学调度和区域水资源可持续利用与管理提供科学依据。

## （二）长江流域水系统演化与水灾害调控及西南河流研究

长江是我国第一大江河，其地理分布跨度大、支流湖泊多、可利用的水资源丰沛。但是，水土流失、洪水灾害、水污染已成为长江流域突显的三大水问题。长江的水沙产输强度大、未来水资源开发强度大、存在潜在威胁及危害大，维系健康长江成为国家大江大河治理最为关切的问题。西南河流是我国水资源的主要战略储备区，西南河流已经进入快速开发期，未来20年主要河流将全部成为梯级化的人工渠道或人工湖泊，天然河流原来的

径流变化规律被打破，有可能会破坏原来的自然平衡，严重干扰现有的生态链，处理不当还可能威胁环境安全。

需要重点研究自然环境变化和人类活动双重影响下的长江流域水系统演变规律、基于长江流域水系统演变规律的水灾害调控、西南梯级开发河流系统的水资源变化规律、有利于西南河流水生态健康和上下游供需平衡的水资源配置方案。以便有效解决自然变化和人类活动影响下长江流域的防洪系统、水环境保护及生态环境效益等诸多问题，促进长江河流健康与流域可持续发展，为西南河流水资源优化管理提供理论依据。

## （三）全国水污染动态监测方法研究及系统建设

水污染加剧带来的水质型缺水使中国南方的供水能力受到挑战，北方水资源短缺更加严重。由于工业化和城市化迅速推进的过程中缺乏有效的污染治理，大量工业和生活废水未经合格处理就排入水体，大面积的水质破坏使水丧失使用的价值，造成有水却不能用的状况。经济发展中的工业化和城市化也产生了大量污水，发展速度较快的区域往往也是排污最多的区域。为了实时动态获取全国水污染形势，协助环境保护部门加强水污染防治监督管理，减少水污染造成的可用水资源减少趋势，亟须开展全国尺度水污染监测方法研究和监测系统建设工作。

需要进行不同类型水体污染光谱特征差异及其对水生动植物的影响和大江大河污染分布及运动规律研究。从而建立基于国产资源环境卫星遥感数据源的全国尺度水污染监测方法体系和无线传感器网络的全国水污染监测系统，提高全国水污染、可用水资源实时动态监测和评估能力。

## （四）冰冻圈及国际河流水资源研究

环境变化导致冰冻圈的水资源发生变化，将直接影响我国江河以及西部绿洲地区水资源格局，并可能引发一系列生态与环境问题。自第三次世界水论坛及各国部长会议后，国际河流水资源问题已经提到十分重要的位置。各个国家加速国际河流水资源的研究，为维护国家利益提供科学依据。目前我国水利部门等在冰冻圈的水资源研究、国际河流水资源开发利用方面的研究较少。

今后工作重点应包括西部冰川资源现状评估、冰冻圈变化与全球变化的相互关系及作用机理、冰川资源减少对我国大江大河源生态环境的影响、国际河流水资源开发与境内外水生态环境和生物多样性及局地气候变化的综合性研究。应针对影响国家安全的我国新疆、云南、东北地区等的重要国际河流，研究分析我国上游水资源开发可能对下游国家的生态、经济、工程带来的影响，提出联合开发国际河流水资源的依据、方案、对策和建议，为国家谈判服务。

## （五）中国河流开发与生态保护

河流水电能源是可再生清洁能源。但当前我国水电能源开发不足，一些关键问题有待解决。其主要问题是：开发建设周期长、生态—环境影响与保护成为焦点。缺乏协调生态保护的中国河流水电开发科学基础与支撑技术研究，因此应开展河流开发的水循环及地表过程变化、水电能源开发对生态—环境的影响与作用和河流开发的地理过程变化与适应性机理研究，为我国水电开发利用提供支撑，破解水电能源开发的生态约束。

## （六）重大调水工程的水系统基础及支撑技术研究

我国水资源时空分布不均，跨流域调水是宏观水资源配置的重要手段。但是，涉及生态—环境影响、调水效益与管理以及国际河流开发等问题。目前，南水北调重大工程仍有争议，特别是针对条件复杂的南水北调西线工程可行性问题。西水东调（引怒济金）工程可行性的科学基础研究，以西水东调（引怒济金）为例，从怒江上游引水约 150 亿 m3，补充金沙江的河川径流，这是在现有的南水北调方案之外，增加了一种西水东调的选择性。需要解决复杂基岩山区的径流形成规律与水资源开发利用模式、跨流域调水的水文—生态—经济复合系统分析理论与方法、多流域水资源联调的优化技术和关键理论与方法、区域水安全调控机制和优化配置对策等关键问题。

## （七）全球气候变化对水循环与水安全的影响研究

进入新世纪以来，气候变化或全球变化对水文水资源系统的影响越来越引起水文、气象等诸多领域学者的关注。全球变化必然引起全球水分循环的变化，导致水资源在时间和空间上的重新分配和引起水资源数量的改变，从而进一步影响地球的生态环境和人类社会的经济发展，因此研究气候变化对水循环过程和水资源安全的影响，对于解决水文水资源系统的规划管理、开发利用、运行管理、环境保护和生态平衡等问题具有至关重要的理论意义和现实意义。尽管国内外的科技工作者已开展大量关于气候变化对水文水资源影响的研究工作，并取得了一定进展，但研究中仍存在一些问题与不足，今后需进一步加强两者关系和相互影响研究，将改进目前气候模型和水文模型单向耦合为紧密双向耦合，实现动态响应变化，同时应考虑人为因素的影响，提高气候模型和水文模型之间不同时空尺度的转换和模拟精度。尤其应关注气候变化对我国东部季风区陆地水循环与水资源安全的影响及适应对策。

## （八）水量—水质—水生态耦合集成研究

水的资源属性与其生态属性和环境属性密不可分，在水资源的研究中不应忽视对水生态和水环境问题的研究。应该在"十二五"水资源科技战略中进一步强调水生态和水环境问题的研究，致力于水资源量、水生态和水质研究的耦合，在今后的发展中必须有效解决水生态和水质问题，才能更好地实现水资源的可持续开发利用。应关注湿地、湖泊、河流、绿洲、海岸带等生态系统的生态过程和环境问题研究，并与其水资源效应结合起来。应进一步完善全国各大流域水文水质环境监测网络，建立全国尺度的水污染监测方法体系和水污染监测系统，开展水资源开发与水环境和生态的相互影响研究，特别是针对大型水利水电工程对水环境及生态环境的不利影响，如三峡工程、南水北调工程等，需要进行深一步的环境影响评估。重点完成流域或区域水资源开发对水环境及生态的影响研究，为我国实现合理的水资源开发与配置提供可靠依据。

针对以上问题，我们认为"十二五"期间应关注的重要研究方向包括：

### 1．水循环要素的多源遥感监测技术研究

开展降雨、蒸散、土壤湿度、地表水资源、地下水蓄变量等水循环要素的遥感监测技术与反演模型研究，数据间的同化、协同、尺度效应以及交叉验证技术研究，以及水循环要素的集成应用技术研究。

### 2．土壤水资源与生态水资源研究

深入开展土壤水资源分布与转化规律，生态水消耗与调控机理的研究，提出保障生态水安全、提高土壤水资源利用效率的措施。

### 3．水资源转化与可再生性研究

围绕水资源利用与保护的基础科学问题，选择不同类型典型实验流域，研究水资源产生、转化、循环、再生规律，开展长期监测与分析的研究工作，提出系统的基础数据与理论方法。

### 4．水资源价值与管理研究

围绕水资源利用效率，开展水资源开发与保护的价值体系研究，从管理和水权角度，提出中国水资源管理的咨询建议。

### 5．水资源高效利用、科学配置与水系统综合模拟

在继承和集成已有成熟技术的基础上，开发研制一批适合我国不同地域特点的水资源高效利用、科学配置与水循环系统综合模拟成套创新性技术，以及研究开发大气水、地表水、土壤水和地下水的转化机制和优化配置技术，污水、雨洪资源化利用和海水淡化技术。

### 6．综合节水技术研究

开发工业用水循环利用技术和节水型生产工艺；开发灌溉节水、旱作节水与生物节水综合配套技术，重点突破精量灌溉、智能化农业用水管理技术及设备；加强生活节水技术及器具开发。

### 7．水资源工程生态环境效应监测和评估方法研究

结合 3S 技术和传统监测方法手段，建立水资源工程生态环境效应的遥感监测与评估方法体系，客观监测和评估水资源工程（如流域治理工程）的生态环境效应。

### 8.水资源观测监测平台体系建设

平台建设包括研究型平台和技术支撑平台两个方面。在研究型平台方面，应重点建设"中国水资源安全信息共享、服务平台"，包括数据库、模型库、预测库和决策库等；在技术支撑平台方面，应重点建设水循环监测体系建设、地面—遥感结合的水循环观测体系建设、陆地水循环与水安全国家重点实验室建设、水分析仪器设备平台建设和数据—模型—决策支持平台建设等。

# 五、我国水资源未来展望

水资源问题直接关系到国计民生和社会经济可持续发展的基本需求，水资源的时间和空间变化又直接取决于对水文循环规律的认识。一直以来，全球变化和高强度的人类活动及社会经济发展与生态环境之间存在不可避免的冲突，需要寻求一个共享的协调途径来实现共同发展。可持续发展的理念为解决这个问题提供了基本准则，生态经济学的价值观为构建可持续发展模式提供了可能，为此开展多方面的水资源安全研究是解决我国水资源问题的重要内容。"十二五"乃至未来更长一段时间的水资源研究领域，需要在以下方面开展工作：

## （一）水资源开发利用、生态环境保护与修复新技术研究

水资源开发利用技术水平决定了当地水资源与社会经济发展的可持续能力，为此，在今后相当长的时间内需要加强水资源开发利用技术研究，同时提高水资源利用效率，采用新手段和新技术处理利用空中水、土壤水、海水、苦咸水、污水和雨洪等。节水农业是新时期水资源保护的重要举措，重点开展深层土壤水分利用技术研究，提高土壤水分利用效率，成为节水农业的重要内容。海水和苦咸水淡化处理利用技术将为沿海地区和苦咸水地区解决部分水资源短缺问题，目前主要是蒸馏法和反渗透法进行淡化处理，但是处理效率低和利用率低成为主要难题，今后需要向开发智能型、处理效率高、符合技术经济要求的集成性工艺技术努力。另外还应该加强污水处理新技术、雨洪资源化利用手段等的研究，从而更有效地利用水资源。在增水同时还要实施节水技术和节水管理，进行工业节水技术集成和整合，在农业上实行节水灌溉制度，在生活中研发应用新型生活节水器具，加强虚拟水战略研究率定，重点包括虚拟水的理论方法、核算方法和技术、虚拟水战略和区域经济结构关系，基于虚拟水战略的区域政策体系等。

在未来时期水资源领域科技发展方面，应将水生态安全作为国家重大战略需求之一，在节水、治污等方面科技方程的基础上，大力推进水文水循环与生态环境变化耦合机理方面的基础研究，以及水土保持、生态需水、水生态监测和水生态保育等方面应用技术的不断创新和发展。同时进一步完善水资源保护法律法规，开展河流生态保护和修复技术研究，制定详细的水环境保护和生态修复的相关标准，建立健全生态修复的长效机制。

## （二）水资源综合管理与集成和水资源安全保障体系研究

深化水循环理论研究是实现水资源综合管理的科学理论依据，在此基础上加强全国范围或流域范围的水资源整体评价和综合管理及集成研究，为综合调度水资源，合理配置和高效利用提供基本保障，要开展水资源综合管理决策支持系统研究，建立综合管理决策系统，提高决策和管理水平，更好地服务于国民经济和社会发展。重点是加强流域综合管理体系建设，其中包含众多的科技问题，如流域水环境监测体系与信息平台建设、流域综合规划的指导原则与技术规程、典型流域污染减排的总量设定和目标分解以及配套政策、国家饮用水安全的预警与应急管理技术体系、开展流域水质水量联合调度与水利设施的生态调度、气候变化背景下水资源与流域管理的适应对策和流域生态补偿政策与机制等，需要进行跨学科的综合研究。

水资源安全保障体系是指人类社会针对某一特定区域、特定历史时期和特定经济技术条件下所面临的一系列水危机问题的理性响应策略集，在对水安全态势进行科学分析预测的基础上，采取各种手段对水资源系统畸形优化调控配置，以实现区域可持续发展的方略体系，为解决水资源安全提供有力支撑和根本依据。主要由水资源安全供给、需求、贸易、政策、技术和法律保障体系组成的基本框架，需要克服观念、体制、技术和经济方面障碍，这是一个长期艰巨的任务，同时需要构建政府机制、市场机制和社会机制共同驱动作用的制度架构，为真正实现"政府主导、市场推动、公众参与"水资源保障新局面和加快水资源合理利用提供有效保障。

## （三）水系统科学基础理论与创新研究

随着经济社会发展和全球环境变化，我国水短缺、水污染、水生态、水灾害、水管理5个问题复杂交叉，是一个复杂的水系统问题。解决上述水问题的核心是水循环研究，需要以流域为基本单元，阐明以水循环为纽带的流域水系统的物理、生物与生物地球化学、人文等三大过程的联系及其反馈机制，发展多要素、多过程、多尺度流域水循环综合模拟科学平台，建立水系统的调控模式和良性水循环维持途径。这不仅是当前国际水科学研究的前沿，也是破解我国复杂水问题的科学基础与核心。

流域是水系统的基本单元。由于人类活动和气候变化的影响，流域水系统的三大过程交互作用，具有多要素、多过程和多尺度联系与反馈的特点。国家在水的安全保障战略方面，特别强调水的可持续利用、人水和谐，重视流域水的生态—环境效应和水的综合管理，最大限度改善和维系健康水循环。由于流域水循环的复杂性以及高强度人类活动和气候变化的多重影响，水循环系统时空变化的量级与机理、水循环系统各部分作用与反馈、环境变化下社会经济发展的水系统承载能力与适应性，成为水问题研究亟待解决的三大关键科学问题。面对变化环境下复杂的水问题，需要通过水系统的三大过程机理研究与多个环节的综合调控，维系流域健康水循环，支撑社会经济可持续发展。

全球变化和水资源是当前国际水科学与水资源研究的前沿，也是我国水资源可持续利用面临的新的难点课题。我国重大水利工程，包括三峡工程、南水北调等，在国家、区域、流域的决策规划中，需要考虑到全球变化（气候变化和人类活动）因素的影响。气候变化和人文因素对中国水资源问题的发展变化影响显著，加剧了多方面的水资源问题，并具有显著的不确定性特征，为此应该在水文水资源基础研究领域加强全球变化与人类活动对水循环系统的影响研究。同时在定性研究的基础上，要基于定量化的研究方法，研究物理气候系统、经济社会系统和水资源与水循环系统之间的相互关系、相互影响与演变趋势。针对不同时空尺度气候—经济—水资源耦合系统模拟研究，需要地球系统科学、复杂系统科学、全球气候变化、对地观测技术、信息技术和模型模拟技术进行集成研究和跨学科交叉研究。

# 六、中国水资源保持可持续发展

## （一）尊重客观规律，促进人与自然和谐相处

尊重客观规律，促进人与自然和谐相处，这是中国治水策略重大调整的核心和关键。要在吸纳总结治水经验教训的基础上，加快治水策略的调整和思路的转变。保护自然生态，维护系统完整，促进人与自然和谐相处。防洪工作要坚持引洪与用洪并举的思路，从控制洪水向洪水管理转变；治理水土流失要积极发挥大自然的自我修复能力，治理活动要为大自然自我修复创造条件，巩固和增强其自我修复能力，坚决杜绝人为干预自然生态。

## （二）推进水资源开发利用方式转变，建设节水型社会

实践一再告诫人们，继续采用粗放型的水资源利用方式，重视开发、轻视节约，结果必然是调水越多，浪费越大，污染越重。建设节水型社会是解决中国目前水资源短缺最根本、最有效的战略举措。要抓紧制定节水型社会建设规划，推进中国水资源开发利用方式从粗放型向集约型、节约型、高效性转变，力争在2020年初步建成节水型社会。

## （三）进一步健全和完善水资源立法，加大执法力度

水资源危机已成为影响中国国民经济发展的瓶颈。在水资源危机日益严峻情况下，进一步健全和完善水资源立法并加大节水执法力度，运用法制手段严格规范、约束和治理用水行为，引导正确的用水理念，将成为解决水资源问题的必要途径和有效突破。因此，必须调整水资源立法思路，改进立法机制，逐步健全完善水资源法律体系，以促进水资源的科学和规范管理。

## （四）在水资源管理上，加快推进6个转变

当前，中国正处于传统水利向现代水利、可持续发展水利转变的关键阶段，适应水资

源和经济社会发展形势的变化，要加快推进 6 个转变，即：在管理理念上，要加快从供水管理向需水管理转变；在规划思路上，要把水资源开发利用优先转变为节约保护优先；在保护举措上，要加快从事后治理向事前预防转变；在开发方式上，要加快从过度开发、无序开发向合理开发、有序开发转变；在用水模式上，要加快从粗放利用向高效利用转变；在管理手段上，要加快从注重行政管理向综合管理转变。

### （七）政府利用水资源配置对经济发展进行宏观管理

加快流域区域水管理体制改革的步伐，建立完善的地方之间分水和用水的民主协商和水管理部门之间的合作协调制度，鼓励跨行业、跨地区的利益相关者参与水的管理。建立健全群众参与、专家咨询和政府决策相结合的科学决策机制。水权转换是水资源优化配置的重要手段，要进一步规范水权管理，在社会主义市场经济条件下，为解决水资源短缺问题，充分发挥市场和经济杠杆在水资源配置中的重要作用。认真研究并运用水权、水市场理论，真正解决水资源配置问题。

### （八）以水资源的可持续利用支撑经济社会的可持续发展

树立"以人为本、人与自然和谐发展"的理念，坚持节约资源、保护环境的基本国策，对水资源进行合理开发、高效利用、综合治理、优化配置、全面节约、有效保护和科学管理，以水资源的可持续利用保障经济社会的可持续发展。为此，一方面，要科学合理有序开发利用水资源，集中力量建设一批重点水源和水资源配置工程，因地制宜建设一批中小微型蓄引提水工程，进一步提高水资源配置和调控能力，为经济社会发展提供可靠的水资源保障；另一方面，要统筹考虑经济社会发展与水资源节约、水环境治理、水生态保护的有机结合，实行最严格的水资源管理制度，全面建设节水防污型社会，推动经济社会发展与水资源承载能力、水环境承载能力相协调。

# 第四节　中国水资源风险状况与防控

作为一个水资源禀赋条件较差的国家，中国一直以来饱受各种水问题的困扰。在经济社会快速发展和全球气候变化不断加剧的影响下，中国水资源情势的不确定性进一步增加，新老水问题相互交织，水资源风险日趋复杂严峻。加强水资源风险防控，已经成为中国水安全保障战略中的重要任务之一。近年有关水资源风险概念内涵和防控策略的研究不断出现，但总体来看，目前对于水资源风险的认识仍不全面，缺乏从系统性、全局性和动态性角度来看待和防控水资源风险。本书在明确水资源风险内涵的基础上，分析了目前中国水资源风险状况；针对中国水资源风险特征，按照系统治理、统筹兼顾的原则，提出了风险防控的总体策略和主要任务，为下一步中国构建水资源风险防控战略和加强水安全保障提供政策借鉴。

# 一、水资源风险内涵与中国水资源风险状况

## （一）水资源风险的内涵

风险是期望与实际结果之间不确定性的表征。水资源风险，即是"水资源系统发生的非期望事件，并且导致了有害结果"。从风险分析的角度，水资源风险可以从来源、受体和表征等三大要素来分析。水资源风险来源包括自然和人为两方面，自然源是没有或较少受人类活动控制的影响输入，例如气候变化等；人为源是主要受人类活动决定的影响输入，例如污染排放。水资源风险受体，可以认为是"经济社会—水复合系统"（以下简称"复合系统"）。水资源风险表征，即"非期望事件导致了有害结果"，可以认为是复合系统提供的各种服务功能丧失或大幅度减少，其中最重要的三方面功能包括水量、水质、水生态。这三大要素通过风险链的形式相互联系，共同产生了水资源风险。

## （二）中国水资源风险状况

从水资源风险内涵出发，针对中国不同区域风险要素特点，可以初步分析中国不同区域的水资源风险状况。东北地区包括松花江流域和辽河流域，其中需要重点关注辽河流域的水资源风险，导致该区域水资源风险的主要因素是高强度的人类活动，尤其是过度的水资源开发利用，其风险效果呈现出以水量短缺为主的综合特征。华北地区主要位于海河流域，在气候变化和人类活动双重影响下，加上水生态脆弱性较高，该地区水资源风险水平极高，呈现出水量、水质、水生态相互交织，系统整体恶化的状况。华中地区包括长江流域中下游和淮河流域部分，该区域的水资源风险水平整体不高，但要关注跨流域调水和河湖关系演变带来的潜在水资源风险问题。东南地区包括太湖流域、东南诸河流域和珠江流域部分地区，该区域的水资源风险水平一般，需要重点关注以水污染为主要特征的水资源风险问题。西南地区包括长江流域和珠江流域上游，该区域水资源开发利用程度不高，且影响水资源风险的因素较少，水资源风险水平较低。西北地区涉及黄河流域上游和西北诸河流域，受自然本底较为脆弱和人类活动双重影响，该区域水资源风险呈现出以水量严重短缺、水生态退化为主，多种问题相互交织的总体态势，水资源风险水平极高。

# 二、中国水资源风险防控面临的总体形势

当前和今后一个时期是我国全面建成小康社会的决胜时期，保障国家水安全、全面推进生态文明建设、实施乡村振兴战略以及积极应对气候变化等对水资源管理提出了更高要求，水资源风险防控也将面临许多新挑战。总体来看，中国水资源风险防控面临以下几方

面形势。

一是保障国家水安全提出的新任务。近年随着全面建设小康社会不断深入，工业化、城镇化进程快速推进和全球气候变化影响加剧，我国水安全呈现出新老问题交织的严峻形势。党的十九大提出"分两步走"，在21世纪中叶建成富强民主文明和谐美丽的社会主义现代化强国的伟大使命，而水安全是这一目标顺利完成的重要保障。水资源安全是水安全的重要内容，提升水资源风险防控能力，让水资源风险程度控制在经济社会发展所能承受的范围内，则是保障水安全的核心内容和重要手段，是实现我国水安全必不可少的途径。二是生态文明建设提出的新任务。我国水生态环境禀赋较差，生态环境脆弱区占国土面积的60%以上，水生态脆弱区占比大。自20世纪50年代以来，全国面积大于$10km^2$的湖泊中，有230余个存在不同程度的萎缩，约占现有湖泊面积的18%。北方地区经济社会发展挤占河道生态用水123亿$m^3$，涉及北方地区45个水资源二级区中的26个，占国土面积274万$km^2$。全国有28万$km^2$面积存在地下水超采问题，年均超采地下水约170亿$m^3$。水资源是生态系统的控制要素，水生态文明建设是生态文明建设的重要内容。推进生态文明建设，必然要求我们在水资源开发利用的同时，更加注重水生态环境保护，加强水资源风险防控。三是供给侧改革和区域协调发展提出的新要求。随着我国供给侧结构性改革不断深入，必然要求我们从提高水资源供给质量出发，不断扩大区域水资源有效供给，提高水资源供给结构对需求变化的适应性和灵活性，有效降低水资源供给风险水平。同时，水资源是支撑区域协调发展的基础性自然资源，"以水定产、以水定城"表明要以更加合理的水资源开发利用方式，推动中国经济社会发展方式战略转型。因此，推动区域协调发展必然要求更加严格的水资源风险防控。四是气候变化带来的新挑战。随着全球气候变化和人类活动的加剧，流域下垫面状况和水循环系统都不同程度地发生了变化，降水年际年内变化增大，水资源时空分布不均问题更加明显，部分流域尤其是北方缺水地区降水和水资源的转换规律发生了变化，相同降水条件下产水量呈减少趋势。气候变化将成为未来影响我国水资源安全的重要不确定性因素，给我国水资源风险防控增加难以预测的风险和难度，对我国风险防控能力建设提出了新要求和新挑战。

## 三、中国水资源风险防控的总体策略

针对水资源风险状况和形势，中国水资源风险防控应坚持底线思维和问题导向，以强化水资源风险前端管控为核心，以完善水利基础设施网络为重点，以提升水资源风险的社会承受能力为抓手，以建立水资源风险防控制度和技术支撑体系为保障，统筹推进各项措施，实现风险全过程防控，努力防范、应对和化解水资源风险。防控水资源风险需要坚持以下四方面原则。一是要坚持节水优先、预防为主。把节水优先作为防控水资源风险的主要着力点，通过推进供给侧结构性改革，加快转方式调结构，着力构建节水型社会，有效降低水资源消耗总量和强度。从源头加强水资源风险预防，减少水资源风险概率。二是要坚持突出重点、循序渐进。按照轻重缓急，优先应对导致水资源风险的主要因素和主要风险地区，逐次解决影响水资源风险的各类致险因子。把制度建设作为水资源风险防控的重点之一，完善制度体系，用制度强化水资源风险管控。三是要坚持系统治理、统筹兼顾。以水资源风险全过程为对象，统筹风险规避、损失控制、转移风险和风险保留等不同措施，综合施策、积极应对水资源风险。

把水资源风险防控能力建设同水利自身的改革发展工作紧密结合，努力实现一举多效、统筹协调。四是要坚持底线思维、问题导向。做好应对最严峻挑战的准备，针对水资源安全的突出软肋，以问题为导向，从最坏处着想，围绕风险应对的各个方面、环节，强化应急预案和能力建设，提高抵御极端水资源风险事件的应对能力。

针对中国不同区域的水资源风险状况，应采取有针对性的防控策略。东北地区以辽河流域为重点，通过强化节水，适当开发利用嫩江、松花江干流等本地水资源，引调周边界江界湖水资源，实施供水工程建设等综合措施，积极应对以水量短缺为主要特征的水资源风险。华北地区通过深化供给侧结构性改革，不断深化节水型社会建设，并加强水资源合理调配等举措，在一定程度上缓解用水"紧平衡"状态，同时加强水资源风险监测预警，积极应对气候变化、强人为活动等风险源的影响。华中地区在共抓"长江大保护"的前提下，合理利用长江的水土资源，建设一批水资源配置工程，提高支流的水资源调控能力，形成可调可控的江河湖库供水网络体系，进一步提升水资源保障能力。把合理调整河湖关系、加强生态空间保护作为应对水资源风险的重要任务之一。东南地区针对资源型、水质型、工程型缺水并存等问题，以长三角、珠三角、福建、浙东、北部湾、海峡西岸等地区为重点，通过加强水污染防治、完善水资源配置网络等系统措施，积极应对局部区域水资源风险。西南地区针对未来用水增长快、工程型缺水显著、水资源开发程度较低的现状，重点实施一批蓄水、引调水工程，形成大中小微、蓄引提调相结合的水源工程体系，并加强水生态系统保护，努力保持较低水平的水资源风险态势。西北地区进一步加强水资源节约和水生态修复，针对主要的经济区和能源基地，以保障水资源供给为核心；针对水生态脆弱地区，以加强水生态修复治理为核心，统筹施策，努力降低该区域水资源风险水平。

## 四、中国水资源风险防控的主要任务

### （一）强化水资源风险的前端管控

把加强水资源风险前端管控作为应对水资源风险的主要手段，从风险源头减少重大水资源风险事件发生概率。一是强化水资源承载力刚性约束。针对水资源开发利用程度与水资源禀赋条件不协调、不匹配、不均衡，经济社会用水挤占生态环境用水等突出问题，以节水型社会建设为切入点，实施水资源消耗总量和强度双控行动，强化水资源承载力在区域发展、城镇化建设、产业布局等方面的刚性约束。二是加强水生态环境风险源防控。明确水污染风险防范重点名录与重点区域，加强重点领域、重点类型水污染风险以及重点水生态风险隐患防范，建立完善水生态环境风险前端监管体系。三是建立完善水资源风险监测与预警体系。通过建立水资源风险监测和预警分级体系，完善水资风险监测站网建设，推进水资源风险信息化管理水平等综合措施，不断提高水资源风险监测预警的准确性和前瞻性。

## （二）完善水资源风险防控的基础设施网络

把完善水利基础设施网络作为积极应对水资源风险的重要方面，提升对水资源风险传导路径的管控，努力减缓风险发生概率和可能影响。一是推进水资源配置工程建设。针对我国水资源时空分布不均、水土资源不相匹配的总体格局，把完善水资源配置工程体系作为提升水资源风险防控的重要硬件基础，通过加快重点水源工程、实施一批重大引调水工程和加快抗旱水源工程等措施，不断提升水资源保障能力。二是加强城市应急备用供水保障能力建设。对水源单一、应对突发事件能力不足的城市，加快推进城市应急备用水源建设，完善城市水源格局，增强城市应急供水能力。三是实施山水林田湖草系统治理工程。针对受人类活动影响较大、生态退化较为严重的区域，通过实施系统治理，加强生态修复，恢复和改善水生态系统健康水平。四是提升工程对气候变化的适应性。加强工程规划对气候变化的应对，有针对性地考虑气候变化影响。增强工程设计的风险要素，提高工程运行管理水平。

## （三）提升水资源风险影响的社会应对能力

把提升水资源风险事件的社会应对能力作为防控水资源风险的重要内容，努力消解重大水资源风险事件产生的不利影响。一是完善水资源风险防控的政府协调应对机制。通过完善水资源风险防控体制机制、加强重大水污染事件协调、常态化开展风险评估等措施，提高政府水资源风险防控能力。二是加强宣传教育与舆论引导。通过加强宣传教育，提高舆论引导能力，并鼓励公众参与水资源风险防控，形成全社会共同防控水资源风险的合力。三是建立社会分担机制。通过完善社会化分担机制、建立巨灾风险分散机制等措施，提高全社会共担风险的能力。四是建立健全流域和区域联防联控机制。突破地区封闭和"条块分割"，有效应对跨区域重大水资源风险事件。五是完善水资源风险事件应急响应机制。提升水资源风险事件应急和救援能力，并加强水资源风险事件应急后评估。

阶段、分区域制定陆域污染物减排计划。对流域内地下水开发利用进行有效管控，实施地下水开采总量和水位双控制；强化水资源节约等奖惩措施，提高用水效率。以最严格水资源数量和质量管控，倒逼经济增长质量。

## （六）明晰水资源使用权，建立流域水生态补偿机制

《国务院关于落实科学发展观加强环境保护的决定》要求："要完善生态补偿政策，

尽快建立生态补偿机制。"从流域水系空间利用方式看，水生态空间功能格局大多呈现上游源头保护，中游适度利用，下游开发利用的特点，以流域为基础的水资源数量、水环境质量和水生态空间保护等空间管控是一个有机整体，上中下游需要统筹考虑。结合我国正在开展的水流产权制度确权登记试点工作，在流域层面明晰所有用户的水资源使用权；根据 2030 年水资源总量管理制度的要求，建立流域内水资源总量指标的调整、转让等机制；推进流域水资源使用权市场平台体系建设；在流域内实施水生态补偿机制，发挥市场在水生态空间的资源配置作用。

### （七）加强流域水生态空间管控考核，完善考核与责任追究制度

完善重要控制断面的水量、水质监测站网和流域水生态保护红线区域的动态监测网络，依托动态监控网络，夯实水生态空间管控的监控基础；建立流域水生态空间管控指标体系，以指标体系为基础，实施水生态空间管控目标考核。以河长制为重要抓手，强化流域水生态空间与水生态保护红线的空间用途管控，纳入流域相关河长考核体系。鉴于流域水生态空间管控的考核尚处于探索起步阶段，需要动态调整水生态空间管控指标，修正生态文明考核目标体系。实施流域河长水生态空间管控的离任审计，对水生态保护红线管控不到位的行为实施责任追究。

# 第五节　中国水资源需求管理

## 一、中国水资源需求管理的现实问题检视

水资源需求管理是指通过综合运用法制、经济、行政和教育等措施，抑制不合理的水资源需求增长，从而实现对有限水资源的优化配置和可持续利用。中国水资源需求管理的现状不容乐观。长期以来，中国社会经济发展备受缺水困扰，水资源成为国民经济发展的瓶颈，在缺水地区由点到面不断扩散且日益突出的情况下，水需求管理也无可避免地存在着各种各样的现实问题。

### （一）水量需求无节制地增长

用水需求量的不断增长，是造成当前水资源供需矛盾突出的重要原因。我国水资源年均总量约 2.8 万亿立方米，而水资源可利用量 8140 亿立方米，仅占水资源总量的 29%。根据水利部统计，2011 年全国总用水量 6107.2 亿立方米，占到当年水资源总量的 26.3%。如果按比例来看，总用水量已经逼近水资源可利用量的限值。而 2001 年，全国总

用水量是 5567 亿立方米，10 年间总用水量增长了 540.2 亿立方米，平均每年以 54 亿立方米的速度递增，可见我国在水资源需求量的控制方面需要加强。反观世界上的许多发达国家，随着生产力水平的提高和科学技术的进步，国民经济结构中第二、第三产业的比重得到不断提升，循环经济不断发展，农业也逐步实现了现代化，再加上其国民环保意识的增强，这些发达国家的总用水量已从工业化初期的快速增长转为微增长、零增长甚至实现了负增长。以美国为例，美国的总用水量从 20 世纪 80 年代的每年 6100 亿立方米减少至 90 年代的每年 5640 亿立方米。日本的工业用水与农业用水也分别于 20 世纪 70 年代末和 80 年代初实现了零增长。由此观之，我国在水资源需求总量控制方面有着很大的改进空间。

### （二）水质需求得不到满足

人们对水资源的需求通常都追求质与量的统一，生产、生活和生态对水质分别有着不同程度的要求。水利部门对全国水体状况的监测表明，多年来的经济高速增长已使我国水资源质量大幅下降，水环境严重恶化。尽管大力控制，但水污染形势仍然十分严峻，人们进行正常生产生活的水质需求也无法得到相应的满足。

水利部发布的《2011 年水资源公报》显示，全国废污水排放总量依然居高不下，达 807 亿吨；如果按水功能区水质目标进行评价，全年水功能区水质达标率仅为 46.4%，其中一级水功能区水质达标率为 55.7%，二级水功能区的水质达标率为 41.2%；饮用水源区的水质达标率为 50.1%，工业用水区水质达标率为 50.6%、农业用水区水质达标率为 30.2%、渔业用水区达标率为 47.4%。长江、黄河、珠江、浙闽片河流、西南诸河等十大流域的国控断面中，劣 V 类水质的断面比例为 10.2%。在监测的 60 个湖泊（水库）中，25% 处于富营养化状态。2012 年，全国 198 个地市级行政区开展了地下水水质监测，监测点总数为 4929 个，依据《地下水质量标准》（GB/T14848-93），综合评价结果为水质呈优良级的监测点 580 个，占全部监测点的 11.8%；水质呈良好级的监测点 1348 个，占 27.3%；水质呈较好级的监测点 176 个，占 3.6%；水质呈较差级的监测点 1999 个，占 40.5%；水质呈极差级的监测点 826 个，占 16.8%。水质呈较差和极差级的监测点占 57.3%。污染在影响人们水质需求的同时，也加剧了水资源的短缺程度，因水质恶化不能使用而造成水质性缺水与本已存在的资源性缺水交互叠加，使中国缺水状况更趋严重。大量的生产、生活污水排入河道或渗入地下，使许多地区的地下水和地表水都受到不同程度的污染，使用功能和生态功能降低甚至丧失，从而加剧了水资源的供需矛盾，恶化了生态环境，严重影响了人们的生产和生活。

### （三）生态用水需求未受重视

生态水需求是指为美化、修复、建设和维持生态环境质量所需要的水资源量。生态环境水需求常常会被生活用水和工农业生产用水无偿的挤占而长期得不到满足，进而破坏了水环境和生态系统。与 2010 年比较，2011 年全国生活用水增加 24.1 亿立方米，工业用水增加 14.5 亿立方米，农业用水增加 54.5 亿立方米，而本就不多的生态环境用水却减少 7.9 亿立方米。这样的问题在水资源短缺、水污染和生态恶化的地区显得尤其严重。

此外，由于对地下水的不断超强开采，又未能及时得到生态补水，造成了一些地区水采补失衡，地下水水位持续下降，产生了本土植被数量减少、沉降漏斗不断扩大及咸水入侵等环境地质问题。2011 年 20 个省级行政区对地下水位降落漏斗进行了不完全调查，共统计漏斗 70 个，年末总面积 6.5 万平方公里。生态水需求长期未受到应有的重视，已导致我国在生态系统的水资源需求配置上欠账很多。

### （四）产业用水需求结构失衡

与先进国家相比，我国的水资源需求结构不甚合理，有很大的调整空间。产业结构比例与水资源的需求利用之间的关系密不可分，我国产业结构仍未达到因水制宜的合理布局，发展经济与节约用水缺乏必要的联系。在很多农村地区，传统的粗放型灌溉农业和旱地雨养农业仍然没有转变为节水高效的现代化灌溉农业和旱地农业，农业种植结构的调整也不足以提高农业水资源需求的合理性。我国万元工业增加值用水量为 120 立方米，是发达国家的 3—4 倍；农田灌溉水有效利用系数仅为 0.50，与世界先进水平 0.7—0.8 有较大差距。而与之相对应的是用水产业结构的不合理，全国第一产业用水占总用水量的 62.8%，第二产业用水占 24.7%，第三产业用水占 2.1%。产业结构调整与转型升级进程缓慢，三大产业在 2012 年的结构比例为 10.1%：45.3%：44.6%，与美国 1.2%：19.1%：79.7%、日本 1.2%：27.5%：71.4%的比例相比还存在相当大的差距。

## 二、中国水资源需求管理问题的制度成因

水需求管理是一个由法制、经济、行政和教育手段综合运用的过程，而法律制度在其中起着最基础的作用。法律制度并不是一切完美之物的真实体现，它总是带着缺陷和瑕疵。我国水需求管理法律制度中存在的各种缺陷，无疑是造成当前水资源管理困境的重要原因。

### （一）制度规范过于原则，法律覆盖不够全面

实施水需求管理，离不开法律手段的参与。虽然在我国已经出台的大量水资源管理法律法规中，也有不少内容已涉及水需求管理，但法律覆盖范围仍不够全面，对许多重要的法律制度的规定也过于原则且缺乏系统性，给实际操作带来了障碍，影响了法律的实效。此外，过于原则的法律规定会导致执法过程中的任意性过大。

在水量需求管理方面，我国目前还没有一个从抑制需求角度出发，对节约用水提出强制性管理要求的法案。虽然《水法》第八条规定"国家厉行节约用水，大力推行节约用水措施""单位和个人有节约用水的义务"，但更多体现的是一种倡导性，促进性和强制性明显不足，可操作性和可执行性不强。与《水法》相配套的下位节水法规也只停留在部门

规章和地方规章层面，尚无一部用行政力量强制推行节约用水的行政法规。行政法规中从需求角度管理水资源，规范水资源使用主体的规定甚少，《水法》中虽有关于用水的法律责任的规定，但处罚较轻，且并未明确企业和个人浪费用水的法律责任。法律责任的不明晰使得管理水资源的法律规范作用大打折扣。这显然无法适应目前水资源供需矛盾尖锐的情况。

在水质需求管理方面，《水污染防治法》对有些问题虽然已有法律规定，但规定过于简单，或法律效力等级不高，不能反映出问题的严重性，如现行水法规体系对目前已成为我国水污染的主因之一的农业面源污染的重视程度，远比不上工业污染和生活污染。水质管理的重要制度———排污许可证制度虽然在《水污染防治法》及其实施细则等法律法规都有作出规定，但国务院尚未制定全国性的《排污许可证条例》来规定排污许可的具体办法和实施步骤，仅仅有部分省、直辖市在地方法规中作了具体规定，覆盖范围和实施效果十分有限，立法上无法紧跟实践的步伐。相关法律、法规对排污许可证做出的多是原则性规定，在发证主体、许可条件、程序、法律责任方面尚缺乏具有综合性、统一性、规范性和可操作性的规定，未能满足加强污染物排放控制的需要。

## （二）管理体制运转不畅，法律法规存在冲突

在水资源管理上，我国的各涉水相关部门之间管辖重叠和职能交叉现象严重，法律并未清晰界定它们的职能划分。虽然《水法》明确由水利部行使包括对水资源需求实施监督管理在内的统一管理权力，但是从机构设置的协调性来看，法律上缺乏对各管理部门之间协调机制的规定，没有建立权威的协调机构，导致各部门进行水资源管理时各自为政，不仅没有发挥出整体合作效益，而且还产生了各种形式的部门保护主义，使管理部门职权的行使偏离了行政目标。

流域管理机构虽然是水利部的派出机构，但缺乏独立的管理职责，统一调度和管理流域水资源的功能不足。流域管理机构也没有行政立法权，水法赋予其在水资源保护和开发利用等方面的职能缺乏具体的制度保障和有效的法律约束力，因而无法真正实现流域水资源的统一管理，在协调流域内部各个行政区之间的水资源管理工作时没有权威性。这在一定程度上让地方立法更注重本区域经济发展而忽视全流域整体利益，往往造成水事管理服从地方经济利益的局面。流域管理与区域管理在具体事务处理上的权责界限不够清晰，流域机构和地方政府在一些具体事务处理上难以就各自管什么、怎么管、管到何种程度等问题达成一致。

由于在水资源管理方面长期存在的"多龙管水"、政令不一的状况，各部门、各地区都会优先考虑到自身利益，不同部门和地区难免会在制定相关水法律法规时出现一定程度的冲突和矛盾。尽管就法律的效力而言，下位法中与上位法相悖或相抵触的规定是无效的，但在实际水资源管理工作中，这些相互矛盾的法律法规仍在发挥作用，并反过来进一步加剧了管理权限和管理体制的混乱。以水质管理为例，按照《水污染防治法》的规定，县级

以上人民政府环境保护部门是对水污染防治实施统一监督管理的机关，有权对管辖范围内的水体进行水质监测和排污控制；而按照《水法》的规定，县级以上水行政主管部门负责管辖区内水资源的统一监督和管理工作，同样有权对辖区内的水体进行水质监测。这使得在水质监管中就会存在两套不同的水质监测数据，势必会使水质管理的效率和权威大打折扣。同时，如何在制度进行衔接与协调，法律也没有做出明确规定，如怎样设置与分配流域管理机构和区域管理机构的权力如何在水资源管理与水环境保护分属部门和适用法律都不同的情况下，对水行政相对人的同一行为进行不同认定等等。

## （三）水权制度不够明晰，水价机制有失灵活

根据我国《宪法》和《水法》的相关规定，我国的水资源除农业集体组织所有的水塘、水库中的水属于集体所有外，其他一切水资源归国家所有。国务院作为水资源的法定所有人，在代表国家行使水资源所有权的实际运作中并不现实，地方政府和流域管理机构成了事实上的水权所有者，导致法定所有权主体与事实所有权主体存在不一致。《水法》对水资源使用权、收益权等更细的权项划分、配置方式等并没有做具体的规定。因此，水资源具有公共物品属性和明显的外部不经济性，在客观上导致了水资源利用、发展过程中大量搭便车、机会主义和过度利用等低效配置行为的出现。现行水资源管理法律制度在水资源使用权、收益权等的权利主体、权限范围、获取条件等方面缺乏可操作性的法律条文，不利于水资源需求管理和可持续利用。水资源费是由地方政府收取，并不纳入中央收入，且从现行征收标准上也难以体现水权的真正价值。在目前的水权制度下，还存在水资源所有权与政府行政管理权的混淆，无论是中央政府还是地方政府，目前都承担着水权所有人和水资源管理者的双重身份。灵活的水价机制是抑制水资源需求非理性增长的重要手段。目前，我国水价水平依然较低，以市场信号为导向的调整机制没有建立起来，水价管理机制的运转效率难以令人满意。首先，尽管自2006年开始实施的《取水许可和水资源费征收管理条例》规定了水资源费征收制度，但测算办法不够科学和具体，完善的水资源价值核算体系尚未建立；其次，对水资源费的征收标准只是规定了应遵循的原则，随意性较大，约束力无从体现，可操作性也不强；再次，由于法律中缺乏有效的成本约束机制，出现了管网漏失、人员冗余、盲目建设等管理不善现象，并因此而形成了不合理成本，增加了水资源需求量控制的难度；另外，没有建立起以市场信号为导向的调整机制；最后，水价结构不够合理。水价中，供水价格占绝大部分，而与供水成本相当甚至更高的污水处理费只占到20%—30%的比例，水资源费所占比例通常不到1%。水价运行机制中的种种弊端，无论是对水量需求管理还是水质需求的管理都形成了阻碍。

## （四）取水许可仍需完善，水量需求难以控制

利用取水许可证来提高水资源需求管理效率是比较常见的做法。我国在取水许可管理上虽然已经积累了一些经验，但也存在不少问题。

一方面，取水许可管理方面的相关法规规章相对滞后，法规保障效力不够，可操作性不强，造成取水许可的大量工作仍停留在登记、发证等表象程序上，对取水许可管理工作中部分存在的违规违纪现象缺乏有效的行政处罚手段和措施，再加之地方出于保护自身利益的考虑，并没有对越权发证、无证取水、超计划用水、拒不接受监督检查的情况进行必要的约束和处置，直接影响用水总量控制工作的深入开展。

另一方面，取水许可监督覆盖很不全面。受水资源管理部门人员不够的限制，取水许可的监督检查工作更多的是侧重于对工业、商业、服务业等进行实地检查，而对取水许可证数量大、分布面广的农业用水量无法进行有效监控。而水资源管理部门在监督检查过程中往往忽视对水源地的监督管理，一些用水户在未经批准的情况下私自取水，改变原水源地结构，加大了取水总量控制的难度。地方在逐级上报取用水量过程中虚报、瞒报等情况普遍，监督管理机构对此也缺乏有效的管理和制裁手段。这些问题都给准确预测水资源需求量及来水量造成了困扰。取水许可管理中对行政手段过于依赖，使得水行政主管部门承担了水资源调配以及取水许可证合理性论证等诸多责任，往往会因受制于技术、资金等客观条件而难以做到高效配置不同行业、不同申请者的用水权利。另外，目前流域机构和省（区）之间、省与省内地区之间在取水许可管理中的关系也未完全区分清楚，从而使取水许可总量控制变得十分困难。

## 三、中国水资源需求管理的法制对策

破解当前我国水资源需求管理所面临的困境，需要对现有水资源需求管理法律体系进行补充和完善，以及对于水资源需求管理相关的水权制度、水价制度、取水许可制度等进行修订和改进。

### （一）加强立法工作，填补法律空白

完善《水法》的配套立法。《水法》作为我国水资源方面的基本法，在立法内容上较为原则，无法对每个具体的水法律制度都进行详细规定，这就需要对其进行更为细化的配套立法。具体而言，可根据《水法》的授权制定相应配套的行政法规、规章或规范性文件，如排污许可制度实施条例、水权交易、生态补偿的具体办法等；对《水法》中规定的一些管理制度，如区域管理与流域管理相结合的行政管理制度、饮用水水源保护区制度、用水总量控制和定额管理相结合的制度、划分水功能区制度、节约用水的各项管理制度等，还需要制定更加细致、更加可行的运作程序和具体操作办法使之落到实处。各级地方政府也应结合本地实际情况，出台相应的地方法规和规章。

制定有关水资源需求管理方面的法律法规，有针对性地填补立法空白，使水资源需求管理真正能够做到有章可循、有法可依。解决目前面临的水资源短缺与需求增长较快的矛盾以及水环境恶化与治理力度偏软的矛盾，需要尽快出台一部具有强制约束力的水资源需

求管理法案，对各级管理部门的水资源需求管理的法律地位和工作职责加以明确。为确保现有水资源管理法律的实施，还要在其中着重明确浪费水资源的法律责任，加大处罚力度，强化执行效果。节水方面，我国已有的《城市节约用水管理规定》是在 1988 年制定的。虽然说法律必须稳定，但也不能静止不变。今天的水资源形势早已不同于 20 多年前，再加上范围只限于城市，法律层次只为部门规章，法律效力明显不够，应早日制定一部全覆盖的《节水法》或《节水条例》来规范节约用水。

## （二）理顺管理体制，整合法律体系

鉴于水资源需求管理上的条块分割状况，应建立一个常态化协调机制，赋予流域管理机构更多职权，使之具备应有的立法权限和执法能力，以有效遏制不可持续的水资源利用行为。对不同管理部门的职责权限应在法律中予以更清晰、明确的划分，重视市场配置水资源的重要作用，促进政府行政管理职能与经济职能、服务职能的分离，理顺管理部门间的利益关系。建立以水资源管理责任为核心的水资源管理考评体系，加强水量控制和水质监测能力；深化水资源管理体制改革，形成流域管理机构与流域地方政府之间的决策探讨和区域信息共享机制；明确流域与区域的事权划分，加强流域多部门合作协商管理机制，落实流域管理与行政区域管理相结合的管理体制。

整理、研究现有水法规体系中各法律、法规和规章的内容，完善水资源法律制度，消除不同部门、不同地方在不同时期制定实施的相互冲突的法规或规章的影响。首先，应从系统整体出发，打破原来条块分割立法带来的问题，协调好各种开发利用水资源的法律之间的关系、协调好水资源开发利用法律与水资源保护法律的关系、协调好兴利法律与除害法律之间的关系。其次，强化水资源规划的法律地位，进一步明确水资源规划的具体内容，提高规划的权威性，保证规划得到真正实施。最后，根据《中华人民共和国立法法》第 64 条之规定，清理、修订或废止过时的或与国家法律法规相抵触的地方性法规，并对过于原则和抽象的规定进行细化，理顺现有水法规体系的内部关系。

## （三）明晰水权制度，健全水价机制

水权实质上是指围绕一定数量水资源用益的一束财产权利，可以分割为所有权、配置权、提取权和使用权。在我国当前水资源所有权共有框架下，根据不同区域条件、不同用水目的和不同政策目标，可以将水权所包含的各种权项进行分离，并有选择地界定给私人。这样既有公共水权的存在以保证水资源生态功能、社会功能的实现，又有私有水权的存在以使水资源的经济功能得以更有效地发挥。研究制定适合各地情况的水权交易机制和水资源保护补偿机制，实现水权的有偿转让，在既定分配水量基础上，市县之间、县城之间、自来水企业与用水户之间，可通过经济补偿进行水权转让。同时，对于生态水需求应给予足够的重视，避免生态水环境出现透支现象。还可以允许对水环境质量不满意的社会团体和个人购买取、用水权而不行使，从而改善水生态环境质量。

在水资源管理中，价格手段的应用将有助于抑制水需求的快速增长，提高水资源的利用效率。健全的水价形成机制既可满足公用事业的财政绩效需求，又可维护公众的用水利益需求。因此，应从以下五个方面优化水价机制：第一，建立科学的水资源费征收制度，完善的水资源价值核算体系；第二，在全国范围内因地制宜地推广科学的计价制度，利用价格杠杆促进节约用水；第三，加强供水管理体制建设，形成有效的成本约束机制，避免产生不合理成本；第四，遵循市场经济规律，建立起以市场供求信号为导向的水价调整机制；第五，提高水价结构中污水处理费和水资源费所占比例，形成合理的水价结构。

## （四）完善取水许可，坚守控制红线

节流为先，控制取水用水量，是降低供水投资，减少污水排放，提高水资源利用效率的最合理选择。因而在当前水危机加剧的形势下，应当加大对取水许可总量控制的管理力度，明确规定有关部门的职责和权限，形成一部门负责、多部门协作的局面，使水资源管理部门能够在取水许可总量控制、取水口运用管理、取用水监督管理及处罚违规行为等主要环节上发挥应有的作用。建立权责明晰、行为规范、监督有效、保障有力的水行政执法体系，保障取水许可总量控制落实到位。进一步推进流域管理与行政区域管理相结合的管理机制，明确各级水行政主管部门在取水许可总量控制管理过程中的权责，逐级分解和细化取水许可总量控制管理任务，并赋予流域管理机构统筹协调、监督和管理的权力。从中央到地方，逐级分解，加快完善主要江河流域水量分配方案和取水许可总量控制指标体系，合理配置取水权。

严格取水许可证的审批，坚决守住用水量、用水效率、限制纳污控制红线。2012年《国务院关于实行最严格水资源管理制度的意见》明确提出，到2030年，水资源开发利用控制红线是要将全国用水总量控制在7000亿立方米以内；用水效率控制红线是提高用水效率达到或接近世界先进水平，万元工业增加值用水量降低到40立方米以下，农田灌溉水有效利用系数提高到0.6以上；水功能区限制纳污红线是把主要污染物入河湖总量控制在水功能区纳污能力范围之内，水功能区水质达标率提高到95%以上。因此，通过严格执行取水许可制度，可以从根本上避免突破区域用水总量、过度超采地下水、超定额用水和超标准排放污水等违法现象的发生。在进行取水许可审批时，对未达到总量控制指标、与国家产业政策相背、未达到行业用水定额标准、达不到水功能区水质目标要求、超采地下水以及未建设节水及计量设施等情形的申请，一概不予批准。对取水许可的监督管理要实现常态化、制度化。实行对水资源分区取水，根据各地已经审批的取水许可总量与水资源承载能力之间的关系，结合水资源开发利用现状及取水户取用水情况，给予不同的取水政策，使取水许可在现有分级审批管理的基础上实现分类管理，推进取水许可总量控制动态管理。

进行水资源需求管理是抑制不合理的水资源需求、缓解水供需矛盾、防止生态环境系统持续恶化的有效途径。而法制管理是实现水资源价值和可持续利用的有效手段，在水资源综合管理中具有基础性地位。因此，通过法制对策对水资源需求进行科学管理，完善水资源法律法规体系，健全水资源需求管理的各项相关制度，为水资源的开发、利用、治理、配置、节约和保护提供良好的法律制度框架，以水定需、量水而行、因水制宜，调整与水资源有关的人与人、人与自然的关系，是妥善解决生活、生产和生态环境用水需求之间日趋尖锐的矛盾的必然选择。

# 第十一章　水循环与水资源开发利用状况

## 第一节　社会水循环

### 一、社会水循环的概念和原理

　　地球上水的储存量是有限的，自然界中的水是不能新生的，只能通过大循环而再生。水是地球上最丰富的化合物，大约是在 30 亿年前形成的。地球上这些水在不断地进行着循环，处于平衡状态。因此，江河奔流不息，地下水位相对稳定，海拔没有明显的变化。这样，就形成了水的无终止往复循环过程。水的循环分为自然循环和社会循环两种。自然循环地球上的水在阳光照射下，通过江河、湖泊、海洋等地面水、表土水的蒸发，植物茎叶的蒸腾，形成水蒸气，进入大气，遇冷凝结，以雨、雪、截等形式重返地面。返回地面的水，一部分渗入地下成为土壤水和地下水，再供植物蒸腾，或直接从地面蒸发；一部分流人江河、湖泊、海洋，再经这些水面蒸发或植物蒸腾等，无终止地往复循环。自然界中的水在太阳照射和地心引力等的影响下不停地流动和转化，通过降水、径流、渗透和蒸发等方式循环不止，构成水的自然循环，形成各种不同的水源。社会循环人类为满足生产与生活需要，要从自然界获取大量的水，这些水经使用后就成为生活污水和生产废水。这样，水在人类社会中又构成一个局部的循环体系，即水的社会循环。每人每天至少需要 5L 水，生活水准越高，用水量也越大。当然，用水量的大小与不同地区的气候条件、生活习惯有关，农业、工业生产更是用水大户。

### 二、社会水循环概念的水资源管理

#### （一）水循环经济的管理体制问题

　　论"节流"与"开源"是解决水资源短缺的两个主要途径，在水资源供应不断减少的今天，其核心在于水的循环利用，即通过污水资源化、雨水资源化、节约用水等措施，增加水资源的间接供应，尽量减少水的使用量。这样不仅可以减少无效需求、减轻供水压力，还可以相应减少污水排放和污水处理的负担，减少对环境的污染。

要实现污水的资源化利用，必须不断更新处理设施和技术，以提高污水的处理水平；同样，要实现污水的循环利用，需要对饮用水、循环水的管道系统进行技术改造。这些工作，需要根据各地的水资源条件、经济社会发展状况、科学技术水平等因素，对各类循环水的技术和设备进行系统的分类，并提出相关的技术识别评价指标，以为水循环经济的发展提供理论指导。

## （二）建立健康水循环系统的理论研究

随着社会经济近年来的快速发展，不少地区的水短缺和水污染等水问题日显严重，传统的水资源分割管理模式越来越成为制约水资源可持续利用的障碍。加强水循环经济管理体制问题的研究是实践水循环系统工作的突破口，更是实现社会经济可持续发展目标的迫切要求，为解决水危机，应当建立起健康的社会水循环。健康的社会水循环是指，在水的社会循环中，尊重水的自然运动规律和品格，合理科学地使用水资源，同时将使用过的废水适当再生和净化，使得水的社会循环不损害水的自然循环的客观规律。在一个流域内，人类活动要与水环境保护取得一个恰当的平衡，以此保证水在地表、地下的流动过程中满足自然环境保护和人类社会用水的需求。现代经济社会过度发展破坏了水循环体系。在人类生产、生活与水环境的协调中，应重新返回到或接近自然循环状态。

## （三）水循环经济理论体系的构建措施

健康社会水循环的概念是解决我国水危机的总体指导思想，实现健康社会水循环也是符合循环经济理念的，它是建立循环型社会的基础，是可持续发展思想的具体表现。水循环经济理论体系的构建需要从以下几个方面着手：

加强对水循环经济发展模式的研究和经济学分析，从而不断提高水循环经济模式的运行效率，促进水循环经济模式的推广；不断地寻求理论创新，建立起符合社会经济规律的水循环经济理论与方法体系，从而更好地指导水循环经济发展的实践；加强对于流域、区域、城市和工业园区等水循环经济发展的长期分析，探索水循环经济发展的内在规律，从而更好地服务于水循环经济发展战略与政策的制订；加强水循环经济与相关学科的对比与借鉴研究，从而不断推进水循环经济理论的完善与发展。加强对于水循环经济运行的多角度分析，从而不断充实和完善水循环经济的内容体系。

# 第二节　水循环系统设计与水质处理

## 一、内河道水循环系统设计

### （一）内河道水循环系统设计要求

#### 1. 水循环系统设计总体要求

整个景观水处理系统的设计要求如下：做到整个小区水域充分循环、充分处理、经济运行；补充水处理系统：低能耗、高效率、一体化；具有生态自净系统，即死角、底水能够生态修复，水景岸景需要合理布局，并且要求能够经济运行。

#### 2. 水循环系统土建设计要求

该项目别墅区内河道水循环处理系统的土建设施施工工艺要求主要包括：为河道开挖成型，夯实；根据循环、水处理要求在河底铺设输水、回水管道；河道边缘处覆土至种植要求，溪坑石与草皮接口自然，可按实际景观，不规则地点缀大小溪坑石、景观石等；驳岸的砌筑，包括自然放坡式、垂直驳岸等。

### （二）内河道水循环系统设计概述

#### 1. 水循环系统概况

别墅区河道的景观水主要是由外河道引入，该项目中景观河道按照先期要求确定水域水深不允许超过 0.5m，同时水体总量预计 10000m³，河道采用软底、沙土卵石或水泥硬底，防漏夹层要求内河道循环水处理 35h 循环一次，同时要求外河道补水量不低于 15t/h。

#### 2. 景观水循环处理量计算

### （三）水循环系统设计

#### 1. 水循环系统设计思路

景观用水取自外河水。按照内河道水循环系统设计总体要求、土建设计要求以及水循环处理量大小和水循环通量及标高设计等。

#### 2. 水循环系统设计问题分析

景观水内河道布水口的排布：根据距离水泵机房距离不同，考虑布水口距离以及管径大小的布置方案；循环泵扬程计算，在实际解决循环泵的扬程计算中，需要考虑解决影响距离机房循环泵最远点水流动主要因素，同时需要考虑循环泵的扬程以及水经过不同长度管道的压损等。

### 3. 水循环系统设计解决方案

景观水内河道布水口的排布：根据实际需要，内河道河岸布水口考虑 30m 一个，由布水口距离机房远近综合考虑，布水口管径应按照大小不一排布，其管径分别为 DN40、DN50、DN80、DN100；循环泵扬程计算。

# 二、水质处理方案

## （一）景观水处理方案概述

### 1. 景观水处理常见问题

别墅区内河道景观水不同于生活用水，一般来说存在以下问题：景观水透明度较低，水体较为浑浊；景观水由于绿藻疯长等因素，水体呈深绿色，且水体有腥臭味；景观水易出现漏水现象，且漏水会导致补水量增大现象出现。遇到天气暴热等情况，景观水水面容易起泡沫、发黑、发臭等。

### 2. 景观水处理设计原则

景观水的处理一般情况下不同于生活用水处理，其处理特点与主要原则通常如下：景观水处理必须针对各种状况，综合性地利用各种水处理技术；景观水处理应采用低能耗、高效率的处理装置与措施；景观水处理的操作使用方便；景观水处理的运行费用较低；景观水处理方法应将物理处理与生态自净相结合等。

## （二）水质处理工艺方案概述

根据景观水处理的工艺设计准则，当前阶段的景观水处理方案主要包括：生化方案；人工湿地方案；气浮方案；过滤方案；杀菌仪方案等。

上述水质处理工艺方案中，动植物生态方案、人工湿地方案等受制于场地限制等现实施工条件，在实际的水质处理应用的基本上不被工程所采用，目前应用较为广泛的技术方案一般是综合采用循环过滤法、曝气法以及加药杀菌灭藻处理的方法。

## （三）水质处理方案工艺流程

### 1. 水质处理总体方案

分析外河道水质可知，其水质介于三类水和五类水之间。综合考虑外河道水质现状和内河道水循环要求等，最终决定采取在外河道处理中增加取水石笼，并且机房内的主要处理设备采取气浮装置和生物滤池处理方案，以便于降低外河道总氮和总磷浓度，且可以增加外河道水的透明度。

处理净化系统采用高效景观水处理气浮装置与生化系统、过滤系统相融合的综合装置，

内配置填料以微生物的结构组成为蓝本研制的高效脱氮填料，换

### 2. 曝气工艺设计方案

曝气式增氧系统——生态污染水体修复技术中用来增加水体中溶解氧的一种非常重要的环节之一，同时也是微生物繁殖的基本生存条件。配置高速旋转螺旋桨的曝气机设备可以在提水的同时使得河道内水体得到充分的搅拌，令水层能够产生上、下循环，从而充分搅拌河道水，使河道水完全溶氧。

### 3. 生化气浮过滤法方案

气浮的原理是：向水体中通入或产生大量的微细气泡，使其黏附于水中颗粒上，造成的气泡使颗粒整体比重小于水的状态，并依靠浮力使其上浮至水面，最后被刮走，从而达到去除水中颗粒目的。气浮系统中核心的装备有三个部分：溶气装置、释气装置和分离装置；过滤生化一体机-生物膜：生物膜法是利用附着生长于某些固体物表面的微生物（即生物膜）进行有机污水处理的方法。生物膜是由高度密集的好氧菌、厌氧菌、兼性菌以及藻类等组成的生态系统，其附着的固体介质称为滤料或载体。

### 4. 过滤系统设计方案

过滤工作原理：陶粒填料通常在常温下操作，该过滤系统具有耐酸碱、耐氧化的特性，且 PH 的适用范围一般大小为 2—13 左右。一般情况下陶粒过滤主要用于去除水中的悬浮物杂质等。该系统与其他水处理设备能够相互结合使用：过滤系统主要特点，过滤填料采用陶粒填料：颗粒圆、均匀、表面粗糙、多微孔等，从而生物菌附着能力强，繁殖快、挂膜效率高；堆积比重轻，强度大不易损毁；

## （四）水处理整体设计方案

按照项目中别墅区内循环水道水质处理要求，并综合考虑水处理不同方案的优劣性。

# 第三节　水循环生态效应与区域生态需水类型

地球上自然生态与人类生存和发展共同分享有限的水资源。根据水循环，降水到达陆地后，大部分蒸发或入渗土壤后再蒸发，小部分形成地表径流。从广义水资源角度，分解为不可控水资源和可控水资源；从生态角度，也形象地称之为绿色水和蓝色水。降水的直接利用，或者说绿色水支撑了地表大部分植被生态，人类活动难以直接干扰和调控这种形态，通过对可控水资源的开发利用，改变流域生态状态。因此，生态需水研究对象为可调控的水资源支撑的生态，对于降雨支撑的地带性生态不直接研究，通过对降雨径流关系研究，反映生态格局演变。作为水土资源综合管理思想的延伸，生态需水是在流域自然资源，

特别是在水土资源开发利用条件下，为了维护河流为核心的流域生态系统的动态平衡，避免生态系统发生不可逆的退化所需要的临界水分条件。国外现有的经验与成果主要关注生态系统维持正常状态下的生态需水，以避免危机状态出现。

与国外比较，我国生态需水问题的复杂性、严重程度，涉及的深度和要求有所不同。中国生态用水问题突出的流域，河流经常出现断流、干涸等水生态系统深度破坏的情形。因此需要更深入研究生态退化过程、机理及其相应的生态需水定义。中国生态需水问题的复杂性还在于，我国地域辽阔，区域差异大，复杂的自然条件，形成了水循环显著的区域特征。在人类活动干扰下，水分条件的改变是生态系统状态变化的驱动因素之一，反映在水文循环的各个环节，包括降雨、降雨径流关系、径流分布与运动等关系的改变。研究流域水循环过程中的生态效应，是生态需水理论基础。本书从水循环基础理论出发，分层次分析水文循环过程的水分变化，并且通过分析与之相应的水循环驱动能量转化规律，揭示水循环生态效应变化机理，提出判断生态系统特性与水循环关系的基本准则，从机理上分析我国不同区域生态需水类型，为建立区域生态需水计算模型提供理论依据。

# 一、水循环生态效应分析理论基础

根据质量守恒定律，用水平衡方程式研究水循环的水分运移与转化关系。根据水循环要素运动的动力学特点，分析水循环能量转化特征。根据能量守恒与转化定律，研究水循环的驱动力变化，特别是人类活动作用下，水文循环的能量系统发生变化，导致出现水分运动的再分配，从而引起生态系统的相应改变。

（1）基本水循环任一时间内，地球上任一区域的水分平衡关系为：

$$\sum I - \sum O = \Delta W$$

式中：$\sum I$ 为进入该区域的总水分；$\sum O$ 为流出该区域的总水分；$\Delta W$ 为该区域水分储存量的变化。

水循环发生的范围：全球以及地球的局部不同尺度的区域。在水循环的作用下，陆地表面区域形成径流场。水循环运动的能量：水循环的能量来自两类，即地球重力场牵引下的动力学和太阳能直接作用下的热力学。水循环空间的介质：大气、地表、土壤层，包括地表的各种物质，如植被、裸土、裸岩、地表水体、人工建筑设施等。水循环过程的生态作用：在各种水的收入通量、支出通量、水分条件变化全过程中，包括生态平衡中的无机环境变化（水作为无机环境的要素）和有机物变化，以及整个水循环过程中各类生物的受益情况。

水文循环过程与生态系统的发生、发展和演变关系密切，人类通过对地表、地下径流的开发利用，改变水文循环的天然属性，特别是改变径流形成条件、运动过程、耗散规律，进而造成生态系统的改变。

（2）流域水循环根据水量平衡原理，一个区域的水量在一定的时段内满足以下关系：

$P=R+E+Ug+\Delta V$

式中：R 为河川径流量；E 为总蒸发量；P 为降水量；Ug 为地下潜流量；$\Delta V$ 为蓄水变量包括地表、地下、土壤。

多年平均条件下，$\Delta V=0$，水平衡为：

$P=R+E+Ug$

对于地下水闭合流域，地下潜流量 Ug=0，则多年平均水平衡转化为：

$P=R+E$

由于河川径流量可以表述为 R=Rs+Rg，Rs 为地表径流，Rg 为地下径流。因此，水平衡方程又转化为：

$P=Rs+Rg+E$

水循环要素的运动方向：降水、蒸发为垂直运动项，径流为水平运动项。

水循环的能量分析：垂直运动项中，降水能量来自两方面，先是热力学作用形成雨、雪，随后是地球重力产生的自由落体运动；蒸发能量来自热力学；水平运动项（径流）的能量来自于重力作用下沿坡面运动，并且汇集在河槽（由高向低）作下泄运动。因此，水平运动的径流 R 为重力学因子，垂直蒸发运动的 E 为热力学因子，垂直降水运动的 P 为热力学—重力学复合因子。

流域水循环生态效应：降水 P 到达地面后，在形成地表径流 Rs 过程中，对地表植被等生态景观起重要支撑作用。径流汇集到河槽、湖盆之后，维护水生生物繁衍进化，自身形成水生态系统。

对于陆面生态，最主要是植被群落蒸腾发量 Et，降水量 P 与 Et 的关系最为关键。一般情况下，如果降水量 P 能够满足陆面总蒸散发量 E 的要求，植被群落蒸腾发量 Et 自然能得到满足，此时 Et 的水分主要包含在陆面总蒸散发 E。该地区满足蒸散发后多余的降水量将会产生径流 R。

对于一个封闭的内陆河流域，降水量 P 集中在山区，形成径流。平原地区降水量 P 远小于陆面总蒸散发量 E，不能满足植被群落蒸腾发量 Et 的要求。此时平原区 Et 的水分来源主要是来自山区的径流转化的潜水 Rg，平原地区些微的降水不能产生径流。

（3）地表水体的水分运动径流汇入河道、湖泊等地表水体，地表径流 Rs 与潜水 Rg 进行交换。地表径流 Rs 在河道或湖泊中运动，对水生态系统起到根本保障作用，在不同层次上满足水生态系统的临界要求，包括水量、水质、水动力学等各方面，水生植物和陆生植物交替变换。洪水期，水生态系统的水量交换、能量流动、物质循环加强，生物迁移通道连通，生存空间得以进一步扩展。枯水期，平原地区潜水 Rg 对地表径流的补给调节是支撑河道生态的主要动力。

某时段在任一河段（湖盆）水量平衡为：

$P+Ri=Ro+E+Og-Ig\pm\Delta W$

式中：P 为该时段降水量；Ri 为上游流入水量；Ro 为下游流出水量；E 为蒸发量；Og 为地表渗漏补给地下水量；Ig 为地下水补给地表水体量；ΔW 为河槽（湖盆）蓄水变化量。地表渗漏补给地下水量与地下水补给地表水体量差值（Og-Ig）表明了地表水与地下水补排关系。

一般来说，丰水季节地表径流量大，是地表水补给地下水为主，此时地下水补给地表水体量 Ig 近似为零。河槽（湖盆）蓄水变化量 ΔW 与地下水关系密切，可以看成地下水的函数。

枯水季节则是地表水体生态系统接受考验的时期。此时，没有降水补充，天然情况下，河流（湖泊）水分依靠上游注入和地下水的反调节补给，地下水补给地表水量 Ig 大于地表渗漏补给地下水量 Og，对于河流生态而言，下游河道径流与地下水的转化关系至关重要。在大规模开采地下水，导致地下水位下降（低于河底）的情况下，枯水季节地表水 - 地下水补排关系发生逆转，地下水补给调节消失，河槽调蓄能力基本散失，水平衡方程式变为：

Ri=Ro+E+Og

上述关系式表明，河道径流来自上游下泄，并且损失于蒸发和渗漏。由取用水造成的径流衰减过程

也是水生态系统退化过程，为了防止出现生态灾难，需要保持河道一定的水量。亦即需要考虑生态系统的某种临界状态，寻求对应于这种临界状态的河川径流量 R*，作为预防生态"灾变"的一种衡量标志，只有当 Rs ≥ R* 时，河流是正常的，或者说，水生态系统是正常的。

## 二、水循环的生态效应机理

驱动水循环的能量来自于热力学和地球引力，而人类经济活动产生的各种作用力加入后，在自然和人工双重作用下，支撑水循环的能量发生变化，从而导致水循环生态效应的变化。

（1）尺度生态效应从发生空间、驱动能量、变化过程看，水循环的生态效应表现在以下 3 个相互联系的层面。

①与降水分布密切相关的宏观效应。降水是水循环的基本通量，其丰裕程度和分布特点决定了水循环生态效应的根本属性，决定了区域生态系统需水的总体格局。降水发生在大气和地表之间，连接大气和地表，是一个立体的空间。降水条件受热力学控制，由于需要巨大的能量积蓄，并且受其他因素干扰，其变化是缓慢和不可逆的，通常需要几十年才显现。这在时空尺度上是宏观生态效应。

②与降雨—径流关系的稳定性密切相关的中观效应。水土资源开发利用导致降雨—径流关系发生变化时，将随之出现生态与环境的变化。发生在地表面的整个径流场，包括陆地和水域，是一个拓扑的面。降水在地表演化的能量，由热力学（作用于蒸发）和地球重

力（作用于渗透）作用控制，其变化则需要几年乃至十几年才显现。这在时空尺度上属于中观生态效应。

③与径流运动的空间和方式密切相关的微观效应。包括地表径流活动区域，即水体规模，以及地表径流与地下径流相互转化关系。水资源利用导致地表水体径流量减少、地下水位下降，使得径流的活动空间缩小，地表水、地下水转化关系改变，进而导致依赖于水体的水生态系统的退化，直至水体自身的消亡。发生在地表连通水域，是一个拓扑的线，受地球重力场控制，受人工作用力直接影响，其变化通常在一年内即可显现。这在时空尺度上属于微观生态效应。

（2）生态效应作用机理水土资源开发利用引起的生态退化效应，在时间尺度和空间尺度上，总是由微观→中观→宏观的渐进过程。在机理联系上，则是各类水资源开发利用工程措施等人工作用力的能量循序积累传递的过程。根据能量守恒定律，在拓扑空间中，人工对水循环的干扰通过能量积累与传递，由点、线到面，进而整个空间，从而导致改变水循环，其生态效应也随之改变。

人类对水循环的干扰作用由局部、个别、微观开始，通过水土资源开发等各种经济活动形成的作用力，直接作用于地表水体及其相关的潜流场，使得支撑水文循环的能量，在热力学和地球重力场之外，加入了各种人工作用力，最初，人工能量对水循环直接作用于地表取水、地下水开采，只在局地短期内有限地影响到作用河段，由于水资源的取用与消耗，使得天然径流量减少、地下水位下降。当这些活动的力度持续加强、并且密度增加，河道频繁干涸，地下水位大面积持续下降，引起地表、地下水转化关系的变化，进而导致降雨—径流关系发生改变。其主要特点是包气带增厚，致使增加蒸发，减少径流。蒸发的增加导致水热条件的改变，水循环的热力学因素改变使得水循环宏观生态效应悄然发生渐变，通过几十年长期积累，将导致水循环基本格局的变化。

水资源开发利用导致的宏观生态效应变化远不如中观和微观层次敏感。对水资源规划与管理影响最显著的是微观与中观效应。中观生态效应是水资源规划的重大课题，微观生态效应对取水管理意义重大。认识和重视宏观生态效应，对于正确指导区域水资源开发利用与生态环境保护具有决定性意义。从水循环的能量守恒与转化来讲，研究一系列生态用水标准，是为人类经济活动对自然水循环的作用划定一个合理的限度，以此去规范水资源开发利用行为。应该指出的是，导致水循环宏观生态效应变化的水热条件改变，还有其他因素，如温室效应等，并且，改变宏观生态效应需要巨大的能量，非短期能显现，需要长期的、持续不断的能量积累。

# 三、区域生态需水类型

## （一）生态效应判定准则

### 1. 准则之一

区分内陆河与外流域生态需水根据降水量是否满足陆地植被需求，判定和区分内陆河流域与外流河流域水循环生态效应。取决于降水量分布、蒸散发等水热条件。在内陆河干旱区，降雨集中在山区，降雨—径流发生区域与径流运动区域分离，出现显著的径流形成区与径流耗散区。在径流耗散区，径流运动处于一个狭小的地带，其他广阔区域处于无流状态，降水量远小于蒸散发。此时，径流耗散区的植被需水依赖于径流补给，而无流区由于水分不足处于无植被状态。这一准则成为区分内陆河干旱区与外流域水循环生态效应的指示性标志，反映了完全不同的生态需水类型，决定了不同的计算方法和研究方向。

由于内陆河植被生态系统依赖于河川径流，在大规模人类活动条件下，绿洲生存的重要性和紧迫性都远远超过河湖等地表水体自身的水生态系统。在这种胁迫的用水条件下，绿洲生态需水必须无条件满足，水体的水生态系统用水服从于绿洲植被用水需求，即所谓河道外生态需水。

### 2. 准则之二

区分半湿润半干旱区与湿润地区生态需水由降雨—径流关系的稳定程度，判定和区分半湿润半干旱区与湿润地区水循环生态效应。取决于降雨—径流关系的稳定性，表现在两方面：径流生成条件的变化和径流运动条件的变化。

半湿润半干旱区易受经济活动影响，从而产生降雨—径流关系不稳定问题。表现在两个方面：一是水土治理引起的所谓"减水减沙"效应，山区坡面治理水土流失措施改变了产流条件，植树造林、淤地坝等措施增大坡面糙率，延缓坡面流速，使得植被对降水的吸收量增加，导致产流量减少。二是地表水大量取用和地下水大规模超采引起的所谓"准内陆河化"效应，上游拦蓄使下泄水量减少，地下水大规模超采使河流失去河岸调节功能，导致河道补给条件发生变化；枯水季节，河道水量仅依赖于上游下泄，结果使得河道维持水量难以保证，出现大范围断流。地下水位的大幅度下降，降低土壤含水量，使得包气带加厚且变得干燥，最终出现径流系数下降，降雨—径流关系发生变化。

这个准则将外流域生态需水问题区分半湿润半干旱类型和湿润类型。显而易见，半湿润半干旱地区河流比湿润地区河流生态需水问题要复杂得多。这类生态需水问题的核心，是地表水地下水转化关系改变，引发降雨—径流关系的改变，导致生态需水问题复杂化。

### 3. 准则之三

区分地表水体生态需水依附于地表水体如河流湖泊等的水生态系统随水量发生变化，无论水循环特点如何，水生态系统在低水位情况下都有一个临界的变化特性。径流量减少，导致水循环连接度退缩、断裂、消失，伴随着水生态系统生物量下降、物种灭绝、生物多样性破坏直至生态系统消亡。在我国的现实情况下，这个问题在半湿润半干旱区最为突出，如何维持河道流量与湿地规模是一个十分敏感且普遍存在的迫切问题。

### （二）生态需水基本类型

（1）降水与植被生态需水降水、蒸发等水热条件决定了水循环的稳定程度，也决定了植被生态的等级和分布

判定植被生态水分来源是生态需水研究必须首先解决的问题。陆面植被群落蒸腾发量 Et、降水量 P 以及它们之间的关系，是影响流域生态需水基本形态的最关键因素。降水的数量和分布条件决定了生态景观的地带性变化规律，形成了生态总格局。（P-Et）为判定植被生态用水来源的指示性指标。当（P-Et）> 0，降水满足植被生态用水；（P-Et）< 0，降水不能够满足植被生态用水，需要径流补充，为非地带性植被；（P-Et）=0，处于脆弱的过渡状态，视具体情况而定。植被群落蒸腾发量 Et 的分布特点与气候关系密切。为了分析植被群落蒸腾发量 Et 的基本特点，作者收集和分析了国内外相关观测实验研究资料，参考有关林草需水 Et 实验分析资料。大量数据表明，即使在干旱地区，维持植被成长的水量必须在 150—250mm 以上。

以 Et=150—250mm 作为临界点，全国大致可以划分为两个区域。

①内陆河干旱区非地带性植被生态。干旱的西北内陆河基本上属于（P-Et）< 0 的区域，此处为非地带性植被类型，植被生态需要径流补充维持，绿洲为中心的陆面生态保护是最核心的生态需水问题。

②外流域地带性植被生态。在（P-Et）> 0 的区域，以 800mm 降水量为界，大体上可以划分为两类，一是淮河干流以北、包括长江上游部分地区，降水量小于 800mm、多数在 600mm 以下，属半干旱、半湿润过渡带，这里植被虽由降水补给维持，但水循环基础较为脆弱，易受水资源开发利用影响，出现显著生态退化效应；二是淮河干流以南、包括长江、珠江流域和东南沿海的广大地区，地处湿润地带，大部分地区降水量高于1000mm，植被生态受到丰富降水支持，水体生态系统也较稳定，水循环受水资源开发利用的影响不显著。

此外，在干旱的西北内陆河与上述区域之间，有一个狭长的过渡地带，主要在高寒的青藏高原东部和黄河上游及河套地区。此处降水量较少，偏干旱，植被生态脆弱，且易受降水量波动影响。

（2）降雨径流关系稳定性与河湖生态需水降雨—径流关系的稳定性直接影响到河湖生态需水的维持

径流系数可以作为描述降雨—径流关系稳定性的指标，通常情况下，径流系数大于0.3，降雨径流关系稳定性较好。我国西北内陆河由于降雨—径流发生在山区，径流系数一般都大于 0.34，尽管整个流域生态脆弱，但降雨—径流关系受人工影响不大，稳定性较好。淮

河干流以南地区，径流系数一般都大于 0.4，且降雨量大，降雨—径流关系非常稳定。东北松花江流域等北方湿润地区，径流系数亦在 0.3—0.4 以上，但降水量较小，降雨—径流关系稳定性较南方湿润地区弱。

降雨—径流关系最不稳定的是淮河干流以北的半湿润半干旱区。此处径流系数基本上在 0.2 以下，最易受外力影响改变降雨—径流关系。该区域也是地表水地下水转化最频繁、最活跃地区。水资源开发利用使得径流量减少、地下水下降，导致地表水、地下水转化关系发生变化，进而改变降雨—径流关系。为了保障水系生态功能，维持河道一定的生态流量是核心问题，但要达到这个目标，需要保持一定的地下水位，以支撑甚至补给河道径流量。

（3）地表水地下水转化关系与生态地下水位半湿润半干旱区由水资源开发利用引发的生态问题，表现在河道径流的衰减和地表地下水转化关系的逆转

河道径流来自上游下泄，并且损失于蒸发和渗漏。为了防止径流衰减导致生态灾难，需要保持河道足够的水量。要维持这样状态，地下水的支撑条件必不可少。

从地下水位 Hg 与河底高程 M 之间的关系可以分析地下水维持河岸调节作用。当 Hg > M 可以维持地下水正常的调节功能，即使上游不来水，地下水补给河道不至于涸。当 Hg < M 地下水调节功能基本散失，河道径流渗漏补给地下水；在 Hg 和 M 相差不大时，地下水对河道径流尚有一定维持能力，河道径流渗漏缓慢；随着地下水位持续下降，河道径流迅速渗漏。

## （三）分区域生态需水类型

（1）内陆河干旱区生态需水内陆河干旱区降雨—径流发生区域与径流运动区域分离，发生在山区的降雨—径流关系很稳定

平原地区降水量不足以维持植被生态，形成由径流支撑的非地带性植被生态。出山口以下无论是地表水还是地下水都来自于上游山区，河道径流与地下水转化关系的变化不影响降雨—径流关系，但是对沿河的植被生态作用巨大。河道径流量下渗形成的潜流场是绿洲植被生态的生命之源，这是内陆河流域生态需水的前提条件。因此，河道径流量必须首先满足绿洲生存，水体的水生态系统用水服从于绿洲植被用水需求。事实上，由于庞大的人口压力，在现实情况下，我国西北地区内陆河大部分河流水生态系统基本上已放弃。

（2）半湿润半干旱区生态需水半湿润半干旱区河流地表水、地下水转化关系总体模式：上游山区，地下水补给河道为主；山前平原，地表地下交互，地下水补给地表水为主；下游平原，地表地下交互，以地表水补给地下水为主，自然状态下，枯水期地下水对河道调节补给。在过度开发利用水资源条件下，地表水地下水转化关系总体模式转变为：上游山区，地下水补给河道为主；山前平原，地表地下交互；下游平原，地表水补给地下水，枯水期河道径流加速渗漏，河流"准内陆河化"。分析海河、黄河、淮海、辽河等流域现状地表、水地下水转化关系。发现除淮河下游还保持地下水调节作用，海河、辽河下游地下水超采，已完全失去河岸调节功能。黄河下游为地上河，为地表水渗漏区。

以海河流域为例，下游平原全面失去地下水河岸调节补给功能，这是海河流域平原河道普遍干涸的重要原因。

半湿润半干旱区生态效应分析表明，此类地区由水资源开发利用引发的生态用水问题非常复杂，存在于水循环各个环节。其核心问题是需要从地表水地下水转化关系入手，完整描述河川径流运动，系统地确定生态需水问题，包括河道生态流量、相应地下水位，成为统一考虑的整体。

（3）湿润地区生态需水南方湿润区域河网密布，河川径流量丰沛，受土地资源限制，灌溉用水量有限，水资源开发利用对河道径流的影响有限，从水量角度也不足以威胁到水生生物生存与繁衍。即使枯水期河流径流不足，从生物学角度看，对水生生物的生存与繁衍影响不大，只对供水水质、航运等影响明显。因此，南方湿润地区江河生态流量应该从水生态系统服务功能出发，系统考虑河流生态服务功能最大化需求。这和半湿润半干旱区的生态流量内涵显然不同，前者需要研究生态系统自身生存等问题。

# 第四节　全球水资源

## 一、基本概念

全球水资源，从广义上来说是指地球水圈内的水量总体。由于海水难以直接利用，因而我们所说水资源主要指陆地上的淡水资源。通过水循环，陆地上的淡水得以不断更新、补充，满足人类生产、生活需要。

### （一）地球水储量

地球表面、岩石圈内、大气层中和生物体内所有各种形态的水，包括海洋水、冰川水、湖泊水、沼泽水、河流水、地下水、土壤水、大气水和生物水，在全球形成了一个完整的水系统，这就是水圈。水圈内全部水体的总储量约为138600000km，其中海洋储量1338000000km，占全球总储量的96.5%；其他各种水体储量只占3.5%，地表水和地下水各占1/2左右。地球上总量，含盐量不超过1g/L的淡水仅占2.5%，即35000000km淡水，有68.7%被固定在两极冰盖和高山冰川中，有30.9%蓄存在地下含水层和永久冻土层，而湖泊、河流、土壤中所容纳的淡水只占0.32%。

### （二）全球水循环

海洋水和陆地水受太阳辐射变成水蒸气上升到空中，在一定气象条件下又以雨、雪、雹形式降落到海洋和陆地；由于洋面上的蒸发量大于降水量，陆地上的蒸发量小于降水量，于是海洋上空的水汽向陆地输送，陆地的径流排入海洋。海洋水、陆地水、大气水之间的这种水量交换现象，称为全球水循环。陆地或海洋与大气层之间由降水和蒸发组成的垂向水分交换，称为小循环；海洋和陆地之间由水汽输送和径流排泄组成的水平水分交换，称为大循环。不断往复的水循环运动，使得海洋中的水量在长期内保持平衡，陆地上的水体得到补给。参与全球水循环的动态水量每年为 577000km，占地球水储量的 0.04%，这就是全球多年平均年降水量，其中降落在陆地上的为 119000km，占全球年降水量的 21%。各种水体在循环过程中，不断更替和自身净化。除生物水外，在自由水中以大气水、河流水和土壤水最为活跃，更替周期在一年以内；冰川、深层地下水和海洋水的更替周期很长，都在千年以上。

## （三）全球水平衡

全球动态平衡的循环水量，通常用全球水量平衡的方法估算。水平衡的收入项为地球表面承受的降水量，支出项为地球表面的蒸发量，降水量和蒸发量相等，为 1130mm，因而在长期内能保持全球的水量平衡。海洋上年蒸发量为 1400mm，年降水量为 1270mm，蒸发量超过降水量 130mm，差值部分由流入海洋年径流量（包括地下径流）达到平衡。陆地上年降水量为 800mm，年蒸发量为 485mm，降水量大于蒸发量 315mm，差值部分由海洋水汽输送加以补充。从陆地流入海洋的径流和由海洋输送到陆地的水汽，其多年平均水量是相等的，为 47000km3。根据现代的科学技术水平，确定水平衡要素的误差不会大于 ±10%，但是在未来，也很难做到误差小于 ±5%。

## （四）陆地水资源

河流的年径流量，包含大气降水和高山冰川融水产生的动态地表水，以及绝大部分的动态地下水，基本上反映了水资源的数量和特征，所以各国通常用多年平均冰川径流量来表示水资源量。陆地多年平均河川年径流量为 44500km，其中有 1000km 排入内陆湖，其余的全部流入海洋。包括 2300km3 南极冰川径流在内，全世界年径流总量为 46800km。径流量在地区分布上很不均匀，有人居住和适合人类生活的地区。各大洲的自然条件差别很大，因而水资源量也不相同。大洋洲的一些大岛（新西兰、伊里安、塔斯马尼亚等）的淡水最为丰富，年降水量几乎达到 3000mm，年径流深超过 1500mm。南美洲的水资源也较丰富，平均年降水量为 1600mm，年径流深为 660mm，相当于全球陆地平均年径流深的两倍。澳洲是水资源量最少的大陆，平均年径流深只有 40mm；有 2/3 的面积为无永久性河流的沙漠、半荒漠地区，年降水量不到 300mm。非洲的河川径流资源也较贫乏，降水量虽然与欧洲、亚洲、北美洲相接近，但年径流深却只有 150mm，这是因为非洲南北回归线附近有大面积的沙漠所致。南极洲的多年平均年降水量很少，只有 165mm，没有一条永久性的河流，然而却以冰的形态储存了地球淡水总量的 62%。

## （五）全球用水动态

根据专家 1997 年估计，全球陆地可更新淡水资源量约为 42750km，按 1995 年全球人口 57.35 亿来计，人均水资源量为 7450m。全世界用水量 1900 年为 579km³，到 1995 年达到 3788km，在 95 年中，用水增加了 5.5 倍，其中全球农业用水增加了 3.9 倍，工业用水增加了 16.2 倍，城市用水增加了 16 倍。

# 二、全球水资源储量及气候变化

全球水资源储备减少的现状令人担忧。随着气候变化导致水文趋势变异性加大，为了保证水、食物和能源的正常供给水平，需要更充足的水资源储备。水资源的储蓄是应对气候变化最根本的预防措施之一，只有保障水资源的安全供给并保持水—食物—能源间的平衡，才能免受气候变化影响，特别是在持续干旱时期。数千年来，人类通过修建大坝水库蓄水以灌溉农作物并控制洪水，为工业和家庭用水提供水源。水力发电为粮食安全、人类发展以及经济增长发挥了巨大作用。如今，许多大坝都不只局限于一种用途，但妥善应对供水需求的变化仍然是其基本功能。在 20 世纪，全球范围内共建设坝高超过 15m 的大坝 45000 座，合计库容达 6700—8000km³，占全球年径流量的 17%。水、食品和能源的安全密不可分。例如，全世界大型水库中约有 50% 的蓄水主要用于灌溉。如果没有充足的储水量，农业灌溉就会完全受制于降雨和径流变化模式。为了管理水资源，了解水资源储量至关重要。简单来说就是需水量的变化，即流量（供水）减去出流量（需水量）。更重要的是，蓄水量减少是否与供水减少、需求增加有关，或者与两者都有关，值得探讨。其实，蓄水量减少与两者都有关，同时受到其他因素的影响，如气候变化引起流量变幅增大，人口增长导致需水量增加，泥沙淤积导致库容损失，以及由于环境和社会影响导致世界范围内的建坝数量减少等。

## （一）影响因素

### 1. 气候变化

据有关研究预计，未来的气候变化会加剧并导致极端水文事件的发生，且破坏程度比以往更大，如干旱时间延长和洪水致灾更为严重。干旱时间延长会导致入库流量减少，从而使蓄水量减少。如果用水需求保持不变，现有蓄水量将会面临更大压力。

### 2. 人口增长

据估计，2017 年全球人口约为 75 亿，而 200a 前还不到 10 亿。人口与用水需求密切相关。随着世界人口以每年约 8000 万的速度增长，人们满足基本需求以及提高生活水平的愿望强烈，因此对水资源的需求也会不断增加，将给现有的储水设施带来额外的压力。

### 3. 泥沙淤积

由于泥沙淤积，世界上许多大型水库的寿命都因此而缩短，导致许多地区的净库容减少。全球范围内，水库库容的年损失率约为 0.5%—1.0%，全球每年损失库容约 40—80km³。

大型水库的建设曾在 20 世纪 60—70 年代达到顶峰，无论是数量还是库容在当时都大幅增长。但是，其中一些水库建设对环境产生了极大的破坏，造成了不良的社会影响。因此，如今的大坝建设受到严格审查，全球范围内的大坝建设数量明显减少。随着建坝数量的减少、部分老旧水库的停运以及泥沙淤积造成的蓄水量减少，全球水库净库容量济的基础（占其国内生产总值的 27%），但雨养农业很大程度上受气候变化的影响，因此，发展灌溉业对坦桑尼亚的农业极其重要。坦桑尼亚拥有众多河流、湖泊和地下水资源，在灌溉农业方面具有很大发展潜力。计划建设于鲁胡河上的水坝，可调节河流流量，增加该地区灌溉水量，保障相关活动用水，减弱洪水对基础设施和经济活动的影响与破坏，并为尼亚萨湖湖岸的生态环境带来积极的影响。该项目计划灌溉总面积 40km²（目前的灌溉土地面积仅有 0.5km²），预计 2020 年完成，届时水坝将提高农业生产力，并为当地农户和居民带来额外收入。通过可行性研究认可的投资项目，也将帮助提高当地农业及相关活动对气候变化的适应力。基孔吉多用途水坝、灌溉和水电项目预可行性研究估算总费用为 250 万欧元。其中，AWF 将为该项目提供 200 万欧元的资金援助，气候弹性基础设施开发基金和政府将分别出资 30 万欧元和 20 万欧元。项目预计工期为 22 个月。

### 4 马拉维"水弹性"系统

为应对气候变化，AfDB 在马拉维栽种了 50 多万株树木，在 5 个地区建立了农村社区"水弹性"系统，成立了 14 个流域管理委员会。通过参与 AfDB 资助的项目和开展的活动，超过 20 万人从中受益，水资源开发保护意识得到提升。

水资源开发和卫生部主管官员 A.钱达表示，建设具有"水弹性"的基础设施是 AfDB 在马拉维的工作重心。依据马拉维的"国家适应力行动计划"，AfDB 设计了"改善健康和生计的可持续农村供水和公共卫生基础设施项目"，目的是使当地社区，尤其是妇女和青少年人群能够进一步适应气候变化带来的破坏性影响。

由于气候变化，马拉维的降雨模式在过去几十年间发生了显著改变。长期少雨、干旱和洪水频繁发生，许多社区因此受到严重破坏，加剧了贫困。近期受厄尔尼诺现象影响，马拉维 600 多万居民面临粮食和水资源短缺。AfDB 决定采取行动与马拉维政府合作，建立更强大且更具适应能力的社区来应对这一挑战。经过一系列由 AfDB 发起的对各部门的干预行为后，政府于 2014 年 4 月批准通过了 S R WSIHL 项目。该项目旨在提高龙皮、恩科塔、恩彻乌、曼戈切和帕隆贝 5 个地区供水系统的适应能力。该项目支持恢复集水区，建立集水区管理委员会，并就集水区保护的重要性认识开展社区培训活动。

# 第五节　中国水资源开发利用

水资源作为一种战略性资源，对整个社会的可持续发展，及维系生态平衡等均有重要的价值和意义。为此，我们应该充分重视对水资源的合理开发和利用，同时强调实施严格化的水资源管控制度。

## 一、我国水资源开发利用现状

我国是一个人均水资源量极度匮乏的国家，为充分实现水资源的合理开发利用，提高水资源利用效率，建设"山、水、林、田、湖、草、人"可持续性生态系统，首先应基于对现存问题的分析，充分认识水资源开发利用方面的瓶颈和不足。

水资源供需失衡十分突出：由于"水、土、人"空间分布的不均匀性，我国水资源供应面临着较为严峻的现状。就目前全国城市用水而言，共计超 600 个城市里，至少有 400 个城市存在水资源供求压力大的情况。随着信息化发展和智慧流域的建设，立足不同地区对水资源的需求情况，合理制定规划，应逐渐成为一种新的水资源管理方法。

水资源利用效率仍然较低：目前水资源使用过程中，水资源利用效率仍然较低，水资源浪费现象仍然严重。工业领域，主要表现为：一是需水量大，二是循环再利用未成规模。农业领域，绝大部分农田仍然采用传统灌溉方式，造成明显的水资源浪费。今后充分利用科技支持和政策鼓励，不失为提高水资源利用效率的有效途径。

水资源污染现状非常严峻：我国大部分水体存在着较为严重的污染情况，北方水质型缺水的情况尤为明显。根据《2015 年水质报告》，华北地区的水质硬度要普遍高于华南地区，华北地区水污染较为严重，这和当地工业污染严重有密切关系。普遍范围内水污染问题的存在，导致我国可利用水资源非常紧张，给环境资源保护也带来了严重的消极影响。随着经济社会的发展和自然理念的建设，积极治理水体污染，是今后水利工作的重要内容。

## 二、我国水资源开发利用问题的对策

针对当前我国在水资源利用过程中存在的诸多问题，我们应该更加合理地进行水资源保护利用，同时执行最严格的水资源管理制度，缓解我国水资源利用压力，从而保障经济社会和自然环境的可持续发展。

树立正确的水资源保护理念：在进行水资源的开发上，要有正确的水资源保护观念和保护意识作为驱动。相当一部分人仍然认为水资源是取之不尽、用之不竭的。实际上，这种错误的理念也导致人们在进行水资源保护的过程中，难以形成正确的认知，不利于水资源的合理管控。通过正确水资源保护理念的建设，加强宣传，促使节约用水的意识深入人心，从而养成良好的用水习惯，实现合理用水，对水资源的开发保护利用起到积极作用。

重视水资源保护制度的建设：在进行水资源的开发利用上，通过进行制度建设，能够为人们进行水资源的合理开发、利用提供必要的制度约束和保障。通过制度的约束，促使相关部门在进行水资源的开发利用时，能够遵循严格的程序性和合规性，合理地进行水资源开发保护工作。具体来说，在进行水资源开发的过程中，一定要重视管控制度作用的发挥，通过制度的约束作用，确保能够立足根源，合理进行水资源的利用和保护。利用科技手段提升水资源保护成效：在进行水资源开发利用的过程中，通过科技手段的融入，确保实现科学节水内涵的提升，并达成水资源保护利用的预期目标和成效。具体来说，科技的投入主要涵盖以下几方面的内容：

第一是通过科技的融入，促进农业、工业领域水资源利用效率的提高。比如在农业方面进行滴灌、喷灌技术的推行，降低水资源的耗费；在工业方面，通过采用新设备新工艺，提升水资源的利用效率等。第二是充分利用信息化发展成果，积极建设智慧流域。针对我国"水、土、人"分布特点及各地区对水资源的利用需求，合理规划和供水，为实现最严格水资源管理制度提供信息技术支持。第三是从日常用水的视角来说，基于科技的融入，最大化地实现节水理念的推行，在进行用水的过程中，强调先进节水技术的运用，通过科技驱动，提升日常生活用水的效率，尽可能实现水资源的合理使用。第四是立足水资源保障，还要重视水质保护工作的有效开展，通过进行水质检测，及合理的水功能区规划，确保对水资源进行水质分级使用，同时确保水环境的改善和恢复，尽可能减少水资源污染现象的发生，并强化对水污染的治理和监督。

# 第十二章　节水理论与技术

## 第一节　城市节水

### 一、城市节水与雨水资源化

城市水资源供应现状及雨水开发利用情况城市经济社会发展过程中一直受到缺水干扰，城市供水量不足已经成为制约经济发展的瓶颈。根据联合国公布的各国人均水资源数据，中国人均水资源占有量仅为世界的 1/4，人均水资源量不足 $2200m^3$，居世界第 121 位，被列为世界上 13 个贫水国之一。我国水资源利用效率较低，需水量增长速度超过可供水量增长的速度，各城市工业、餐饮及生活存在严重的浪费水资源现象，大量优质自来水被应用于街道冲洗、厕所、绿化灌溉等，人民普遍缺乏节水意识。

生态环境恶化、工农业用水技术落后、浪费严重、水源污染等因素造成了我国多个城市出现水质性缺水或资源型缺水现象，部分城市水资源短缺现象严重，大量未经处理的废水、污水直接排入河道，造成水质恶化，辽河、海河、淮河等河道都遭受了严重的污染，污染性河道流域出现水质性缺水，出现守着大江大河反而没有水喝的局面；城市小型河道水质环境恶化现象也十分突出，大部分河道成为城市工业、生活用水的纳污池。城市发展过程中占用了大量的地表水和地下水，尤其地下水超采现象严重，大大超出国际上通行的地下水开采标准，城市供水量的大幅度增加牺牲了农业用水和生态用水的供应量。

城市雨水利用需要对汇水面的雨水进行收集，经过处理和净化后作为城市的供应水源。目前由于水处理技术和成本的限制，回收的雨水主要用于绿化浇花、洗车、厕所等，大大影响了雨水作为后备水源的利用率。随着经济社会的发展，采取各种有效措施对雨水资源进行回收和利用，将对改善城市生活环境、缓解水资源紧张现状具有重要的价值。

#### （一）城市节水及雨水利用措施

城市节水是企业、居民与自然相融合的一个复杂环节，通过实施节水措施缓解水资源紧缺的现状；需要充分发挥管理职能部门的引导作用，改变人们意识观念及生活方式，促进水资源合理开发利用与社会经济发展相互协调。为了进一步缓解城市水资源紧缺现状，应充分开发利用城市雨水资源，使其成为经济社会快速发展的有效供应水源，逐步效缓解城市缺水问题，满足经济社会快速发展对水资源的需求。

### 1. 城市节水探讨

城市节水规划要注重调动全社会共同参与节水活动，提高人们的积极性，落实相关的节水管理办法与规定；依靠现代科技手段，研发节水新技术与新设备，提高水资源利用效率；大力发展节水型产业，最大限度减少经济社会发展的耗水量；提高环境保护力度，坚持节水与环保并重原则，保证水资源质量，避免出现守着水源但无水可用现象；开展污水和劣质水回收利用工作，充分发挥水资源的利用效率；统筹管理城乡水源分配，建立水务纵向一体化的协调管理机制，按照市场经济原则制定水价核算体系；优先发展低消耗、高产出的节水型产业，发挥有限水资源的最大经济价值。

### 2. 城市雨水利用措施探讨

城市雨水利用措施应结合地区生态环境和建筑物布局特点，提出合理的雨水利用措施，使得雨水作为一种后备水源能够实现可持续开发利用。

（1）建设雨水收集回用设施。城市的地面、楼顶、停车场等大型建筑物都可以作为雨水的集水面，可以作为雨水回收设施，通过导流管将雨水输入回收装置。适当改造房屋楼顶，通过导水管直接输入集水池；根据区域地形特点，对低洼地进行集中排水管道改造，有效储存雨水径流回收。充分利用城市现有雨水管网体系及大型水池、水库、池塘及堤坝等大型集水和蓄水基础设施，在雨量充沛季节作为人工水库储存雨水资源，作为城市发展的后备水源。

（2）雨水就地下渗储存。主要利用雨水的下渗作用，进一步规划建设透水性较好的管道和沟渠加大雨水的下渗量。城市建设过程中，需要减少不必要的土地硬化面积，鼓励加大土地绿化建设，充分利用植物草皮吸附雨水中有害物质，净化下渗水体质量。同时，城市草坪、绿化带建设过程中，采用现代技术设置储水层，提高绿化土地对雨水的吸附功能，增设透水层使得雨水能够顺利深入地下，补充地下水源。针对部分地区由于超采地下水体出现地面下沉现象，可以在丰雨季节利用河道、沟渠、水库、坑塘等进行地下回灌，对于城市的地基稳定具有重要的作用。

（3）地表雨水径流的调控排放。由于雨水资源区域分布不均匀，可能局部区域洪涝成灾，但是邻近区域却出现干旱缺水的情况，因此可以利用洼地、沟渠、池塘、水库等水量控制储存设施，储存大量雨水资源，进一步按照流域水资源的实际需求，进行统一分配调控。

# 二、城市节水关键技术

## （一）城市节水潜力分析技术

针对国内城市节水以定额管理法为主的不足，引入 DSM（需求侧管理）理论，以生活节水为突破口，研发了城市生活节水潜力分析工具，可在用水审计的基础上，遴选终端用户节水措施，逐项计算每种节水措施的投资回报期、直接与间接节水和节能的成本效益，并推荐综合节水方案。

国内城市节水潜力分析研究目前还处于起步阶段，本课题开发的城市生活节水潜力分析工具软件将城市用水需求管理与传统的供水活动相结合，填补了国内本领域的空白，有助于完善和改变我国城市节水以定额为主的管理方式，为节水规划、节水激励、用户自觉节水提供参考依据和方法，逐步实现与国际前沿技术接轨。

## （二）公共与住宅建筑节水集成技术

自主研发测试装置与试验方法，首次提出了涵盖减压节水复合技术、公建多终端节水优化技术、卫生器具节水—排水耦合技术、用水终端节水甄别技术、集中空调系统节水技术等在内的公共建筑与住宅节水集成技术，节水、排水相耦合，突破了传统上仅考虑给水的建筑节水模式；同时，建立的测定卫生器具的排水瞬时流量和排水横管中模拟物移动速度技术方法，为节水型卫生器具的判断、选型及建筑内部排水系统的设计提供参考依据，以达到最大节水效果。

国内外现有的用水效率等级缺少与排水系统的耦合，可能引起二次冲水、管道沉积等问题，课题提出的卫生器具节水评价技术系统建立了节水型卫生器具与排水系统的相互关系、使用条件、甄别标准，为解决上述问题提供了有力的技术保障。公建和住宅建筑节水减压在国内外均有研究与实践，但综合考虑多终端、多位置、多形式的复合技术是首次提出。

## （三）公共建筑与住宅非传统水源利用集成技术

在非传统水源利用模式的表达与构造方面创建了三段式表达法。该方法以非传统水源建设全过程为中心，分别提供三个阶段所需的技术，包括利用方式、处理技术及优化模型的选择，可以指导我国缺水城市的公建与小区开展雨水、中水及再生水等非传统水源的综合利用，达到开源节流的目的，缓解水资源矛盾，促进当地经济的发展。对实际工程项目在非传统水源利用方面具有切实的指导作用。

根据费效、环境、社会的多目标规划模型及公共与住宅建筑主客观影响因素，建立半结构—多目标—遗传算法多水源优选与优化配置技术，使水资源的优化调配产出值最大化；通过情景分析及国内外管理模式的有机结合，建立多情景多水源利用设施的管理技术，该管理技术有利于非传统水源的扩大利用及其设施的有效运行，实现非传统水源利用建设全过程终端的最优化。

## （四）电厂循环水系统规模化节水集成技术

以满足再生水用于电厂循环水系统补水水质要求为目标，研究再生水生产与输配的运行优化技术、电厂循环水水质稳定及应急控制技术，形成了包括膜处理为核心的再生水规模化生产运行优化技术、再生水输配管网水质保障技术、再生水循环冷却水质稳定技术在内的电厂再生水替代地表水规模化节水集成技术。示范工程生产运行显示，优化运行使再生水在混凝—微滤及加氯处理中，药耗降低 14%—38%，吨水成本平均降低 26.73%；循环水浓缩倍率在 4—5 倍，单位发电量再生水耗水率 1.17m³／（MW·h），符合国家和行业标准，实现了高耗水企业规模化节水之目标。

## （五）沿海电厂用水网络优化与水质水量控制节水集成技术

针对沿海电厂淡化海水直接进入市政供水管网引起的管网水质问题，以及自来水、淡化水的水质特征、掺混比例及用户用水量的变化规律，提出了包括淡化水与市政管网自来水的融合技术、水质安全控制技术和综合调度技术在内的沿海电厂用水网络优化与水质控制集成技术。在国内淡化海水通过市政管网与自来水融合输配，供给工业与市政用户大规模替代自来水尚属首次，经查新检索显示，在国际上也不多见。国外利用淡化水替代地表水的情况，大多采用非金属管材进行输配，而且调质方法一般采用矿化的方式来调节碱度与硬度。我国的供水系统从投资和占地等方面不具备大面积更换管材与进行矿化后处理的条件。

## （六）硫酸法生产钛白粉用排水系统优化再生技术

该技术包括化工企业二氧化钛回收技术和用水网络分组优化技术。其中，用水网络分组优化技术总结出了硫酸法钛白粉厂的水源、水阱、关键污染物组分和极限过程数据，大大简化了数学规划法优化硫酸法钛白粉厂的步骤；同时，对钛白粉关键用水点三洗操作单元废水中二氧化钛提出的回收技术，既可以回收部分二氧化钛，其出水又可满足生产工艺一洗、二洗的进水要求进而可以有效回用，达到节水减排的目的。

水系统集成技术在钛白粉厂的应用研究，至今尚未见报道。而硫酸法钛白粉厂某些用水单元的排水水质较好，具有很高的回用价值。钛白粉厂的废水回用，可以节约水资源，减少废水排放，有利于解决我国日益突出的水资源短缺和日趋严重的水污染问题。

# 三、城市节水存在的问题及对策

## （一）城市节水存在的问题

### 1. 节水意识薄弱

目前，我国一些缺水地区仍在肆意开采和浪费水资源。为了追求经济发展，盲目地新建或扩建高耗水、高污染的项目，肆意建设大草坪和水景观工程，甚至将降低水价作为地区招商引资的优惠条件，加剧了水资源的浪费。此外，一些水资源丰裕的地区节水意识薄弱，缺乏防患于未然的意识，地方政府对于节水的宣传力度有待加强，全民节水、用水意识较差，普遍存在着水资源浪费现象。

### 2. 用水效率低下

用水效率主要体现在两个方面，其一是工业用水重复利用率不高。中小型城市的工业用水在总用水量中占据很大比重，但工业一水多用或循环利用还没有被广泛普及。工业用水重复利用率不高成为城市节水链条上最为关键的一环，而工业用水主体企业节水技术推广和政府政策调节的手段一定程度成为城市节水的难点。其二是污水回用不足。我国大中型城市污水回用基本全覆盖，随着承接产业转移，包括县级在内的一些中小城市逐渐成为排污大户，但污水处理站点建设不完备或虽有污水处理但二次利用率不高成为排污量居高不下的罪魁祸首。

### 3. 管网漏损严重

城市供水管网由于管道设计不合理、超负荷运行等原因逐渐老化，导致管网漏损严重。例如：市政供水管网存在内衬质量不好的管道，导致管道结垢严重、水质发黄；施工质量不好和阀门操作不当引起水质浊度上升，造成水质二次污染；城市少量管网口径过大、流速慢，使管内水龄偏长；不断发生的爆管对安全供水威胁大，经济损失较重，是城市供水安全的一大隐患。这不仅造成了水资源的消耗，而且提高了供水成本，造成水资源极度浪费，加剧了水资源短缺与城市用水的矛盾。

### 4. 技术设备落后

由于城市节水工作量大、情况较为复杂，投入一套强有力的先进技术成为支撑未来发展的先决条件。工业用水分为锅炉用水、洗涤用水、工艺用水、冷却用水等几类，节约冷却用水比节约其他几类工业用水更为容易，对于任何一种工业节水，用水设备、工艺设备的更新与改进都是必不可少的，需要投入大量的资金。单方节水的投资会随着节水量的加大、用水重复率的提升愈来愈大，技术要求也愈来愈严格。

### 5. 管理体制不健全

我国针对城市节水目前还没有一套适应市场经济的运行模式，某些城市供水部门为了谋取利益，认为卖出去的水越多，则获利越大，恶意降低水价，并且没有完善的法律法规进行处罚。一些城市没有意识到节水工程经济效益的有限性主要是在社会效益、生态效益与水资源供需矛盾的缓解上体现。水资源管理缺乏统一的规划，致使许多用户节水积极性不高，无法进行有效管理，导致节水工作处于被动状态。

## （二）城市节水的对策

### 1. 提高公民节水意识

加强公民节水意识是节约水资源的基础工作，通过网络、广告、报刊及培训等方式，大力宣传节水思想，对公民进行节水教育。让人们意识到水资源的短缺，梳理节水意识，加强对水法律、法规的学习，做到"人人节水"，提高公民的自觉性。

### 2. 严格控制用水总量

2030 年前后，我国的人口总量将突破 16 亿，但是人均水资源量却不足 1800m³，随着经济发展，我国将成为严重缺水国家。《全国水中长期供求计划》对未来我国水资源情况做出预测，在充分考虑采取节水措施的基础上，中等干旱年全国要实现水资源的供需平衡，2010 年总需水量为 6988 亿 m³，2030 年总需水量或可达 8000 亿 m³，到 2050 年，我国的总需水量将达到 8500 亿 m³，随着时间的不断推移，我国的用水量将有可能达到可利用量的极限值。所以，要做到节约用水，就必须以"节水优先、治污为本、多渠道开源"为基本原则，根据不同城市发展需求，对应编制城市用水规划，严格控制城市各领域用水总量，以水资源的可持续利用，保障经济社会的可持续发展。

### 3. 健全节水管理体制

节水型社会的建设需按照节水相关制度要求，建立起最严格的水资源管理制度、水资源管理行政首长负责制和水资源管理考核制度，实行用水总量、用水效率和水功能区限制纳污控制管理；实施城市管网改进提升，总结节水工作实践经验，创新节水机制，推动水资源的管理、节约和保护等各项工作得到全面加强，稳步推进节水型社会建设。

### 4. 强化工业节水技术创新

工业节水的总体目标是总量控制、定额管理，基本核心为提高工业用水的利用率，控制重点是高用水工业，发展节水技术和工程成为工业节水的有力支撑。强化工业节水技术应首先以加强管理体制和运行机制为导向，禁止高污染、高耗水项目的扩建与新建。通过技术的创新与节水产品、设备的更新，加强节水能力，提高节水效率。通过加强定额管理，细化用水计量器具监督和检测的程序，强化效果，推广中水回用，从而提高工业用水的重复利用，维持水资源的长期可持续发展。

### 5. 提高城市生活节水效能

当前，城市的生活用水所占总体城市用水的比重为 60%，并且还在进一步增加。实行最严格用水、计划用水、用水超额加价的方案成为节约城市生活用水的重点，这样不仅能够减少水资源浪费、提高用水效率，而且还能大力推广生活用水节水器具，减少输配水环节普遍存在的"跑、冒、滴、漏"等问题的出现，有效提高城市生活用水效能。

### 6. 加大水资源开发利用

水资源的开发利用，需要全面加强海水、城市污水、雨水等水资源利用工作，有针对性地编制专项规划，依靠国内外的高新科技，降低水资源处理成本，提高非常规水资源的利用率。海水利用的核心是研发适宜经济下的海水的净化处理技术，使其达到能够在沿海城市发展海水并直接利用；城市污水循环利用主要是建立和完善城市再生水利用体系，将循环净化后的污水用于喷洒、绿化、水景观、洗车、卫生间、工业等公共建筑生活用水，推广城市居民小区的中水利用；对于城市中雨水的利用，主要是加大蓄积雨水工程的建设；城市要有效利用集蓄的雨水、循环利用的污水等，推进建设海绵城市，构建水资源多渠道、立体式节水格局。

## 四、城市节水用水量定额和指标体系

### （一）城市用水量的组成

城市用水量包括综合生活用水、工业企业生产用水等方面。我们讨论的主要是二泵站以后的城市管网的用水区间，这里不包括由一泵站取水后输水管线中所包含的水厂自用水量和输水管线漏失部分。居民生活用水量和综合生活用水量，与当地国民经济和社会发展相适应，同时受水资源充沛程度、给水工程发展条件的限制。工业企业生产用水量与生产工艺密切相关。工业企业内的用水量包括生产和工作人员的生活用水量。消防用水量根据城市人口规模、建筑物耐火等级、火灾延续时间等因素综合考虑。

### （二）城市用水定额

城市用水、节水用量采用的方式是定额制度，主要按照行业和使用用途等特点分门别类的制定，主要是反映该行业的用水平均先进水平。我们通常定义的城市用水定额是有一定的约束条件的，即在确定的时间和空间范围内，选定核算单元来计算用水定额。用水定额是合理编制用水计划的基础，其主要作用是可为城市制定供水或节水规划提供可靠依据，有利于预测用水量，缓解供需矛盾，有利于促进节水指标体系的进一步完善，有利于节水行政、经济管理及节水政策的落实。城市用水定额主要是依据城市用水的方式来进行划分。工业用水主要是依据行业工艺特点来制定定额，在城市用水量中，工业用水所占比例往往是很大的，也是城市节水的重中之重。因此，我国对工业用水定额研究较多。在工业企业范围内制定的工业用水定额，称为企业用水定额。根据相应的用水基础定额、考虑相应条件下水的供需关系与计划节水要求制定的定额，称为企业用水计划定额。由该项定额是一种绝对的经济效果指标，因此它是衡量地区、工业、企业节水水平的主要考核因素，也是对比发展情况的主要指标。居民生活用水定额采用综合定额的方式，主要是因为随着国民经济水平的不断提高人均用水量也在不断变化，同时多用途建筑的不断增多也是综合用水定额制定和变化的依据。同时还有浇洒道路和绿地用水定额等，其用水量主要是依据其他用水量的百分比来制定。

城市用水定额具有时效性。用水定额通过将生产过程、生活水平与用水过程有机结合起来加以研究，随着生产工艺的改进，或居民生活条件的改善，用水水平也相应提高，原有的定额水平可能已不再适应新的生产和生活实际情况，此时要及时地进行修订。

## （三）用水定额的制定和修订

### 1.用水定额制定的原则

合理地制定城市用水定额，是城市和工业企业健康发展的重要保证。在方法手段方面，它是一种标准化工作。既要正确反映当前生产、生活与用水量的关系，又要指导今后一段时期的生产、生活用水。因此，用水量定额要充分体现科学性、先进性、法规性和经济合理性。所谓科学性，就是要以科学的态度取得准确的技术资料，并应用现代科学知识和技术进行数据处理，充分认识到水在使用中的特殊性，以使用水定额能够合理、科学地反映企业或行业生产过程或城市生活中的用水水平。所谓先进性，是使用水定额体现当前和保持今后一定时期内节水的先进水平，并注意其技术和实施的可行性。只有先进才能鞭策各企业或用户不断强化用水管理，采用先进的节水技术，逐步降低用水量；只有确实可行，才能便于用水定额的贯彻实施，使用水定额目标管理落在实处。所谓法规性，表现为标准是经科学分析论证后，经城市节水主管部门批准，以法律法规等形式发布并必须严格遵守的一种准则或依据。所谓经济合理性，用水定额一般应以讲求最佳社会经济效益为目标。对于国家行业标准，要体现最大的社会经济总体效益。对于企业标准，除主要考虑企业的经济效益外，也应考虑社会的全局利益。

### 2.用水定额制定的程序

用水定额的制定是进行用水标准化的过程，是城市用水、节水管理的重要工作。由于城市用水行业繁多，情况各异，因此首先必须从适应目前我国用水与节水管理的体制和需要出发、实行以统一领导、分级管理为原则的定额制订和管理体系，充分发挥主管部门和分管部门的作用。其次，要培训专门的业务人员，以科学的态度进行详细的调查、搜集资料工作。围绕定额制订的有关问题，了解、熟悉各方面的情况，掌握第一手材料主要资料包括，现行的关于用水方面的标准、规程、规范和有关技术文件，如国家、部委等国家行业标准和一些相关的地方标准，以及国家关于能源管理、计算、考核的标准等；原有和现行的用水定额标准，同时要调查和了解其他地方的经验和做法，调查一些重点用水单位近几年来生产及用水方面的情况；需实际测定的资料，如企业水平衡测试工作等。第三，在制定用水定额的统一性技术文件指导下，在用户或产品的水量及产量统计，实测和计算的基础上，按照某一计算公式或以某一种方法计分析法、（如经验法、统类比法、技术测定法和理论计算法等）来制订用户或产品的用水定额。同时要分析各种因素，如用水条件、重复用水水平、用水工艺和用水设备，以及生产、管理、外部环境因素对定额水平的影响，用水定额的先进性水平。第四，节水管理部门会同各用水主管部门判断定额水平的发展趋势，评价经济管理部门和技术标准监督部门审批。制订的用水定额进行审查后，报审批后的用水定额具有法律效力，成为各级用水管理部门必须执行的标准。

### 3. 用水定额的修订

用水定额制定完成后，作为今后一段时期内用水、节水的执行标准。但是其有使用期限的，修订的年限一般为 3 年，期满后要进行修订。者主要是因为随着经济水平的不断发展，人民生活水平提高而使得人均用水水平会有所增加定额要调高，目前发达国家的人均用水水平就普遍高于我国。同时随着工业企业工艺技术水平的不断提高，原有的定额水平已经不适应新的生产和用水情况，定额水平要相应地降低。目前该项定额我国普遍高于发达国家。或者某些行业的定额尚有不尽完善的地方，因此需要定期修订。总的来说定额并不是强制降低用水水平，而是反映国民经济发展水平和用水实际需要的指标，并起到促使行业节水工艺技术水平提高的作用。

# 第二节 工业节水

## 一、工业节水的技术

### （一）梯度用水和梯度回用水提高水的重复利用率

#### 1. 梯度用水和梯度回用水的说明

梯度用水就是根据生产工艺中各环节用水的不同水质标准，在满足工艺的条件下，利用某些环节的排水作为另一些环节的供水，水质浓度梯级提高，从而提高水的重复利用率。在梯度用水过程中，某些环节用水可以经过一些水处理技术完成水质浓度梯级的降低，达到上一级用水的要求，这就是梯度回用水技术。

#### 2. 梯度用水和梯度回用水的应用

在工业生产中利用梯度用水和梯度回用水技术，除了对现有工艺设备的用水量做好普查，建立水平衡图外，还要做好各阶段用水的水质普查，根据水质梯度重复用水。如生产中逆次序重复洗涤、冷凝水回用、冷却水作循环水补充用水这些简单的重复利用就是较低层次的梯度用水。

梯度回用水技术中应用最多的一种就是中水回用。各行业所达标排放的废水，经过适当处理后可作为杂用水，其水质指标介于上水和下水之间，称为中水；相应的技术称为中水技术。而根据不同水质经过不同的处理深度完成更高级别的回用乃至零排放就是梯度水回用技术。所以梯度回用水概括性更强，更具有指导意义。采用梯度回用水技术既能节约水源，又使污水无害化，是工业节水的重要方向。

### 3. 应用

水处理技术在行业内已广泛应用：如草浆卫生纸生产过程中，将中档卫生纸网带洗浆机白水回用于制浆第一道黑浆洗涤水，中档卫生纸纸机网内白水回用于中档卫生纸漂白冲浆补水和普通纸浆洗涤制浆第一道黑浆洗涤水，中档卫生纸纸机网外白水回用于普通卫生纸漂白冲浆补水和水力破浆机用水；黏胶生产中烘干冷凝水废热利用后经磁选过滤做软化水混用，酸站蒸发落水在正常生产条件下水质较好，用作纺联车间精炼洗涤水，而纺练精炼、洗涤逆水洗提高水利用率等。上述案例充分体现了梯度用水和梯度回用水的技术应用。

## （二）工艺创新改造是工业节水难点和关键

### 1. 部分节水工艺和设备的应用

目前已经出现一些突破传统工艺的进展，如电厂凝汽器循环水空冷代替水冷却技术，采用该技术可节约冷却水；间接空气冷却可以节水90%，直接空气冷却可不用水。针对高温冷却对象可采用汽化冷却技术。汽化冷却是利用水气化吸热，带走被冷却对象热量的一种冷却工艺。该技术可以减少90%的补水量，汽化冷却所产生的蒸汽还可以被回收利用。采用高效换热技术。物料高效换热技术也是一项重要的节水技术，在生产过程中，温度较低的进料与温度较高的出料进行热交换，达到加热进料与冷却出料的双重目的。这样一方面可达到节水的目的，另一方面可以达到节能的要求。

### 2. 离子水洗涤工艺的新应用

一些中试阶段的各行业节水工艺也正在推进，未来也是大有希望的。这里简单介绍一种离子水洗涤工艺的新应用，即碱性水、酸性水洗涤技术。将不同pH值的电解离子水应用于工业洗涤中，特别是各类植物纤维色素洗涤或交替洗涤，根据工艺需要选择合适的电解水，利用电解水的不同特点实现高效洗涤，从而达到节约用水的目的。该技术在各类洗涤用水中应用前景广阔，值得探索。

### 3. 离子水洗涤工艺的应用原理

原理如下：酸性水杀菌效果佳，具有收敛剂的作用，去垢能力强，即低pH值条件下为超疏水表面，在高pH值条件下为超亲水表面，表现为渗透力、溶解力强；负电位-150—-500 mV，具有还原性。

按水分子团簇研究成果，当单个水分子的键长、键角和偶极矩等结构发生变化时，其转动能谱也随之变化，其动力学特征和物理化学性质也发生相应变化，这种变化与趋向表现水宏观现象的不同结果。离子水只是水分子团簇不同形式的表现。本书以离子水这一简单形式引进目前尚在研究中的水分子团簇领域的成果，力求尽快服务于工业实践，而没有直接引用水分子团簇等概念。

## 二、工业节水标准化的现状

我国节水标准化工作始于 20 世纪 80 年代末，在节水主管部门和国家标准化主管部门的领导下，已取得一定成绩，促进了企业节水管理水平的提高及节水技术的进步。特别是新世纪以来，为适应我国水资源和水污染的新形势，国家加大了工业节水标准化的工作力度，工业节水标准取得了长足发展。

### （一）工作现状

#### 1. 构建技术平台

20 世纪 80 年代初成立的全国能源基础与管理标准化技术委员会（SAC/TC20）是我国成立最早、运行最好、影响最大的专业标准化技术委员会之一。在节能减排工作中，一般认为水隶属于大能源范畴，因此，相关的节水标准归口 TC20。随着我国对节水工作的重视，节水标准化工作得以全面展开，节水标准的数量也越来越多，节水标准化工作的特质性不断凸现。为整合专家资源、构建知识和技术平台、完善标准体系、统一标准规划、协调标准内容、共同推进工业节水标准研制和实施，2008 年国家标准化管理委员会批准建立全国工业节水标准化技术委员会（SAC/TC442），主要负责工业用水的基础、方法、管理、产品等，包括工业节水术语、节水器具、节水工艺和设备、节水管理规范、取用水定额、用水统计和测试、污废水再生处理和循环利用等领域的国家标准制修订工作。

#### 2. 完善标准体系

节水标准体系是由节水领域内具有一定内在联系的标准组成的科学有机整体，用来说明节水标准化的总体结构，反映我国节水领域内整套标准的相互关系。

中国标准化研究院在分析我国目前标准现状基础上，基于我国加快建设节水型社会和发展循环经济的需求，初步勾画出我国工业节水标准体系，提出了发展战略和重点领域，提出我国工业节水标准化发展战略、政策和有关措施的建议，指导工业节水标准化事业稳步、快速和健康发展。

#### 3. 研制重要标准

目前我国工业节水国家标准主要包括：基础类标准，涉及术语、分类、图形符号等；方法类标准，包括水平衡测试、节水评价等；管理类标准，主要是用水计量统计、取水考核、取水定额等；产品类标准，主要是节水器具和设备标准等。

（1）基础类标准

《工业用水节水 术语》（GB/T 21534-2008）充分考虑了工业用水节水术语在工业行业特别是高用水工业行业中的通用性，术语的确定和定义充分借鉴和采纳我国工业行业特别是高用水工业行业中约定俗成的提法。标准从水源、用水类别、水量、评价指标、工艺和设备、综合与管理 6 个方面确定了 117 条术语。《工业用水节水 术语》是我国第一部关于工业用水领域的术语国家标准，是制定工业用水节水各类标准的基础，对加强工业行业节水科学管理、促进企业节水技术进步将发挥重要作用。

（2）方法类标准

《企业水平衡测试通则》（GB/T 12452-2008）规定了企业水平衡及其测试的方法、程序、结果评估和相关报告书格式，对于规范和指导企业用水计量统计工作，促进企业节水管理水平提升，提高用水效率，减排工业废水具有十分重要的作用。

《节水型企业评价导则》（GB/T 7119-2006）规定节水型企业的相关术语和定义、评价指标及其计算方法、考核要求和评价程序等，指导和规范新形势下企业节水的评价工作，对提高工业企业用水效率和节水型企业的创建起到推动作用，为国家实施节水激励和限制性政策提供科学、合理的技术基础。2011 年，在该标准的基础上，国家先后发布了火力发电、钢铁、纺织、造纸、石油炼制等 5 个高用水行业节水型企业评价标准，以及社区和服务业两类用水单位的节水评价标准。

（3）管理类标准

《工业企业用水管理导则》（GB/T 27886-2011）作为专门针对工业企业用水节水管理的国家标准，基于 PDCA（策划—实施—检查—改进）模式，规定了企业在规划设计、取水、供水、储水、用水管道和设备、水质和水处理、计量和统计分析、绩效评价等环节的管理要求，以及相应的步骤和方法，对于规范企业的水资源管理、提高管理水平具有指导作用。

用水、取水计量和统计是企业管理用水、节约用水的基础。《用水单位水计量器具配备和管理通则》（GB 24789-2009）规定了用水单位水计量器具配备和管理的基本要求，《企业用水统计通则》（GB/T 26719-2011）规定了工业企业用水统计的分类、指标计算、统计报表及管理要求。这两项标准对于规范用水计量器具的配备和管理以及企业用水统计管理，指导用水单位用水计量和统计工作发挥重要作用。

《工业企业产品取水定额编制通则》（GB/T 18820-2011）用于指导工业取水定额标准的编制，为工业取水定额国家标准体系的建立打下了良好基础。取水定额系列国家标准目前已经出台 13 项，取水定额指标覆盖了火力发电、钢铁、石油石化、纺织、造纸、食品发酵、化工、有色金属、煤炭、医药等 10 个高用水行业，未来还将继续拓展取水定额标准的行业和产品范围，以期实现更大的节水减排效益。取水定额标准的实施对我国加强取用水管理，提高行业用水效率，减排工业废水，促进工业结构调整，实现"十一五"期间万元工业增加值用水量下降 30% 的目标具有重要的意义。

此外，一些行业根据自身特点制定了行业节水标准，电力行业的《火力发电厂水平衡导则》（DL/T 606.5-1996）和《火力发电厂节水导则》（DL/T 783-2001）；化工行业的《水处理剂 产品分类和命名》（HG 2762-1996）；石油行业的《滩海石油工程注水技术规范》（SY/T 0308-1996）、《油田采出水处理设计规范》（SY/T 0006-1999）；机械行业组织制定了9项有关污水处理设备的行业标准等。

《工业循环水冷却设计规范》（GB/T 50102），《工业循环冷却水处理设计规范》（GB 50050）等国家标准，对不用水、少用水、提高循环利用率、使用非常规水资源的工艺、设计进行了规范，将有力推动节水新技术、新工艺普及，从而实现节约水资源、提高用水效率的目的。

（4）产品类标准

我国是用水产品的生产大国，保有量巨大。当前，我国该类产品质量良莠不齐，用水效率总体偏低，节水潜力巨大。针对这一现状，为提高其用水效率，减少城镇取水，降低生活污水排放，2010年国家发布了坐便器和水嘴两项用水产品强制性水效标准，对这两类产品的用水效率限定值、用水效率等级和节水评价值进行了相应的规定。2012年，国家又陆续发布了淋浴器、小便器、便器冲洗阀等3项水产品水效标准。用水产品水效标准的发布和实施，对于规范市场、提高产品的用水效率和技术水平具有重要意义，同时为实施用水产品水效标识制度奠定了技术基础。

## （二）存在的问题

虽然我国工业节水标准化工作取得了一定的成绩，但还远不能适应我国社会经济迅速发展的要求，具体表现在以下几个方面。

### 1. 标准数量少、标准滞后和水平落后

目前，我国工业节水标准较少，数量上远远低于工业节能标准。一些标准标龄过长，不能反映日新月异的节水技术水平和新形势对节水管理水平的要求。标准总体水平落后，很多标准都是对现状的描述，缺乏相应的定性和定量要求，起不到应有的引导作用，也难以与相关的合格评定制度相结合。

### 2. 标准交叉重叠和失位现象并存

对一些热门标准，各部门纷纷提出计划，抢滩占位，长此以往，将导致某些领域的标准大量重复，标准内容交叉，不仅浪费资源、还贬损了标准的公信力和权威性，而这些没有协调一致的标准往往导致各标准的相关方在实施标准时无所适从。一些标准没有经过科学认证，被人为地提前"推出"，此类标准往往水平不高，实施效果较差。相反，一些基础性的标准尽管十分重要，但由于制标难度大、公益性等原因，往往无人问津。

### 3. 标准实施情况总体堪忧

由于标准制定的条块分割，很多节水标准是由与节水关系不甚密切的技术委员会组织，

相关知名技术专家也大多没有纳入标准研制任务中来，制标时没有进行广泛的协商，导致标准出台后，权威性不高，严重影响了标准宣贯的范围和力度，影响标准的实施效果。相关部门对实施其他部门提出的节水标准积极性不高，甚至漠视相关的国家标准，又组织人力、物力制定范围和国标完全雷同的行业标准，搁置相关国标的实施。

## （三）建议

当前，我国建设资源节约型和环境友好型社会，加快发展循环经济的新形势，对我国工业节水标准化工作提出了新的要求。针对我国当前节水工作的现状和实际需求，对今后工业节水标准化工作提出如下建议。

### 1. 完善配套法规政策

国内外经验表明，以节能、节水为代表的资源节约工作是典型的市场失灵的领域，需要政府政策发挥引导作用，行业、企业制定相应规则，推动工作开展。为此，应当加强《标准化法》、《水法》、《循环经济促进法》、《清洁生产促进法》等法律的配套法规建设，特别要加快出台《节约用水条例》，明确相关方在节水标准化工作方面的职责，建立相关激励和限制制度。要制定科学的产业政策，对资源配置过程进行干预，修正市场调节的缺陷和不足，特别是：①取水许可与取水定额管理；②用水器具用水效率标识管理；③污水再生利用鼓励政策；④节水设备和节水产品目录；⑤节水产品认证等制度。

### 2. 完善标准体系，提高标准质量

探讨研究和逐步实施工业节水标准化发展战略，统筹兼顾、总体规划，完善标准体系，从而使工业节水标准化工作可协调、科学、有序地进行，不断适应我国循环经济发展的要求。积极推动标准制定与科技研究的同步，加大在新技术新工艺研发过程中的标准研制力度，推动标准科研项目的落实。在科技研究成果化的同时，优先将其纳入标准制修订计划，加快标准制修订速度等。

### 3. 加强标准宣贯工作

过去，我国标准化体系建设因缺少足够的资金和政策支持，往往只重视标准的制修订，而忽视了标准的宣传贯彻，致使一些标准在刚刚编制和颁布以后，便被束之高阁，没发挥应有的作用。因此，要加大工业节水标准的宣传与贯彻力度，将标准的内容准确、完整、及时地传达到生产者、管理者和使用者之中，让社会全面了解、认识和掌握标准，并按照标准要求组织生产、销售和使用合格的产品及设备，逐步提高标准意识、质量意识和资源意识，确保社会各界都成为标准的最终受益者。

### 4. 加大经费投入，强化标准基础研究

标准的基础研究是标准质量的保证。在国家和地方公益性标准科研项目立项时，对重点领域和重点标准的研制要优先立项，加大资金扶持力度，同时动员社会各界加大对工业节水标准基础研究的经费投入，夯实标准编制的科技基础。

### 5. 加强国际合作和交流

在资源节约和综合利用方面的国际标准化活动中，由中国主导制定的国际标准微乎其微，在很多情况下我们只是一般性的参与，在大多数情况下我们只能被动地采纳国际标准。鉴于此被动局面，我们应在节水标准的制定过程中，指派专门的技术人员进行跟踪研究，并力争将我国对标准的要求反映到国际标准中去，使我的利益得到保证。

### 6. 加强人才培养

进一步加强工业节水标准化技术机构的建设，完善标准制修订机制。按照懂专业、精技术、善管理、具有较强交流和协调能力的高级复合型人才的要求，加强我国工业节水标准化人才队伍的培养。吸收企业和科研机构技术专家早期介入标准的研制，培训标准化的知识，促进技术人员向标准化复合型人才的转化，提高节水标准化专业技术人员的水平。

# 第三节　农业节水

## 一、农业节水技术的推广与发展

### （一）研究背景

采用农业节水技术已成为很多国家缓解农业用水短缺的重要途径之一。例如以色列全部采用微灌和喷灌，其中微灌占一半以上；瑞典、英国、奥地利、德国、法国、丹麦、匈牙利等国家的喷灌和微灌面积占灌溉面积的比例都达到了 80% 以上；美国有近一半的大型灌区实现了输水管道化；在旧灌区改造中，加拿大、澳大利亚很多地方都将原有的渠系改建成了地下输水管道。我国农业节水技术的发展历史比较早，在 20 世纪 50 年代，相关部门就开展了农业节水技术方面的研究，从 20 世纪 90 年代以来，农业节水技术越来越得到政府部门的重视，一些技术已开始在农业生产过程中得到推广和应用。

### （二）农业节水技术概述

农业节水技术也称为节水灌溉技术，通过各种措施来达到提高水资源利用率的目标，以实现农业生产的社会效益、环境效益和经济效益。农业节水技术可归纳为工程、农艺、生物、化学以及管理等 5 种类型的节水技术。

#### 1. 工程节水技术

（1）渠道防渗技术　通过采用浆砌、衬砌、石衬砌、预制混凝土和土工布复合防渗等方法来提高渠道水的利用系数，加大渠道的过水能力，减小渠道过水断面，实现节水灌溉。

（2）管道输水技术 通过混凝土或塑料管道进行输水，使输水过程中减少蒸发和渗漏，使输水的利用率大幅度提高。

（3）田间灌溉技术 通过全面灌溉技术（如畦灌、沟灌、喷灌等）和局部灌溉技术（如滴灌、微灌、渗灌等灌水技术）节约用水，提高灌溉效率，节约灌溉成本。

（4）集水种植技术 蓄水耕作，集水种植，将雨水汇集在蓄水池中或利用人力在田内创造集水区，对其进行有效的利用。保证种植作物的稳定高产、降低生产成本、提高水分利用率。

**2. 农艺节水技术**

（1）覆盖技术 通过地膜覆盖、秸秆覆盖、砂石覆盖等简单且低成本的地面覆盖技术来抑制蒸发、提高地温、蓄存雨水。

（2）耕作技术 通过少耕及免耕技术，由浅耕向深耕发展，由耕翻向深松发展，以肥调水等改良耕作的方式来调节土壤物理性状，以达到良好的节水效果。

**3. 生物节水技术**

生物节水技术是以基因工程为核心的现代生物技术，广泛应用于农业领域，通过转基因和基因重组等手段，实现节水高产优质农作物新品种的研发。

**4. 化学节水技术**

应用低成本高效环保型节水材料与制剂，如保水剂、种衣剂、植物抗蒸腾剂和土壤调理剂等，提高水肥利用率，改善土壤结构。

**5. 管理节水技术**

将现代网络技术应用于农业领域，利用计算机监测气温、风速、风向、土壤含水量、土地温度、空气湿度、水的蒸发量、太阳辐射等参数，利用这些参数对土地的灌溉过程进行有效管理。

## （三）农业节水技术推广存在的主要问题

我国对农业节水技术研究比较早，在技术层面研究较多，但在推广过程中还存在实际问题。当前的农业节水技术推广存在着节水技术利用率低、水资源管理体制不完善、重建设而轻管理等问题。我国农业技术财政支持力度不够、灌溉工程设施老化现象严重，维修更换不及时；在推广过程中，农民对先进的科学技术缺乏认识，使用节水技术的积极性比较低。从制度方面来看，我国推广政策体系不健全。

## （四）农业节水技术发展对策

**1. 实现科学管理**

加强对水资源的科学管理，做好水资源的配置工作，政府统筹推进地区灌溉用水最优化配置，加强水资源立法和条例管理，加大对违反水资源使用权的惩治力度，做好水资源动态监测信息化建设，发展集雨工程、污水重复利用和海水使用工程，为推广节水技术提供资源基础。

**2. 加大投资力度，不断完善投资体制**

加强银行信贷资金的支持力度，政府加大投资力度，积极建设完善节水工程，对损坏、老化的设施及时修复，建设专门的农业节水灌溉发展专项资金，为农业节水技术的推广带来巨大潜力。

**3. 拓宽宣传渠道**

通过广播、电视、网络、报纸等多种方式，对农业节水技术推广政策和示范村政策进行宣传，提高农户对水资源短缺现状的认识，让农户对于农业节水技术有一定的了解，从而实现技术上的推广和应用。

**4. 加强技术培训**

农户是发展农业节水技术的主体，农户自身素质较低是导致农业节水技术推广效果不佳的主要原因。必须对农户进行多渠道、多层次、多形式的农业节水技术培训，通过技术人员下乡等帮扶措施，增强农户节水技术应用水平，提高他们对节水灌溉参与的积极性。

**5. 完善激励措施**

农业节水技术推广是一项系统性的工程，涉及影响因素众多，以政府为主体的倡导者，要不断完善激励机制，对农户、节水设备商以及科技人员通过优惠、补贴、补助等扶持方式给予激励，充分调动他们的积极性。

# 二、农业节水技术标准化建设

## （一）存在的主要问题

### 1. 技术标准体系构建不全面，建设运行管理方面的技术标准不足

中国现行农业节水技术标准体系中存在少数标准技术指导性不强，局部领域的标准项目划分不明确，个别项目不宜以标准形式发布，一些新兴农业节水技术尚未纳入标准等问题。当前有关农田灌排水相结合的设计标准数量还不多，内容涵盖不够，如山丘区建设高位水池灌溉、水泥空心砖渠道衬砌技术等尚无标准可循。中国现行农业节水技术标准中关于工程建设运行管理方面的技术标准不足，虽然现有标准中已有部分规定，但缺乏符合实际的建设定额、运行管理标准，不能给工程建设和运行管理带来全面系统的指导。现有标准中关于节水灌溉工程建设的定额单价较低、工程前期工作所需费用大，最终能用于工程实际建设的费用不足，致使工程质量难以保证。随着滴灌技术的发展，水肥一体化技术被广泛应用。肥料在水中溶解时，溶质不可避免的影响灌水器的抗堵性能，现有标准中缺乏相关的技术规定，给工程运行管理和维护带来困难。

## 2. 技术标准更新缓慢滞后，难以满足科技进步和社会发展需求

随着全面建成小康社会和农村水利现代化建设的到来，高标准农田建设、土地整理、区域节水增粮行动等对农业节水技术标准的建设和制订提出了更高的要求。当前农业节水技术标准化建设还未能针对新时期、新目标、新要求及时加以补充，出现了滞后现象。中国现行农业节水标准中正在使用的技术指标有很多是在 20 世纪七八十年代通过实验研究确定的。近年来，相关标准技术指标更新缓慢，导致有些标准技术指标系统性差，指导性不强，不能满足科技进步的要求。例如江浙、云南和广东等地区特色水果和蔬菜很多，采用农业节水技术种植这些作物具有很大的社会效益和经济效益，但由于缺少这些经济作物在不同节水灌溉方式下的需水规律、耐淹特性和灌溉定额标准，给工程设计带来很大困难，对区域经济增长和农民增收产生了障碍。

## 3. 部分技术标准之间存在内容交叉重复和不协调之处

农业节水技术标准的编制涉及多个行业和部门，如果各行业部门在标准编制过程中没有妥善的沟通交流，难免会出现内容交叉重复和不协调的现象。标准是使用机构生产经营管理的依据，是重要的市场规则，必须具有统一性和权威性。现行农业节水相关技术标准中有些标准名称相近甚至相同，在内容上存在一定的重复，有些属于规范同一种产品的技术标准，但对产品的相关技术要求、指标取值、试验方法不一致甚至有冲突。例如水利、农机和轻工等部门在编制有关材料和设备的技术规范时，都对喷灌设备、微灌设备、输水管道、机井等方面进行了技术规定。由于各部门编制标准的侧重点不同，导致标准对产品的技术要求、试验方法不尽相同，给采用这些标准的用户带来一定的困难。此类问题在新一轮农业节水技术标准修订中应予以修改调整。

## 4. 部分标准中技术指标存在一定的地域性和局限性

中国幅员辽阔，地势地貌复杂多变，不同地区的自然条件和特点千差万别。中国现行农业节水技术标准中一些技术指标在确定过程中没有全面的考虑不同地区的自然条件和特点，不能很好地反映各地的差别，存在一定的地域性和局限性。如一些现行节水标准中很多技术指标是根据北方地区的自然特点制定的，一般适用于较大的农业节水工程，而南方地区山区丘陵多，需因地制宜兴建中小型农业节水工程，而现行的相关技术标准中有的应用技术、操作规程不能完全适用，有的技术指标难以达到，给工程的设计和管理带来一定的困难。又如，北方地区平原较多，耕地集中，南方地区耕地分散，盘山渠道众多，渠道输水距离相对较长，水量损失较为严重，关于渠系水利用系数和灌溉水利用系数等技术指标的取值相差很大。而现行农业节水技术标准中没有考虑南北方自然条件的差异，只对大、中、小和井灌区提出统一的指标值等。

## 5. 标准编制经费长期不足，制约了标准化事业的发展

农业节水技术标准的编制、实施和管理都离不开经费的支持，而中国对技术标准的编制和管理一般只有经济投入没有直接的产出，国家层面尚未形成良好的标准化经费筹集机

制。目前对于标准的编制，虽然有国家安排的专项资金，但大部分经费还是来自于编制单位的自筹。经费来源少，筹集渠道单一，导致标准化工作经费长期不足，直接影响到标准的编制进度和水平以及编制人员的编制积极性，制约了标准化事业的发展。标准管理经费不足，则标准的编制、实施、复审和修订的循环周期时间就长，标准得不到及时的修订和更新，难以适应市场经济的迅速发展。此外，农业节水灌溉工程运行管理和维护经费不足，管理人员少，关于建设和运行管理的技术标准不能及时地进行制订和补充，致使管理成为最薄弱的环节。

## （二）推进标准化建设的建议

### 1. 完善标准监督检测机制，健全中国农业节水技术标准体系

随着经济社会的不断发展和科技的不断创新，需要不断提高农业节水技术标准的先进性和实用性。尽快建立合理的农业节水技术标准维护机制，对现有的技术标准开展复审整顿工作。一方面对发布时间达 5 a 以上的标准进行审核，将不适应经济社会发展的标准进行废止或修订，以增强技术标准的先进性。另一方面对内容交叉重复或功能相同的标准进行合并、清理和撤销，以保证技术标准的统一性。同时加快新技术标准的编制进度，弥补中国农业节水技术标准在数量上和内容覆盖上的不足。严格把控标准的编写、送审、报批等各个环节，保证技术标准编制质量，坚持技术标准数量与质量并重。加强上级主管部门对实施农业节水技术标准的领导和指导，严格执行标准的规范与要求，充分发挥标准的作用和效益。

### 2. 鼓励社团和企业参与标准的编制

（1）推进标准编制体制改革，加强团体标准和企业标准建设。

真正源于实际需要和市场需求的标准才有实用价值，才能在市场中存活和发展。培育和发展团体标准和企业标准，利用市场机制激发市场主体的活力和创造力，促进技术创新、标准研制和产业化协调发展。社会团体和企业是将科学技术成果转化为生产力的主体，只有支持鼓励他们积极参与技术标准的调研与编制，才能针对市场的需要将那些能提升产品水平的科技成果纳入标准，这样编制出来的标准针对性强，更为贴近市场，企业也乐于贯彻执行。

（2）以各种优惠政策促进社会团体和企业参与标准化活动

政府应在政策法规体系和机制完备的前提下，在尊重市场运行机制的基础上，通过制定各种优惠政策来吸引社会团体和企业参与标准的编制和实施。政府质检部门应把标准的制定及实施与核查企业质量保障能力和公开声明内容等政府监管工作相结合，作为企业诚信评价、产品出口分类监管、贸易便利化的重要考核指标，同时要保证将研发的先进科技成果纳入标准的社团和企业的知识产权及利益。鼓励社团和企业组建各种形式的产业技术联盟，准确把握市场的需求，推动中国农业节水标准化事业健康有序的发展。

**3．加强标准编制经费筹集机制建设，扩大标准化专业人员队伍**

（1）建立多层次、多渠道的经费筹集机制，提供标准化工作经费保障。

针对技术标准编制和管理经费长期不足问题，按市场经济的要求，多层次、多渠道筹集资金，保证标准化事业的发展。采取自愿或会员会费制度等措施，从行政部门、企业、公司、社会人士等单位或个人，采用"谁出钱、谁使用、谁受益"的原则多渠道筹集经费，形成公平合理的标准经费筹集和标准使用体制，促使中国农业节水技术标准化走上良性循环道路。

（2）加强标准化人才建设，扩大标准化专业人员队伍。

标准化工作对标准编制单位有着较高的要求，既要求具有一定的职业素养，同时又需要具备较高的专业技能素养。建议成立相关培训机构，通过分类培养、定向培养和定向使用等方式，不断充实扩大标准化专业队伍。组织标准主编单位定期举办标准宣贯培训班和学术研讨班，邀请标准主编人员对标准的实施和更新情况进行介绍，并详细讲解标准的具体概念、试验方法以及一些重要技术指标的取值，提高相关专业技术人员的专业素养，促进中国农业节水技术标准化事业快速发展。

**4．坚持与国际接轨，加强国际农业节水技术交流与合作**

（1）引进国外先进技术标准，提高中国农业节水标准化的整体水平

国际标准和国外先进标准中包含许多先进技术，采用和推广国际标准，是世界上一项重要的技术转让。加快与国标标准接轨的步伐，采纳吸收其先进的理论方法、管理技术和技术法规，借鉴其标准建设中的颁布执行、投入产出、推广应用的体制与机制，同时结合中国现阶段经济发展水平、自然气象条件、地理位置因素等特点制定出机制灵活，结构合理，效果显著的农业节水技术标准体系。

（2）加强标准对外双向交流，提高中国农业节水技术标准的国际竞争力

加强中国农业节水技术标准对外双向交流，吸收引进国际标准和国外先进标准的同时，将中国优势技术标准通过适当方法和渠道向国外发布，推动中国农业节水技术标准与国际接轨。目前，中国农业节水技术标准总体覆盖面广、内容丰富，在节水灌溉工程的设计、器材和设备等标准建设方面取得一定成就，其中完全由中国自主编制的《轻小型管道输水灌溉机组》、《滴灌铺管铺膜精密播种机质量评价技术规范》及《农业灌溉设备微灌用筛网过滤器》等标准，具有较强的适用性和实用性，可以从中选择应用效果较好的标准申请为国际标准，以巩固中国优势技术和产业。同时，加强与 ISO、IEC 等国际标准化组织的交流合作，努力争取承担更多国际标准化组织活动的领导职责，增强中国主导编制国际标准的能力。

**5．加强标准信息化建设，建立全国农业节水技术标准信息平台**

加强标准信息化建设，全面提升标准化信息服务能力。建立全国农业节水技术标准信息平台，提供农业节水技术标准的宣传推广、标准修订、信息查询等服务，以便加强信息

公开和经验交流，逐步实现农业节水技术标准的制定、出版、宣贯、咨询以及实施监督一体化运行。一方面，可以收集市场需求的标准信息和科技发展新成果，为编制和及时更新标准提供依据，保证中国农业节水技术标准的先进性和指导性；另一方面，可以成为农业节水技术标准化的宣传和研讨平台，在平台上发布一些专题文献共享、调查研究成果，交流实践经验，实现资源共享，加强与有关部门的协作配合，提高中国农业节水技术标准化发展水平。

# 第四节　污水再生利用

## 一、城市污水再生利用的意义

### （一）污水再生利用可缓解水资源供需矛盾

中国是一个水资源贫乏的国家，人均水资源仅为世界平均水平的 1/4。随着经济发展和城市化进程的加快，城市缺水问题日益突出。据统计，全国有 400 个城市常年供水不足，正常年份缺水 60 亿 $m^3$，日缺水量达 1600 万 $m^3$。预计 2030 年缺水量将达 400 亿—500 亿 $m^3$。而目前全国城市污水年排放量大约 414 亿 $m^3$，若污水集中处理率达 45%，污水再生利用率达到 20%，则每年污水回用量可达 40 亿 $m^3$，是正常年份缺水量（60 亿 $m^3/a$）的 67%，即通过污水再生回用，可解决全国城市缺水量的一半多。可见，污水回用潜力巨大，足以缓解一大批缺水城市的水资源供需矛盾。

### （二）污水再生利用可减轻水环境污染

目前，我国七大水系中，近一半河段严重污染，78% 的城市河段不宜作为饮用水源，全国 80% 城市地下水已污染。江苏、广东、上海等一大批南方省市已经面临日益严重的"水质性缺水"。污水再生利用，可使大量污水经过处理后被重复使用，减少向环境的排放量，从而降低污水向水体排放的污染物含量和浓度，达到改善水环境的目的。

### （三）污水再生利用可提高水资源利用经济效益

污水再生利用可减少水费、降低原水基建费用、防止环境污染，这对经济的可持续发展、社会和谐进步都有不可估量的作用。同时，污水再生利用可就地处理，直接供给与之相近的建筑物，比远距离引水造价低。和海水淡化相比，污水再生利用的基建费用和单位成本都更低。污水回用既节省了水资源，也消除了环境污染，可以的达到事半功倍的效果，具有双重的经济效益。

# 二、国内外城市污水再生利用现状

## （一）国外城市污水再生利用现状

国外许多国家都把污水再生利用作为解决水资源短缺的重要战略，建立污水回用工程，并取得了良好的效果。

### 1. 美国

美国的城镇污水处理设施已经非常完善，城市二级污水处理厂已经 100% 普及，城市污水再生利用已进入大规模生产应用阶段，尤其在气候干旱的中西部地区，如加利福尼亚、德克萨斯、佛罗里达州。2000 年，加利福尼亚州的污水回用量 8.64 亿 $m^3$，占污水处理总量的 10%，占平水年全州城镇年用水总量的 7% 左右。佛罗里达州的圣彼得堡建成了世界上最大的城市污水回用系统：将二级污水处理厂改造成三级处理厂，建成回用水管网，将净化后的再生水用于工业冷却、草地浇灌、建筑中水和消防，剩余的回用水通过深井注入地下含盐水层。

### 2. 以色列

以色列是一个水资源极度贫乏的国家，因此，污水再生回用已经成为该国重要的水资源之一。目前，以色列 100% 的生活污水和 72% 的城市污水得到了再生利用。现有 200 多个污水回用工程，最大规模为 20 万 $m^3/d$，全国 127 座污水库与其他水源联合调控，统一使用。其污水再生处理过程为：城市污水的收集→传输到处理中心→处理→季节性储存→输到用户→使用及安全处置。在回用方式上，包括小型社区的就地回用，中等规模城镇和大城市的区域级回用。

### 3. 日本

日本早在 1962 年就开始了污水的再生利用，20 世纪 70 年代开始初见规模。80 年代中期，日本的城市污水再生利用量就已达到了 0.63 亿 $m^3/d$。在 1991 年，日本的"造水计划"中，明确将污水回用技术作为最主要的内容进行资助，开发了很多污水深度处理工艺，建立了以赖户内海地区为首的许多"水再生工厂"。在日本，双管供水系统比较普遍（其一为饮用水系，另一为再生水系统，即"中水道"系统），中水道的再生水一般用于冲洗厕所、浇灌城市绿地及消防等。

### 4. 南非

南非的约翰内斯堡每天有 9.4 万 $m^3$ 饮用水来自再生水工厂，开创了污水回用到饮用水的先河。由于处理得当，没有发生卫生问题。

## （二）国内城市污水再生利用现状

早在 1958 年，中国就开始了利用城市污水灌溉农田或养鱼。20 世纪 80 代初，建设部在"六五"专项科技计划中，首先列入了城市污水回用课题。1986—2000 年的十五年时间是技术储备、示范工程引导阶段，污水再生利用相继列入国家"七五""八五""九五"重点科技（攻关）计划，但总的来讲，工程规模较小，回用范围也是局部或处理厂内部。2001 年，以"十五"纲要明确提出污水回用为标志，污水再生利用工程进入到全面启动阶段，国家经贸委和建设部联合发文，将污水处理回用作为节水城市的考核指标。近年来，为了解决水资源短缺的问题，污水回用工作日益受到重视，国内许多城市的污水处理厂建设了回用处理设施。

### 1. 北京市

北京的高碑店污水处理厂建成了我国最大的污水回用工程，回用规模为 30 万 $m^3/d$，回用对象主要是河湖补水、城市绿化、喷洒道路和热电厂冷却用水。一年可为北京市节约自来水 2 亿 $m^3$，是北京城区生活环境用水量的 1/8。

### 2. 天津市

天津市已建成了 5 万 $m^3/d$ 的纪庄子再生水回用工程和 1 万 t/d 的天津开发区再生水回用示范项目，铺设再生水回用干管 87.4km，600 多万 $m^2$ 住宅实现了中水入户，约 6000 万 $m^3$ 再生水作为居住区的景观和园林绿化等用水。

### 3. 青岛市

青岛市污水再生利用工程开展较早，1982 年就将中水回用作为市政及其他杂用水，一定程度上缓解了水资源短缺问题。2001 年青岛市启动了海泊河污水回用工程，并被确定为全国 4 个回用水示范项目之一。该工程设计规模 4 万 $m^3/d$，主要为周围企业提供冷却、工艺以及基建、绿化用水、海泊河景观用水。目前，再生水回用管网工程已铺设管网 8.66km。

### 4. 大连市

大连市春柳河污水处理厂 1 万 $m^3/d$ 的污水回用示范工程已正常运行十年。污水厂二级出水经深度处理后供附近工厂作冷却用水，以及向全市的园林绿化、建筑施工、市政杂用、办公楼冲厕等供水。运行以来，用户使用效果良好。该示范工程接待了国内外众多学习者，为在全国启动污水再生回用提供了技术基础。

# 三、污水再生利用可行性

## （一）水质可行性

城市生活污水经过二级处理或再经深度处理达到有关标准后可分别用于工业、农业和城市用水。目前城市工业用水量大，对水质要求也不高，再生水可用于量大面广的冷却水，洗涤冲洗用水，熄焦、熄炉渣用水，灰渣水力输送用水及其他工艺低质用水，因此它最适合冶金、电力、石油化工、煤化工等工业部门的利用。

同样，污水回用于农业灌溉，对水质要求也不高，再生水用于农业可以采用直接灌溉或排至灌溉渠、自然水体进行间接回用两种方式。一般经过二级处理的城市污水水质都基本达到甚至超过农业灌溉水质标准，而且一般含有较高的氮、磷、钾等成分，还可以给土壤提供肥分，减少化肥用量。国外再生水利用的经验告诉我们，用于农业的再生水量通常都占较大的比重。再生水回用于城市用水可供绿化用水、冲洗车辆用水、浇洒道路用水、厕所冲洗水、建筑施工、消防用水及补充河湖等用水。市政杂用的再生水与人体接触的可能性较大，因此在回用时需要进行严格的消毒，以免危害消费者的身体健康，水中不应含有致病菌，应无臭、无味、透明、无毒、总大肠菌群＜ 500 个 /L，且余氯和悬浮物含量不能偏高。

污水再生利用的其他方式还包括地下水回灌和饮用型回用。地下水回灌既可阻止因过量开采地下水而造成的地面沉降；又可保护沿海含水层中的淡水，防止海水及苦咸水入侵；还能利用土壤自净作用和水体的运移提高回水水质，补充地下水储量，直接向工业和生活杂用水厂广泛供水。另外，应用先进的膜技术，还可生产达到饮用水标准的再生水。澳大利亚、新加坡在这方面开展了大规模的生产应用，尝试将部分优质再生水送入水库，对原水水源进行补充，有效地解决了缺水问题。

## （二）技术可行性

污水回用技术已经有百余年的历史，技术上相当成熟。我国的污水回用虽然起步较晚，但近几十年来有了很大的发展。"六五"至"十五"及"十一五"计划期间开展的一些攻关项目，积累了污水回用的许多实践经验和技术成果。我国已经在天津、大连、南京、北京、深圳等地建立了多个城市污水回用示范工程。由此可见，我国城市污水回用事业在技术上是完全可行的。目前，常用的污水回用技术包括传统处理（混凝 - 常规过滤）、生物过滤、消毒、活性炭吸附、膜分离、生物脱氮除磷、高效菌种应用等，可以选用一种或几种组合。

## （三）经济可行性

城市污水易于处理、数量巨大、稳定可靠，作为一种水资源回用，比长距离引水，比海水淡化等其他方法要经济的多。

### 1. 比远距离引水便宜

远距离调水除了经济成本高外，还可能对生态环境产生影响。城市污水回用不需要支付大笔的管道建设和输水、电费及基建费等巨额投资，水源成本几乎为零。首先节省了远距离输水费和基建费；如果将城市污水处理到回用作生活杂用水和工业冷却水的程度，其基建投资只相当于 30km 外调水；而若处理到可回用作较高要求的生产工艺用水，其投资只相当于从 40—60km 外引水，比远距离引水经济得多。而且若把远距离引水产生的环境新问题及水库建设投资因素也考虑在内，城市污水回用费用相比较几乎为零。

### 2.比海水淡化经济

城市污水所含杂质一般小于 0.1%，主要含 BOD5、CODCr、$NH^3-N$、磷和钾等，可用预处理加上深度处理法去除；而海水含大约 3.5% 的溶解盐和部分有机物杂质，主要以硫酸盐、氯化物为主，总硬度为 5000mg/L 左右，需采用复杂的预处理和反渗透等昂贵的处理技术。因此，无论在基建费或者单位成本上，都比比海水淡化经济。

### 3.其他经济优势

首先，中水利用提供了一个经济的新水源，减少了新鲜水的取用量，也就相应减少了排入市政污水管道的污水量，从而减轻城市给水排水管网的负荷，可以降低城市排水设施投资和相应的运行、管理费用。其次，中水单位制水成本仅为自来水制水成本的 42%。第三，中水利用减少了国家污水处理的投入。第四，中水利用因改善环境而产生了社会经济和生态效益，如发展旅游业、水产养殖业、农林牧业而增加经济效益。

# 四、污水再生利用技术

## （一）膜生物反应技术（MBR）

以生物反应器和膜分离有机结合为核心的膜生物反应器技术，是 20 世纪末发展起来的水处理高新技术。它用膜分离系统代替了传统的活性污泥法中的二沉池，既利用了膜分离的选择透过性和高效性，又利用了生物处理的有效性及彻底性，从而将水中的有害物质最大限度地去除，处理后的污水水质清澈，有机物含量极低，符合建设部《生活杂用水水质标准》，可直接回用。MBR 工艺由于具有节省基建投资和占地、能耗小、污水在处理设备中停留时间短、COD 和 $NH^3-N$ 去除率高、出水水质好等优点而备受关注。

## （二）湿地处理技术

湿地系统是利用植物根系的吸收和微生物的作用，经过多层过滤，达到降解污染，净化水质的目的。湿地系统包括天然和人工构建的、地表渗流的和地下渗滤的、有植物体系的和无植物体系的等多种形式，规模可大可小。虽然湿地系统存在水力负荷不高，处理能力较低，占地面积大，湿地植物生长受季节限制等问题，但它具有其他水处理工艺不可比拟的优点，如：系统采用人工建造，可以不受场地限制，而且不会因为渗漏而污染地下水环境；渗滤介质采用不同的人工材料回填，可以根据不同的污水水质调整设计参数；系统若采用地下渗滤运作方式，地表可与居民区绿化建设相结合；处理效果良好，尤其是COD、BOD、SS 和病原微生物的去除率可达到 90% 以上；投资少、运行管理方便、操作简单，系统本身无须额外动力。因此可以大范围推广湿地系统处理技术，尤其是众多中小城镇，其污水水量小，成分简单，城市周围可用于建湿地系统的土地资源丰富，地价相对便宜，很适宜利用湿地系统进行污水处理。

### （三）曝气生物滤池技术（BAF）

在生活污水回用处理技术中，BAF技术得到了成功应用。该工艺操作简单，处理负荷高，占地面积小。曝气生物滤池法可以作为三级处理设备，保证了处理后的水质，且无须设置沉淀池、过滤器等设备，减少了系统的复杂程度，易于操作和管理，可在大型污水回用处理工业领域推广使用，具有较高的经济效益和社会效益。

## 五、城市污水再生利用发展方向

就当前国内外污水回用现状和存在的问题来看，污水回用的发展趋势可以总结为以下几点。

### （一）制定合理的、完善的回用水水质标准

对于污水回用，仍存在一些对人体健康和环境的不确定因素。由于对污水回用还没有全面的科学依据，各国制定的回用水水质标准有较大差异。因此深入研究，制定合理的、完善的回用水水质标准，将大大推动污水回用的发展。

### （二）发展高效价廉的污水回用处理技术

高效而廉价的污水回用处理技术是促进污水回用进一步发展的保证，目前，常用的污水回用处理方法有：

（1）固液分离：絮凝、沉淀和过滤。

（2）生物处理：好氧生物处理、氧化塘和消毒。

（3）深度处理：活性炭、空气吹脱、离子交换、石灰处理、膜工艺和反渗透。

为了保证污水回用安全可靠，今后需重点研究的课题包括：A.再生水中微生物、化学污染物和有机污染物特性的评估；B.再生水中微量污染物的健康危险评估；C.评估微生物特性的检测技术；D.研究如何提高污水中颗粒物质的去除率以提高消毒效率；E.污水回用处理工艺的优化；F.膜工艺的研究与应用；G.土壤——蓄水层处理系统的可持续利用特性的评估；H.再生水贮存系统对水质的影响。

### （三）控制工业废水处理达标后排放

不同生产部门的工业废水性质不同，如含有难于生物降解的有机物、有毒有害的有机物或有毒有害的重金属等。如果工业废水未处理达标就排放到城市排水管道，输送到城市污水处理厂后，不但给城市污水处理厂的运行带来困难，而且限制了城市污水的回用。

有研究显示，如果工业废水得到有效的处理，则城市污水经二级或三级处理后，可以不受限制地用于农业灌溉；如果工业废水没有得到有效的预处理，由于潜在的食物链污染

问题，城市污水回用于农业灌溉就受到限制。所以必须严格控制工业废水中各种有毒有害污染物的浓度，以确保人体健康不受威胁。

## （四）集中回用与分散回用相结合

集中回用是在城市污水处理厂内，建设深度处理设施，对二级出水进行深度处理后回用。分散回用是在距离污水处理厂较远的居住区，建立独立的小型污水处理厂，就地回用。与集中回用相比，分散回用可以节约输送管线费用，但增加了污水处理设施和回用设施的投入，因此选择集中还是分散的回用方式，主要取决于两种回用方式的成本和效益的比较。

# 结　语

　　现阶段，如何在可持续发展理念的指导下有效进行水文地质与环境地质工作已经成为地质工作的重点。因此，相关工作人员应该重视可持续发展理念，并根据其要求开展一系列水文地质与环境地质工作，减少自然资源的浪费，提高地质勘查工作的水平，从而促进我国经济健康增长。并通过与多学科的共同合作，加强可持续发展理念与水文环境地质工作的结合，提高地质工作的水平，从而促进我国经济更好更快地发展。